鞍山师范学院博士启动基金项目资助

·法律与社会书系·

生态化变革新视野

——新时代生态文明建设思想研究

张华丽　张凤莲 | 著

光明日报出版社

图书在版编目（CIP）数据

生态化变革新视野：新时代生态文明建设思想研究 / 张华丽，张凤莲著. -- 北京：光明日报出版社，2021.5

ISBN 978-7-5194-5961-1

Ⅰ.①生… Ⅱ.①张…②张… Ⅲ.①生态环境建设—研究—中国 Ⅳ.①X321.2

中国版本图书馆 CIP 数据核字（2021）第 068151 号

生态化变革新视野：新时代生态文明建设思想研究

SHENGTAIHUA BIANGE XINSHIYE：XINSHIDAI SHENGTAI WENMING JIANSHE SIXIANG YANJIU

著　　者：张华丽　张凤莲

责任编辑：杨　娜　　责任校对：刘欠欠

封面设计：中联华文　　责任印制：曹　净

出版发行：光明日报出版社

地　　址：北京市西城区永安路 106 号，100050

电　　话：010-63169890（咨询），010-63131930（邮购）

传　　真：010-63131930

网　　址：http：//book.gmw.cn

E - mail：yangna@gmw.cn

法律顾问：北京德恒律师事务所龚柳方律师

印　　刷：三河市华东印刷有限公司

装　　订：三河市华东印刷有限公司

本书如有破损、缺页、装订错误，请与本社联系调换，电话：010-63131930

开　　本：170mm×240mm

字　　数：260 千字　　印　　张：16.5

版　　次：2021 年 6 月第 1 版　　印　　次：2021 年 6 月第 1 次印刷

书　　号：ISBN 978-7-5194-5961-1

定　　价：95.00 元

序 言

“哲学家们只是用不同的方式解释世界，问题在于改变世界。”阐释习近平生态文明思想蕴含的现实关切、变革理论和人民情怀是本书的写作动机。作者从建设生态文明是一场涉及生产方式、生活方式、思维方式和价值观念的生态化变革视角，指出习近平生态文明思想既是对建设生态文明的理论阐释，也是指导新时代开展生态文明建设的思想指南。党的十八大以来，习近平总书记从“走向社会主义生态文明新时代”的高度出发，将生态文明建设提升到事关党的使命宗旨和中华民族永续发展的战略地位，提出了一系列新论断，形成了社会主义生态文明观，并要求将生态文明建设融入经济、政治、文化、社会建设的全过程和各个方面。在进一步回答什么是社会主义生态文明、怎样建设社会主义生态文明的基础上，回答了新的实践过程中提出的如何将生态文明建设融入经济政治文化社会各个建设领域，指导各领域开展生态化变革的理论与实践问题。第一章从立论基础上指出生态化变革视域下研究新时代生态文明建设理论与实践的可行性及科学性。第二章在界定本书中“生态化”这一概念含义的基础上，对新时代生态文明建设的生态化变革意蕴进行整体探讨。第三、四、五、六章分别从生态化变革视域阐释新时代生态文明建设在经济、政治、文化和社会建设领域的主要论断与实践措施，第七章对新时代生态文明建设的重大理论和实践意义进行归纳总结。本书总体上采用了总分总的结构。

结合时代特征，从理论与实践生态化变革的视角来研究新时代生态文明建设理论与实践是本书写作的基本思路。“生态化”是一个至关重要的概念，如何定义“生态化”直接关系到对生态化变革的认识，限制着习近平生态文明思想研究的论域，因此本书在对生态化概念进行梳理和定义的基础上，进一步对生态化变革进行探讨。书中生态化概念的含义是用生态学原则认识人类社会及其一切活动，用人与自然和谐相处的观点处理问题、开展实践活动的思维方式和实践方式。生态化体现在理论和实践两个层面，二者相辅相成，既是实践基础上的理论认识成果，也是理论指导实践过程中的实践方式。生态化变革是人类全部实践活动的根本性变革，表现为宏观层面新旧世界观和价值观的转换，中观层面新旧政策制度的变化和微观层面生产和生活方式的具体改变。生态化变革也是一个过程，在宏观、中观、微观层面，变革的速度和范围不是同步的，也不可能同时开始，而是在新旧力量此消彼长、相互作用中彼此推动，朝着生态化方向前进。在阅读之前提醒读者对基本概念有个清晰的认识，以便更好地理解作者对主要研究内容的展开方式。

本书的写作过程也很辛苦。从书稿目录的确定到写作基本完成，持续了半年多的时间。写作期间新冠肺炎疫情暴发，必须进行教学方式改革，通过线上授课完成教学任务，备课、录课、授课与写作相伴的生活虽然辛苦也非常充实，当初稿写出后，我情不自禁地长舒了一口气。最为辛苦的应当是张凤莲教授，她不仅承担着学校繁重的教学科研工作，还面临孩子即将高考、家中老人生病的压力，利用生活中的间隙按时完成写作任务令我非常感动。本书是我们两人精诚合作的成果，也是共同奋斗的见证。第一章、第二章第一节和第三节、第三章、第四章、第七章由我负责完成。第二章第二节、第五章、第六章由张凤莲教授负责完成。

关于本书的特点。本书的定位是社科类通识读物，既能为专业学者提供参考，也能为普通读者理解和认识社会主义生态文明理论与实践带来启示。待成书之后来看，理论性偏强，通俗性不足，也许大众读者会觉得难懂或乏味。但是只要读下去会对习近平生态文明思想和新时代生态文明建设实践有更为全面和深入的认识。

另借本书出版之机，对资助本书出版的鞍山师范学院表示衷心的感谢！

张华丽

2020 年 6 月 25 日于鞍山

目　录

CONTENTS

第一章

绪　论

第一节　选题依据及研究意义

一、选题依据

（一）20世纪开启了生态危机与生态化变革的时代

自工业革命以来，人类对自然界改造的能力和强度飞速发展，创造出大量的物质财富，然而在这一次次获得挑战自然的胜利之后，人类也付出了惨痛的代价。1930年发生的比利时马斯河谷烟雾事件，一周之内人类和家畜死亡数量是正常情况下的10倍。到20世纪60年代世界各地发生了八次大的环境问题灾难事件被称为“八大公害事件”。生态灾难和环境危机成为20世纪人类不得不面对的新的重大问题。1962年美国科普作家蕾切尔·卡逊（Rachel Carson）创作的科普读物《寂静的春天》出版，该书描绘了人类广泛使用农药等化学制剂虽然能够消灭害虫，在一定程度上达到了目标，但是其导致的后果却更为严重：害虫的耐药性增强，大量益虫、鸟类、鱼类、家禽家畜等动物死亡，更有甚者是各种怪病不治之症纷至沓来伤害人类的身体健康。这本书不仅明确指出地球上所有生命都与其周边环境密不可分，而且将生态系统认识论引入人类社会研究领域，深刻揭示了生态危机的人类根源，极大地唤起了各国政府和公众的环境意识。随后各种环保组织纷纷成立，联合国也于1972年6月12日在斯德哥尔摩召开了“人类环境大会”，达成一定共识并签署了《人类环境宣言》，拉开了人类历史上社会生态化变革的序幕。就生态化变革的历史事实来看大致可以分为两个阶段。第一个阶段主要是自觉地运用生态学原理来分析人类社会，把人与自然看作一个相互作用的整体。这种运用是从问题分析的角度出发，探讨生态危机的原因和后果。这一阶段的时间相对较短，以《寂静的春天》发表为开始的标志，以1992年联合国环境与发展大会的召开为结束的标志，同时这次大会和它提出的可持续发展理念也标志着第二个阶段的开始。在第二个阶段人们不仅运用生态学理论探寻生态危机问题，而且自觉运用生态规律来规划变革，制订变革方案，激发变革动力，规划变革过程，形成变革目标，生态文明建设成为一种自觉地有计划地改变现状的理论和实践活动。这时问题的主题是如何建构人与自然的和谐关系，以及实现人与自然的和谐，产生了生态社会主义、生态现代化等一系列理论成果和生态化变革方案，开启了生态化变革的新时代。

自20世纪80年代以来就有学者不断地从人类现代文明发展轨迹和方向上洞悉到生态化变革的趋向，并将其称为是继农业革命、工业革命之后，物质生产体系的第三次产业革命。生态化变革是生态问题成为时代问题所带来的不可阻挡的时代潮流，深刻地影响到人类思维方式和行为方式，全方位变革着人类的文化面目、风格和行为模式，其影响和意义也远远超过前两次革命。生态化变革代表着人与自然关系的新的思维方式和新的价值取向，是对人类在自然界中的地位的反思，要求改变现有的人与自然、人与人之间的不平等关系，承认自然界的多样性和优先地位，为更好地适应环境、保持生态平衡，创造更好的生存环境和发展条件，重新定位人类文明和社会的发展方向。生态危机、生态文明、生态需要等概念相继提出，生态学溢出了自然科学领域内的知识体系，而成为一种具有普适意义的哲学思想，向各个学科领域开疆扩土。

（二）生态化变革成为世界范围内理论创新与实践分析的新视角

随着各种社会理论相继引入生态学，生态系统理论、生态环境问题成为世界范围内众多理论发展和实践分析的新视角、新领域，进而带来了各科理论和实践行为的生态化变革，主要表现在以下几个方面。第一，众多学科都把关注的目光投向生态环境问题，形成了新的研究领域。自20世纪40年代以来，文学作为社会敏感的神经，对生态环境问题给予了关注，并用文学的形式展示给世人，给世界带来深刻的惊醒，其中代表性的著作有《瓦尔登湖》《沙乡年鉴》《寂静的春天》等。20世纪70年代末，欧美各国发生了环境运动，将造成生态危机的矛头指向公司的逐利行为和资本主义制度的不作为和纵容，政治生态学以记录作为回应社会运动的学问产生。在史学领域，二战以后，环境史产生，环境不再被排除在历史之外。著名的代表作有唐纳德·沃斯特的《研究环境史》和张冈的《中国历史上生态环境之变迁》等。总之，文学、史学、教育学、经济学、政治学、伦理学、科学技术等领域开始关注生态环境问题，生态环境成为这些学科领域的研究对象，开辟了各领域环境创作与批评的先河。第二，生态学理论被各学科吸收来构建和补充自己的分析理论和框架，形成了新的交叉学科。环境与发展问题是生态危机问题的关键，生态问题的出现与经济发展方式有着直接的关系，生态经济学最早被提了出来，并建构起了生态经济理论和生态经济学科。行政生态学是运用生态学的理论和研究方法，研究世界各国的政治制度和政治行为，迈出政治生态学步伐，得出了一系列发人深思的结论。在哲学社会学领域，生态社会主义和生态资本主义或生态现代化等理论产生了极大的影响力，为社会发展提供了新的理论依据和新的构思方案。生态学对教育、科技、伦理等学术理论的改造，建立了生态教育学、生态科学与技术、生态伦理学等学科新理论和新兴交叉学科。总之，随着生态学应用领域的扩张，带来生态学与其他学科的融合，交叉学科不断兴起。第三，随着理论架构的完成，运用新理论新方法分析和研究实践成为检验理论和认识实践的新任务。随着生态、经济、政治、社会等理论的逐渐形成，对经济指标的生态学分析，政治环境和政府治理的行政生态实践分析，社会建设的生态转型等实践研究和建设改革也显现出来。此外，人类实践活动也引入了生态尺度。对发展方式的反思，带来了可持续发展的实践要求。对现代化的重新认识，使现代化内涵扩展到人、自然、社会之间的关系，生态现代化成为新的实践目标。总之，无论是社会主义社会还是资本主义社会都非常重视在实践中开展生态建设，追求社会发展与生态环境之间的平衡与协调。

（三）我国生态文明理论与建设实践的飞速发展

1. 我国生态文明理论研究现状

生态化变革的时代浪潮对中国的影响在思想领域表现为生态文明理论的兴起与发展。就研究状况来看，20 世纪 80 年代生态文明概念开始在我国的学术刊物中出现，90 年代生态文明就开始成为学者研究的主题。在 CNKI 检索中输入生态文明，以主题作为选项，可以发现1990年生态文明就已成为学术研究的主题。随后历年研究成果不断增加，进入21世纪增幅加大，2007年党的十七大以后，更是呈井喷趋势，至2013年十八大以后达到峰值。截至2019年年底具体情况如表1-1和图1-1所示。

表1-1 1990—2019年使用生态文明作为主题的文章篇数统计表

年份	文章篇数	年份	文章篇数	年份	文章篇数
1990	1	2000	96	2010	2804
1991	0	2001	99	2011	2867
1992	1	2002	120	2012	4893
1993	6	2003	218	2013	11170
1994	9	2004	298	2014	10473
1995	16	2005	342	2015	10255
1996	13	2006	456	2016	9384
1997	22	2007	781	2017	8437
1998	49	2008	3204	2018	10178
1999	63	2009	2713	2019	9123

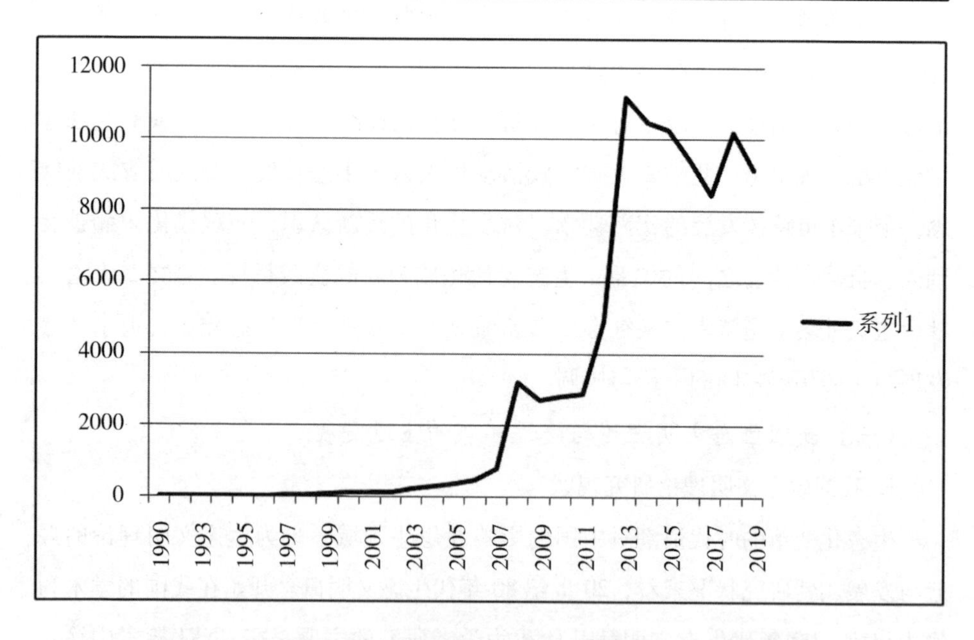

图1-1 1990—2019年使用生态文明作为主题的文章篇数折线图

搜索结果的学科分组显示生态文明研究涉及经济、政治、教育、马克思主义、哲学、旅游、文化、新闻媒体等40个学科，几乎涵盖了生产生活的各个领域。涉及的资助基金项目包括国家社科、自然科学基金、各学科和部门基金以及地方基金等共计39种。涉及的主要研究机构包括高等教育机构、科研院所和国家机关部门等40余个。就研究成果来看，生态文明概念经历了纷争和融合的过程，内涵由狭义的人与自然之间的关系，扩展为广义的人、自然、社会三者之间的关系，生态文明理论和实践研究的视野不断扩大，不断开拓出新的研究领域。生态文明的研究主题也经历了不断变迁的过程，从最初对生态需求和环境保护主题的探讨，到经济领域生态经济学的兴盛，再到政治领域对生态文明与社会主义关系的探讨，党的十七大将生态文明写入党的文献，生态文明成为国家的指导思想，中国特色社会主义理论内容呈现红绿交融的发展态势。此外，生态文明理论在文化、社会、教育等方面也得到了发展，尤其是生态文明理念和生态文明教育成果突出。总之，广泛的研究领域、丰富的研究内容体现了生态文明建设已经成为时代的热点和焦点问题。

2. 我国生态文明建设状况

从生态文明建设实践来看，自20世纪70年代开展保护环境、绿化祖国行动开始，经历了可持续发展和科学发展，到生态文明建设的历程，体现出生态文明建设由单纯的环境问题到综合的文明建设过程，呈现生态化变革的历史发展画面。生态文明建设首先着眼于改善自然环境，持续不断地开展植树造林工作。广泛开展全民义务植树活动，荒山荒地甚至沙漠得到绿化，推出并实施“三北”防护林体系建设，鼓励退耕还林还草，加强天然林保护工程等重点生态工程，开展并实施自然保护区、森林公园、风景名胜区、地质公园等建设与保护，国土绿化面积持续提高。最新数据显示我国森林覆盖率已达到22.96%，人工林面积2.08亿公顷，居世界首位。其次生态文明建设表现在自然生态恢复和污染防治与治理工作上。在生态负荷较重，生态面临破坏的湿地、森林、荒漠、滩涂、海洋等生态系统内，通过封闭管理，减少人为打扰，通过自然力完成生态系统的自然恢复，取得很大成效，得到广泛赞誉。通过开展大气、水、土壤污染防治攻坚战，实施专项治理、全程管控、强化修复等措施，我国大气、水、土壤污染得到有效遏制，取得显著成效。最后，生态文明建设最显著的表现是在全社会日益形成绿色低碳循环的生产生活方式。生产中强调绿色发展，大力发展生态经济，增强绿色产品的供应能力。通过倡导绿色出行、垃圾分类、抵制塑料购物袋、节约用水用电等活动，从一点一滴做起改变生活方式。从乡村振兴到城市建筑，从生态文明先行区到因地制宜发挥地方特色的发展方式，生产生活的生态化变革效果显著。

（四）生态化变革是习近平生态文明思想的重要内容

> 党的十八大把生态文明建设纳入中国特色社会主义事业总体布局，使生态文明建设的战略地位更加明确，有利于把生态文明建设融入经济建设、政治建设、文化建设、社会建设各方面和全过程。这是我们党对社会主义建设规律在实践和认识上不断深化的重要成果。①

这段话是习近平在主持十八届中央政治局第一次集体学习时的讲话《围绕坚持和发展中国特色社会主义学习宣传贯彻党的十八大精神》中对生态文明建设地位、意义的认识。这里“融入”具有深刻的内涵，就字面意思来看，融入是指有形或无形的物质彼此融合、彼此接纳。生态文明建设融入其他建设领域的各方面和全过程，意味各个建设领域都要接纳生态建设的内容，在生态文明理念的指导下开展建设，也意味着各个建设领域都将发生生态化变革。因此，可以说“建设生态文明是一场涉及生产方式、生活方式、思维方式和价值观念的革命性变革”。接下来的问题就是各个建设领域能否融入、如何融入生态建设的内容。这既是重大的理论问题，又是重大的实践问题，还是习近平生态文明思想必须回答的重要问题。习近平对此也做出了正面的回答：在经济建设领域，他强调生态环境就是生产力，必须转变粗放型发展方式，加快构建绿色生产体系，实现绿色发展，走一条新的现代化道路；在政治领域他强调生态环境关系党的使命宗旨，关乎人民福祉，关乎民族未来，是重大的政治问题；在文化领域他强调要树立生态文明理念，加强生态环境教育，树立社会主义生态文明观；在社会领域他强调环境就是民生，良好的生态环境是最公平的公共产品，最普惠的民生福祉。总之，生态环

① 中共中央文献研究室．习近平关于社会主义生态文明建设论述摘编［M］．北京：中央文献出版社，2017：3.

境是人类生存的前提和基础，各领域建设实践中必须把生态文明建设放到基础地位，实现建设美丽中国的目标。从社会主义建设规律上来看，习近平总书记指出，社会主义建设必须走生态化道路，进行生态文明建设，这是人与自然、社会关系发展的必然趋势，也是走进社会主义生态文明新时代的必然要求。在社会主义建设实践中，习近平总书记强调必须大力推进生态文明建设，努力提供更多优质的生态产品，满足人民日益增长的生态环境需求，这是解决新时代社会主要矛盾的重要途径，是对人民群众新期盼新要求的主动回应。在国内要动员全社会的力量，一代接着一代干。在国际上积极参与国际合作，打造人类命运共同体，携手世界各国人民共建生态良好的地球家园。

二、选题的意义

（一）有利于更加深入、系统地研究和阐释习近平生态文明思想

习近平生态文明思想是最具时代特色的新思想，引起学界长期持续的关注和研究。首先，从总体来看，大部分学者都把关注点集中于习近平生态文明思想本身的理论建构，探讨其理论渊源、主要内容、逻辑结构和重要意义。还有学者关注生态文明建设实践，研究在习近平生态文明思想指导下各地生态文明建设实践的状况和经验总结。然而结合时代特征，从理论与实践变革的高度来研究习近平生态文明思想的研究极少，更不用说系统详细的阐释了。因此，从生态化变革的视角对习近平生态文明思想开展研究，探寻其中所蕴含的时代变革意义和对人类文明发展趋势的把握，本质意义上是对生态化变革理论和实践方案的认识，是对习近平生态文明思想研究视角的创新，对更加深刻地认识其本质内涵和逻辑结构具有重要意义。其次，从具体思想内容来看，习近平生态文明思想包含了许多耳熟能详、极具哲理的论断，比如，“绿水青山就是金山银山”“生态环境事关人民福祉，事关民族未来”“环境就是民生”“用最严格的制度、最严密的法治保护生态环境”“人与自然是生命共同体”等。从生态化变革的视角对这些命题进行重新理解和认识，可以挖掘出它们背后更深层次的含义，对于深入理解习近平生态思想具有重要作用。

（二）有利于更深刻地认识社会主义生态文明建设的意义

历史表明，生态文明建设是人类面临生态环境问题时的自觉反应和行动，

保护良好的生态环境是面对生态环境不断恶化趋势的必然选择。满足人民群众对良好生态环境的需求是我国建设生态文明的出发点，生产更多生态产品是生态文明建设的基本目标。随着习近平生态文明思想对生态文明建设地位和作用认识的不断提升，生态文明建设对中国现代化建设的意义和中华民族永续发展的意义为越来越多的人所认识。随着社会主义生态文明时代的提出，生态文明建设的意义上升到了人类文明发展的高度，这种认识的高度表现在生态文明建设实践中，必然要求顺应人类历史发展趋势，将实现生态化变革作为建设的目标和方向。这些内容都是习近平生态文明思想高屋建瓴地把握人类文明和我国发展方向的真知灼见和战略思维，是指导我国生态文明建设的纲领性文件。这些内容也集中体现了社会主义生态文明建设实践与资本主义生态现代化的根本区别，那就是不仅仅满足于短期的紧要的生态环境治理和生态产品提供，而且要实现整个社会经济基础和上层建筑领域的生态化变革，建立起适应人与自然、社会和谐发展的生产方式和生活方式。这种绿色发展的生产方式和绿色健康的生活方式才是社会主义生态文明建设的长远目标和实践变革意义。总之，社会主义生态文明建设的根本意义在于对人类思维方式和社会生产生活方式的实践改造，通过改造逐渐实现社会转型，发展到马克思恩格斯所构想的人与自然、社会双重和解的共产主义社会，因此建设社会主义生态文明是社会主义建设实践走向共产主义社会的现实途径。

第二节　研究综述

生态化变革视域下新时代生态文明建设研究关系到生态化、习近平生态文明思想和生态化变革视角下的理论研究三个方面的内容，为了更好地把握上述三个研究领域的研究状况，为本书研究提供参考和依据，本节对上述三个领域的研究文献进行梳理和分析。

一、关于生态化的研究

（一）研究状况概述

以生态化为检索词，以主题为检索项，检索结果如表1－2和图1－2所示。

可见自1983年起，我国学术界就开始了关于生态化主题的研究，此后历年都有关于这一主题的研究，但发展比较缓慢，直到2001年才突破百篇，到2011年突破千篇。这表明对生态化这一主题的关注时间较长，20世纪80年代开始起步，20世纪90年代研究稳步上升，但增幅不大，进入21世纪增幅逐渐扩大，到2012年党的十八大前夕热度增强，但是仍然比较稳定。与本章第一节关于生态文明主题研究搜索结果相比，早了近十年，但是研究热度方面没有生态文明发展迅猛。从总体上看，关于生态化主题的研究呈现长期稳步上升趋势，表明该主题研究具有持久、稳定的生命力和深远意义。

表1-2 1983—2019年使用生态化作为主题的文章篇数统计表

年份	文章篇数	年份	文章篇数	年份	文章篇数
1983	2	1996	16	2009	863
1984	2	1997	37	2010	962
1985	2	1998	39	2011	1054
1986	2	1999	56	2012	1075
1987	2	2000	88	2013	1289
1988	2	2001	134	2014	1453
1989	2	2002	186	2015	1485
1990	5	2003	298	2016	1628
1991	4	2004	407	2017	1258
1992	10	2005	561	2018	1441
1993	8	2006	626	2019	1193
1994	17	2007	781		
1995	18	2008	838		

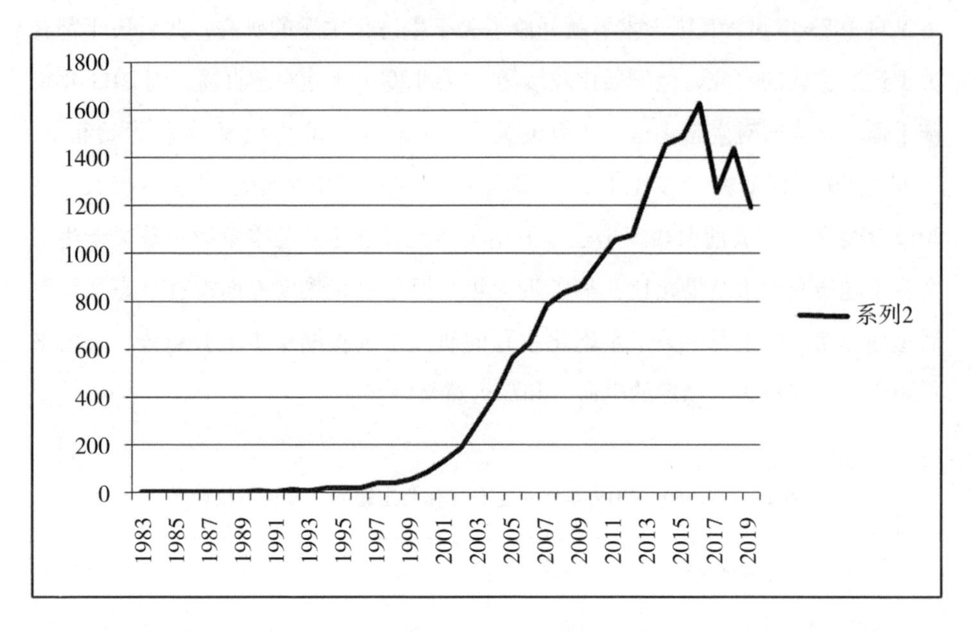

图 1－2　1983—2019 年使用生态化作为主题的文章篇数折线图

（二）研究内容综述

生态化的研究内容比较多，其中最基础的是基于时代发展引发的关于生态化与人类社会发展变革方向的探讨，以此为基础形成关于经济、政治、文化、社会的生态化变革理论，这些理论形成以后又对各领域生态化变革和变革途径的研究起到指导作用。简要综述如下。

1. 关于生态化是人类社会变革方向的探讨

生态危机和发展危机使人类不得不重新思考自己的发展方向。对未来社会发展方向的探讨伴随着生态环境意识的觉醒展开，在 20 世纪 70 年代西方发达国家就有学者认为人类正面临着继农业革命、工业革命之后的第三次产业革命，正在步入后工业社会。但是对于第三次产业革命和后工业社会性质与特征的讨论却存在分歧，主要有信息革命、信息社会说和生态革命、生态文明说两种。随着 1980 年托夫勒的著作《第三次浪潮》出版发行，信息革命和信息社会说在全球得到传播。我国的有识之士对此提出反对意见。中国人民大学高放教授等学者否定了这种看法，认为信息社会不能与农业社会、工业社会相并列，因为农业和工业是人类社会独立的生产部门，生产的产品直接满足人类的基本生活需要，而信息不能孤立地抽象地存在，必须附着于工农业生产才能表现价值，故而所谓信息社会实质上是工业社会的高级阶段。并进一步指出随着生物学的兴起和生物技术的发展，未来的社会是生物工程社会。① 中国人民大学哲学系欧阳志远博士1992年在他的学位论文中提出“生态化——第三次产业革命的实质与方向”这一命题，发表了《生态化——第三次产业革命的实质与方向》《当代社会生产领域变革的思考》《第三次产业革命的生态学思考》等系列文章对此做了充分阐述。在他看来，生态化是继农业革命、工业革命之后物质生产体系的又一次质变，生态学理论是引导变革的思想理论，生态化的生物工程技术是未来社会生产技术的核心。1994年任永堂《生态社会：信息社会之后的新型社会》一文在肯定信息社会的同时指出，一个具有社会生产技术全面生态化的生态社会是随之而来。1995年刘思华在《当代社会生产领域变革及其第三次产业革命——兼与欧阳志远同志商榷》一文中进一步指出第三次产业革命是生态革命，未来社会的中心技术体系是生态技术体系，未来的文明是生态文明，未来的技术社会形态是生态社会。经过较为充分的探讨，我国学界基本达成对未来社会发展方向的共识，相伴而生的是对生态文明时代及生态文明建设的理论研究和建设实践蓬勃兴起。方时姣在《论社会主义生态文明三个基本概念及其相互关系》中指出建设生态文明的本质就是文明形态结构的生态变革与转型和绿色创新与创建。② 刘希刚也在《马克思恩格斯生态文明思想及其中国实践研究》一书中指出生态文明建设关键是要实现经济的生态化转型。③

2. 经济理论与实践的生态化

（1）生态化与经济发展观的革命

生态危机促使人类不得不对工业社会中发展与环境之间关系的认识进行反思，寻找解决问题的方法。以生态学理论引导的生态化变革是对以往物质生产体系的质变，这种变革从更深层次上意味着经济发展观念的变革，要求非生态

① 高放．评托夫勒著《第三次浪潮》的基本观点［J］．郑州大学学报（哲学社会科学版），1986（4）：1－11.

② 方时姣．论社会主义生态文明三个基本概念及其相互关系［J］．马克思主义研究，2014（7）：35－44.

③ 刘希刚．马克思恩格斯生态文明思想及其中国实践研究［M］．北京：中国社会科学出版社，2014：188.

化的经济发展模式转向生态化的经济发展模式。20 世纪 80 年代提出的可持续发展观就是生态化变革在经济发展观念上的表现，生态化是现代经济可持续发展的内在属性①。可持续发展强调把经济发展与环境保护作为一个整体问题看待，是实现人类社会生态化发展的战略选择，其战略目标是要达到人—社会—自然之间的协调持续的发展，它一经提出就得到广泛的赞同和认可，也得到学术界的关注。王剑敏的《生态化：现代化的枢纽，可持续发展的起点》、王东升的《可持续发展与生态环境问题》、刘则渊和代锦的《产业生态化与我国经济的可持续发展道路》、黄理平的《可持续发展的理论探讨》等文章都对这一问题进行探讨，得出生态化是可持续发展的起点，产业生态化是可持续发展的关键，实现产业生态化是我国可持续发展战略的重要内容，是保证我国经济可持续发展的基本手段、基本途径和方式等观点。生态化尤其是产业生态化无论是作为可持续发展的起点、关键，还是作为可持续发展的内容、本质属性和途径，都表明生态化对可持续发展的重要性。总之，可持续发展观对传统发展观的革新就在于运用生态学理论把生态环境纳入到经济社会发展之中，把生态尺度作为衡量经济发展水平和质量的标准。2003 年十六届三中全会提出“以人为本，全面、协调、可持续的发展观”即科学发展观。科学发展观内在地包含着可持续发展的观念和要求，否定了我国发展过程中存在的唯 GDP 观念。党的十七大报告中提出了建设生态文明的目标：“建设生态文明，基本形成节约能源资源和保护生态环境的产业结构、增长方式、消费模式。循环经济形成较大规模，可再生能源比重显著上升。主要污染物排放得到有效控制，生态环境质量明显改善。”② 中国进入了发展方式生态化变革的快车道。2015 年十八届五中全会提出包含绿色发展在内的五大发展理念，绿色发展是相对于破坏生态环境的黑色发展而言的，它坚持人与自然是生命共同体，强调生产生活方式绿色化、生态化，是有机的、生长式的发展观。③ 纵观中国当代经济发展观念的演变历程可以看出经济生态化是我国发展观转变的时代背景，也是贯穿其中的核心内容和实践方向。

---

① 刘思华. 论可持续经济发展的客观依据与深层逻辑［J］. 生态经济，1999（2）：1－5，43.

② 胡锦涛. 高举中国特色社会主义伟大旗帜为夺取全面建设小康社会新胜利而奋斗——在中国共产党第十七次全国代表大会上的报告［DB/OL］. 人民网，2007－10－25.

③ 王永芹. 当代中国绿色发展研究［D］. 武汉：武汉大学，2014.

（2）生态经济理论与实践

经济生态化还带来经济理论的生态化。首先，关于生态经济理论的研究蓬勃兴起。20 世纪 70 年代末 80 年代初西方生态经济学研究引起中国学者的关注，相关著作也被介绍到中国并得到发展。20 世纪 80 年代经济学家许涤新提出在中国建立生态经济学，成立了生态经济学会，形成了多门分支学科。主要代表著作有：许涤新主编的《生态经济学》、刘思华著的《理论生态经济学若干问题研究》、姜学民等著的《生态经济学概论》、马传栋著的《生态经济学》、夏伟生著的《人类生态学初探》、王全新等著的《生态经济学原理》、王干梅著的《生态经济理论与实践》、迟维韵著的《生态经济理论与方法》等。主要理论成果有：建立了生态经济学基本范畴；提出了生态经济学的基本原理；探索了生态系统的运动及其发展趋势，从而系统地揭示了生态经济协调发展的客观规律性。主要理论观点有：坚持将马克思主义理论作为生态经济学的理论基础；现代经济社会是个生态经济的有机整体，经济增长和财富增长是经济循环和生态循环所共同形成的，经济发展建立在这两种良性循环的基础上；生态需求是现代人的基本需求等。进入新时代以来，学者对习近平总书记关于生态经济的论述进行研究和总结，提出了新时代中国特色生态经济理论、习近平生态经济思想的概念。比如，张新平的《新时代中国特色生态经济理论的思想源泉与构建探究》、张艳红的《习近平关于生态经济的重要论述探微：理论逻辑、内涵体系与时代价值》等。在实践中生态经济学原则被用到农业农村经济建设中，建立了生态户、生态村、生态乡和生态县。

其次，部门生态经济学建立起来，就学科来说主要包括工业生态经济学、农业生态经济学及其下属的草原生态经济学、森林生态经济学等学科。农业是人类从自然获取生活资料的最重要最直接的方式，农业生态化研究是最早且成果最大的内容。生态农业研究起源于发达国家，王宏广的《国外持续农业思潮及其对我国农业发展的启示》、邓宏海的《生态农业与外向型经济》等著作对英美和欧洲生态农业的发展历程、内涵、实质、面临的问题与发展情况做了介绍。郭瑞松翻译的苏联学者的文章《农业生态化》对苏联农业生产生态化的基础研究和应用研究成果进行介绍，还对作为苏联科学院“到 2015 年生物圈与生态研究规划中一个组成部分的《农业生产生态》”规划制订做了阐述。国内学者刘世清在《试论农业现代化的概念及其本质》一文中指出农业现代化的本质就是农业生态化。张沁文和王文德的文章《生态农业的昨天、今天和明天》对生态农业的概念和模式进行了探讨。在农业生态化实践方面，张研的《“四化”高产养鱼技术》、李光明和李进的《淡水养殖的生态化途径》对养殖业生态化进行了探讨。严伟明、杨京平的《城郊“菜篮子工程”生态化建设的良好模式与思考》提出了立体农业的模式。张国祥等的《敬亭山茶场“茶果园无公害生态化研究”初报》在对敬亭山茶场进行考察的基础上，确立了茶果生产的立体生态化、良种优质化、名茶基地化、管理机械化、绿色食品化发展方向，制定实施了“茶园无公害控制措施”“初精制茶厂无公害控制措施”“茶果园植保要领及农药使用操作规程”。工业生态化理论及实践研究方面，马传栋在《论生态工业》一文中对生态工业的概念、基本内涵及其区别于传统工业的发展模式进行探讨。何劲的《论可持续发展与我国工业生态化建设》、李同明的《中国经济可持续发展与工业生态化》、李丰祥的《可持续发展的新模式——生态工业》指出工业生态化是中国工业化的必然选择，提出工业理论生态化、工业结构生态化、工业设计生态化、工业小区生态化、工业生产生态化和工业垃圾生态化要求。向立中等在《化工生态化的新型人才培养》中对化学工业生态化定义、模式和人才培养进行了探讨。许喜华的《论中国工业设计的发展形态——产品化、商品化与生态化设计》对工业设计的发展形态生态化进行了探讨。祖星星、李从东的《现代工业的生态化企业战略》提出企业生态化战略问题，论述了其四大要素和实施步骤。

最后，产业生态化理论是生态经济学的重要分支之一，也是可持续发展理论研究的进一步深入。20 世纪 90 年代我国学界在借鉴国外相关理论研究的基础上对产业生态化理论和实践经验进行研究和总结。刘则渊和代锦的《产业生态化与我国经济的可持续发展道路》、黄志斌等的《产业生态化的经济学分析与对策探讨》、厉无畏和王慧敏的《 产业发展的趋势研判与理性思考》、樊海林和程远的《产业生态：一个企业竞争的视角》以及陈柳钦的《产业发展的可持续性趋势产业生态化》等著作对产业生态学的概念、主要内容、基本特征及分析框架等进行了研究。就实践方面来看，汪兴涛等的《上海第三产业生态化趋势探讨》、耿馄的《产业集群生态化发展模式探索——以苏南地区为例》、张福庆和胡海胜的《区域产业生态化耦合度评价模型及其实证研究》等文章在开展调查研究的基础上对产业生态化政策保障、具体路径、分析工具、评价模型与分析指标体系、产业园布局和建设以及技术应用等方面开展了实证研究。

3. 政治理论与实践的生态化

生态化浪潮在政治理论和实践中的影响是生态政治及生态政治学的产生，通过对政治领域的批判和变革寻求解决生态环境问题的途径。生态政治学研究起源于西方，而且产生了既丰富又很有影响力的研究成果。国外对生态政治的研究在理论方面产生了生态中心主义、生态自治主义、生态社会主义、生态现代化主义等理论流派，郇庆治教授对此做了深入的研究和评述，并发表了系列文章，例如《绿色变革视角下的生态文化理论及其研究》《21 世纪以来的西方生态资本主义理论》《生态现代化理论：回顾与展望》《西方生态社会主义研究述评》《环境政治学研究在中国：回顾与展望》等。郇庆治教授认为，中国的生态政治学开始于20 世纪 80 年代中后期，此时基本上以翻译评价西方生态政治思想为主，议题也局限于个别领域；90 年代中后期以后研究议题拓展，队伍扩大，学术成果和学术活动都迅速发展，研究内容上包括三个密切关联的组成部分，“即绿色思潮（生态政治理论）、绿色运动（环境运动组织或团体）与绿党（绿党政治或政策）”①。生态政治学理论研究包括对西方生态政治理论和社会主义生态文明研究，主要代表性的人物和著作有肖显静及其著作《生态政治——面对环境问题的国家选择》、孙正甲及其主编的《生态政治学》、刘京希及其著作《政治生态论》、方世南及其著作《生态批判与绿色乌托邦：生态学马克思主义理论研究》、陈学明及其著作《生态社会主义》、刘思华及其论文《对建设社会主义生态文明的若干回忆——兼述我的“马克思主义生态文明观”》、张剑及其著作《生态文明与社会主义》等。此外，部分硕士和博士研究生也以此作为研究课题，发表的有华东师范大学黄晓云的博士论文《生态政治理论体系研究》、吉林大学王春荣的博士论文《生态政治的利益研究》和东北石油大学韩天澎的硕士学位论文《生态政治理论及中国的生态政治研究》、上海师范大学潘文岚的博士论文《中国特色社会主义生态文明研究》、中央党校刘贺的博士论文《当代世界社会主义的生态化研究》等。实践方面主要探讨中国生态政治建设过

---

① 郇庆治．环境政治学研究在中国：回顾与展望［J］．鄱阳湖学刊，2010（2）：45 - 56.

程及存在的问题等，这方面的研究有程向仅等的《中国生态政治建设演变历程及优化途径》、张连国的《生态政治学研究述论》对生态政治秩序建设目标和路径做出了探索。最重要的是执政的中国共产党在治国理政的过程中非常重视并推动了政治的生态化变革，从20世纪80年代保护环境被列为基本国策，到可持续发展战略和科学发展观的提出，再到习近平生态文明思想的形成，彰显了中国政治生态化的发展过程。

4. 文化理论与实践的生态化

随着对生态环境问题认识的加深，越来越多的人意识到问题的根源在于思想文化，生态危机实质就是文化危机，利用生态科学批判和反思已有的思想道德和行为，并提出合乎人与自然关系的新思想新道德新行为。生态文化理论与实践主要包括生态思想观念、道德伦理、文学及实践等内容。西方生态思想观念的形成主要在于重新发现自然的价值和地位，其中"大地伦理"思想、自然价值论、深生态学思想和生态社会主义是最有影响力的代表。国内在这方面的研究首先表现在对马克思主义生态思想的重新发现和阐释，比如赵成的《马克思的生态思想及其对我国生态文明建设的启示》、黄志斌与任雪萍的《马克思恩格斯生态思想及当代价值》和范星宏的《马克思恩格斯生态思想在当代中国的运用与发展》等。其次表现在重新认识和挖掘传统文化中的生态智慧，比如，张云飞的著作《天人合一——儒家与生态环境》、张秉福的《中国传统生态智慧及其现代价值》、杨洋的硕士学位论文《道家生态伦理思想及其当代价值》等，对中国传统思想文化中的"天人合一"的和谐整体自然观、尊重生命仁爱万物的生态伦理价值理念和"取之有度、永续利用"的生态资源保护思想做了充分的阐释。最后，在继承和批判古今中外生态文化的基础上，学者们也力图总结中华人民共和国成立以来我国历代领导人的生态思想和学界的相关研究成果，构建当代社会主义生态文明观和文化理论，比如，黄承梁的《牢固树立社会主义生态文明观》、郇庆治的《社会主义生态文明观阐发的三重视野》、朱建堂的《中国共产党领导人生态伦理思想论析》、高宁宁与周新辉的《从毛泽东到习近平——中国共产党几代领导人生态思想的接续探索》等。

生态文学的兴起。文学是人类最敏感的神经，生态文学采取了纪实文学、小说、诗歌、散文、影视等多种艺术表达形式，最能打动人的灵魂深处。美国女作家蕾切尔·卡逊的《寂静的春天》标志着文学的生态化变革，开始了自觉表达生态意识和重塑人与自然关系的新阶段，此外，惠特曼的散文集《采集生活标本的日子》、福克纳的《去吧，摩西》、德里罗的《白噪音》等也颇具影响。国内的生态文学创作起步于20世纪80年代，主要特点是以纪实文学的形式揭示生态环境的破坏问题，沙青的《北京失去平衡》和徐刚的《伐木者，醒来》是其中的代表作。20世纪90年代以后发展速度加快，表达形式也更加多样化，代表人物和著作有李青松的《最后的种群》《遥远的虎啸》，陈应松的神农架系列小说《豹子最后的舞蹈》《松鸦为什么鸣叫》，郭雪波的以内蒙古大草原为背景的作品《沙狐》《沙狼》等，哲夫的黑色生态环保系列《黑雪》《毒吻》等。

教育内容的生态化。20世纪70年代，教育学界逐渐引入生态学概念，与生态学有关的概念不断地融入教育学界的各个领域，形成了各种各样的新概念和相应的理论范式。最初的思想是对自然的研究和探索，强调通过科学观察、体验感受和户外活动培养建立与自然的联系和热爱珍惜之情，这方面的代表人物和著作有安娜的《自然研究手册》、杜威的《经验与自然》和乔治·马什的《人类与自然》。随后教育目标逐渐转向生态价值观和生态意识的培养，产生了环境和生态教育思想。我国的生态教育开始于20世纪90年代，近年来受到越来越多学者的关注，并在生态教育的内涵、生态教育的演进历程、生态教育的内容体系及路径、生态教育的价值意义等方面取得初步的理论成果。这方面的研究成果有徐湘荷的博士论文《生态教育思想研究》、刘静的《生态教育的内涵、意义及实施路径》、岳伟等的《培育生态人格——生态文明建设的教育使命》和温远光的《世界生态教育趋势与中国生态教育理念》等。就实践方面来看，主要体现为生态意识和行为培养，主要表现为行为规范培养、学校相关课程开发、户外实践、农家乐、生态旅游等方面。目前我国公民生态行为规范已经形成了一个完整的体系，包括以善待绿地花草、爱护野生动物、公众场所禁烟等为主要内容的生态道德规范；以污染防治、农田草原森林保护以及节约能源等为主要内容的法律规范和以节水节电、光盘行动、垃圾分类和绿色消费等为主要内容的日常行为规范。在学校课程开发方面，我国中小学和高等教育都强调生态教育，开设了“自然”“生物”“地理”“生态文明教育”等课程，同时还强调要将生态文明知识教育渗透到多门课程之中，以提高学生的生态认知，培养对自然界的情感。采取生态旅游、户外实践等实践活动形式来融入大自然。此外，各种自然博物馆、地方博物馆的建立对培养公民生态意识和行为养成具有重要的现实意义。相关研究文献也比较多，比如刘新庚等的《公民生态行为规范论》、董国静的《青少年学生生态文明行为培育研究》、王志堂的《大学生生态文明教育途径研究》、陈文斌等的《生态文化与大学生道德教育探微》、侯洪等的《课程建设与大学生生态文明素养的培养》和严进进的《生态文化教育研究述评》等。

5. 社会生活领域的生态化

马克思和恩格斯指出科学技术的变革不仅会引起生产方式的变革，而且还会引起生活方式的变革。首先，就生活观念的改变上来看，现代条件下社会生活的生态化不仅是人类历史过程的必然趋势，还体现着人们对生活中真善美认识的升华和幸福生活的构想。求真、求善和求美是“美好生活”的核心内容，真是善与美的基础，侧重于思维内容的客观性，是思想中把握的世界图景；善是真的结果和美的前提，侧重于对主体行为的价值判断；美是真与善的统一，体现着主客观的统一。社会生活的生态化就是在人与自然的辩证统一关系中求真，以尊重自然、敬畏生命为善，以人与自然和谐为美。目前对生态文明时代真善美的探讨也引起了广泛的关注，比如，张伟的《真善美相统一的生活是“美好生活”的共同追求》、陈琼珍的《生态文明建构的“真、善、美”意蕴》、姚单华的《浅析生态公民的基本规定性——基于真、善、美角度》和隋宁的硕士学位论文《论当代中国真善美的追求》等。幸福对人类总体来说始终是不断追求的永恒主题，简单地说幸福观就是对所向往生活方式的根本看法。幸福观具有主观性特点，受世界观、人生观和价值观的影响。随着生态意识的觉醒，幸福观也呈现生态化的趋势，生态幸福观成为替代传统的功利主义幸福观和享乐主义幸福观的生态文明时代的幸福取向。目前对生态幸福观的研究主要集中在概念辨析、理论基础、类型划分和比较、主要内容、体系建构、培养教育、实现途径等方面。研究成果有袁祖社的《生态文化视野中生态理性与生态信仰的统一——现代人的“生态幸福观”何以可能》、张雯婷的《论幸福的“生态化”——莱易斯的生态主义幸福观及其当代启示》、林丽婷的《梭罗与莱易斯生态幸福观的比较及启示》、张乐民的《生态文明视域中的幸福观探析》和黄娟等的《生态幸福及其实现途径》等。

其次，从生活环境要求上来看更加注重人造环境的生态化处理，保持人与自然物质交换平衡。城市是人类对自然空间的再创造，城市生态化的研究始于1915年英国生态学家帕特里克·格迪斯的《进化中的城市》一书，他主张城市规划要周密分析地域环境的潜力和限度，强调了把自然地区作为城市规划工作的基本构架，开启了城市设计的重大变革。美国芝加哥社会学派的著作《城市》提出运用生态学方法解决城市问题的思想。20世纪70年代初联合国教科文组织把城市地区生态系统研究列入人与生物圈计划（MAB），在全世界产生很大影响。总的来说，西方对于城市生态化的探讨比较成熟，出现了不同的学派，他们的理论成果也得到国内学者的广泛研究和引介，成为博硕士学位论文的热门选题，比如，李月的《西方城市生态思想初探》、王春晓的《西方城市生态基础设施规划设计理论与实践研究》、孙宇的《当代西方生态城市设计理论的演变与启示研究》、王亚军的《生态园林城市规划理论研究》等。我国关于生态城市规划的研究起步于20世纪80年代，主要是对城市规划和城市生态之间的关系、生态城市规划理论和设计进行探讨。比如马世骏等的论文《社会—经济—自然复合生态系统》、王如松的《城市生态调控方法》、王祥荣的《生态与环境——城市可持续发展与生态环境调控新论》和黄光宇的著作《生态城市理论与规划设计方法》等。总的来说，这方面的研究成果颇丰，并推动着中国城市建设实践的生态化变革。城市化过程中乡村面临着老龄化、农业生产功能衰落、基础设施条件差等问题，为此改造农村人居环境，进行乡村景观设计和整治，通过生态化变革振兴新农村，成为许多国家的现实选择。在国外关于生态村的理论构想中有的注重生态因子的融入、有的注重村庄的共建共享、有的注重生态景观的塑造。总的来说，生态村的理论与实践紧密结合，英国、德国、日本、韩国等都开展了生态村庄的规划和建设实践。20世纪80年代我国学者就提出了村镇庭院生态系统、村庄生态系统以及村落生态学等新概念，积极开展以农村居民为核心的自然生态系统和人工改造环境系统之间的关系和要素的研究。主要研究内容包括村落的布点选址、空间布局规模大小、景观环境规划、建设模式和生态开发等，并取得了丰硕的研究成果。比如王智平等的论文《村落生态系统的概念与特征》、王凯的硕士学位论文《村庄规划中生态理念的导入研究》、周道玮等的著作《乡村生态学概论》、陈威的著作《景观新农村：乡村景观规划理论与方法》等。在实践中伴随着中国启动美丽乡村建设，一批按照“生产发展、生活富裕、生态良好”的发展要求建设的新农村典型不断涌现。

（三）评析

通过对生态化相关文献的梳理可以看出以下两点。第一，涉及面广，内容复杂多样。生态危机导致生态革命，要求重塑人与自然的关系，这种关系的重塑是方方面面的。目前世界各国学界对生态化变革的探讨和研究涉及经济、政治、文化、社会领域的各个方面，既有宏观层面的原则探讨，也有中观层面的规划，还有微观层面的特定内容或区域的设计，形成了一系列的思想观点，并用来指导实践。但是相对于各个领域来说，研究的深度有待加强和丰富。第二，生态化研究缺乏系统性的综述文献。由于生态化变革本身的多样性和复杂性，同时研究者又受到学科分类的影响，因此，关于生态化变革的总体研究，尤其是综述性的文献匮乏，很难形成对这一过程的整体性系统性认识。因此，对生态化变革的研究需要紧密结合各个学科领域的研究成果和实践成就，从可持续发展和生态文明建设的本质是实现人类及其社会的生态化变革的高度上加以研究。然而，由于各国国情不同，文化传统的差异也决定了生态化变革的多样性，需要在引介其他国家理论成果的基础上，探索我国生态化变革的道路。

二、关于习近平生态文明思想的研究

2018 年全国生态环境大会确立了习近平生态文明思想的概念表述和理论地位并概括了其主要理论内容，标志着习近平生态文明思想的形成。习近平生态文明思想是十八大以来党的生态文明理论与建设实践发展所取得的重大理论成果，也是新时代生态文明建设的思想指南，得到政界、学界的高度关注和日益浓厚的研究兴趣。

（一）习近平生态文明思想的研究现状

在中国知网中，以习近平生态文明思想为检索词，以主题为检索项，截至 2020 年 1 月 22 日，搜索到相关文章篇数如下：2014 年（31 篇）、2015 年（35 篇，其中硕士学位论文 1 篇）、2016 年（58 篇，其中博士论文 1 篇，硕士学位论文 12 篇）、2017 年（129 篇，其中博士论文 1 篇，硕士学位论文 42 篇）、

2018年（421篇，其中博士论文1篇，硕士学位论文46篇）、2019年（884篇，其中博士论文3篇，硕士学位论文66篇）、2020年（8篇）。从以上检索结果可以看出，第一，研究数量呈现急速发展的趋势。党的十八大以来，尤其是党的十九大以后，习近平生态文明思想研究数量成倍增加，2019年达到884篇。第二，研究质量不断提升。2015年起习近平生态文明思想成为硕士学位论文的研究主题，2016年成为博士论文的研究主题，此后历年逐渐增加，表明该主题在学界研究的地位逐渐上升，成为学术研究的热点和前沿。发表的论文质量也有很大提升，李干杰、郇庆治、秦书生等人的研究成果具有重要的实践意义和学术价值。第三，研究总体尚处于初步阶段。习近平生态文明思想作为新思想、新理论，研究热潮刚刚兴起，研究时间较短，研究成果在绝对数量上并不多，在研究广度和深度上仍有大量的空间领域亟待发掘。

（二）习近平生态文明思想的研究内容分析

就目前研究成果的内容来看，对习近平生态文明思想的研究可以分为生态文明国家战略规划与建设实践的政策层面和习近平生态文明思想理论建构层面。第一个层面强调习近平生态文明思想是新时代中国特色社会主义生态文明建设的政治纲领和实践指南，突出其政治性质。第二个层面把习近平生态文明思想作为一种新思想、新理论，研究其理论渊源、形成过程和主要内容及理论建构的逻辑等，突出其学理性。具体概述如下。

1. 国家战略规划和方针政策层面的习近平生态文明思想研究

习近平生态文明思想就其根本性质来看，就是党和国家开展新时代生态文明建设实践的政治纲领和实践指南，来自实践，是实践经验的总结，用于指导实践，是制定路线方针政策的基础，政治性和实践性是其最突出的特点，学习领会习近平生态思想是在实践中贯彻执行的前提。首先，生态环境保护部作为国家生态环境保护的专门机构和大政方针的执行者在学习领会和贯彻执行方面发挥着特别重要的作用，周生贤、李干杰、夏光等主要领导干部和政策研究人员在这方面的研究中做出了重大贡献，研究成果也具有很强的权威性。2013年时任环境保护部部长的周生贤在《求是》杂志上发表《走向生态文明新时代——学习习近平同志关于生态文明建设的重要论述》一文，指出习近平同志站在战略和全局高度上对生态文明建设和生态环境保护提出了一系列新思想新论断新要求，必须要通过认真学习，来“深刻认识生态文明建设的重大意义”“科学把握生态文明建设的根本要求”“进一步明确生态文明建设的重点任务”，更好地推进生态文明建设工作。2016年环境保护部政研中心夏光研究员在《中国环境报》上发表《深刻领会习近平生态文明战略思想》一文认为习近平总书记对生态文明建设的重要批示和指示从战略思想和实践途径两个层面形成了关于生态文明建设的系统考量和部署。2018年以来时任生态环境部部长的李干杰发表了系列以习近平生态文明思想为主题的文章和讲话，主要包括《深入贯彻习近平生态文明思想　以生态环境保护优异成绩迎接新中国成立70周年——在2019年全国生态环境保护工作会议上的讲话》《守护良好生态环境这个最普惠的民生福祉》《深入贯彻习近平生态文明思想　污染防治攻坚战稳步推进——2018年度环境状况和环境保护目标完成情况》《以习近平新时代中国特色社会主义思想为指导　奋力开创新时代生态环境保护新局》等，概括出了习近平生态文明思想的主要观点和重要内容，并针对实际情况部署重点工作，纠正实践中的错误观点，提升了对习近平生态文明思想的理解和认识。其次，在贯彻落实习近平生态文明思想指导实践过程中，各界还对新时代生态文明建设实践中的环境战略和政策创新，以及推进环境治理体系和治理能力现代化进行了探讨。王喜军通过分析中华人民共和国成立以来生态文明建设政策，指出我国的生态文明建设政策研究具有指导思想的一脉相承性、政策内容的与时俱进性、建设举措走向的全面性及制度性。① 王旭、秦书生指出习近平生态文明思想中蕴含着治理现代化思想，“推进环境治理体系现代化必须完善生态环境监管体系、完善环境治理政策支撑体系、健全生态环境保护法治体系及构建生态环境保护社会行动体系；推进环境治理能力现代化必须运用绿色技术创新破解环境治理难题、加强生态环境监测网络信息化建设及运用环境大数据分析手段，提升环境治理的科学化水平”②。骆清明确提出环境治理是践行习近平生态文明思想的着力点，提出“通过搞好顶层设计、完善制度体系、加强执法督查、坚守生态红线来有效发挥政府的主导作用；通过强化生态责任、注重利益导向来充分落实企

---

① 王喜军. Nvivo质性分析新中国成立70年生态文明建设政策演进与取向［J］. 黄河科技学院学报，2020（3）：61－68.

② 王旭，秦书生. 习近平生态文明思想的环境治理现代化视角阐释［J］. 重庆大学学报（社会科学版），2019.

业的主体地位；通过推进生态文明教育、倡导绿色生活方式、支持环境公益诉讼来全面促进社会组织和公众的共同参与”①。2019 年 11 月生态环境部环境与经济政策研究中心举办了中国环境战略与政策学术年会，邀请政界和学界相关领域专家以“加强环境战略与政策创新，推进环境治理体系和治理能力现代化”为主题就我国生态环境治理的难点热点问题进行交流探讨，强调未来环境战略与政策要更加着眼于满足人民群众美好生活的需求，更加重视推动制度重构和绿色转型，把环境和经济关系摆到一个突出的位置；要在“生态文明与绿色发展”“污染防治攻坚战与政策创新”“生态环境治理体系和治理能力现代化”政策创新和地方实践方面取得一定成绩。最后，对习近平生态文明思想指导地方生态文明建设实践进行探讨。习近平生态文明思想是全国各地方生态文明建设实践的指南，对指导地方协调经济发展和生态环境保护发挥着重要作用。部分学者结合地方生态文明建设实际，探讨地方贯彻执行习近平生态文明思想过程中，在脱贫致富、保护生态环境、建设美丽城市乡村中的成效和经验，比如，王升阳的硕士学位论文《习近平生态文明思想在青海实践研究》、黄珊妹的《习近平生态文明思想在左右江革命老区建设的探究》和王娜的《习近平生态文明思想在西藏的成功实践》等。

2. 作为理论体系的习近平生态文明思想研究

习近平生态文明思想研究的第二个方面就是将其作为理论体系来研究，研究的内容主要集中在以下几个方面：形成的时代背景、理论依据、形成过程与发展阶段、理论观点、逻辑框架与结构、思维特点、价值意义等。第一，对时代背景的阐释是研究和认识习近平生态文明思想的前提，主要分为国际背景和国内背景。全球生态危机的警示、西方发达国家生态环境理论和生态现代化建设实践是其产生的国际背景。国内严峻的生态环境形势、经济社会可持续发展、国家治理能力现代化的问题、中国崛起的大国责任和人民群众日益增强的生态环境意识是习近平生态文明建设思想产生的国内背景。第二，习近平生态文明思想的理论依据研究。当前的研究成果主要从四个方面进行研究，首先是从对马克思、恩格斯关于人与自然和谐和“两个和解”生态思想的思想继承和发展

① 骆清. 环境治理：践行习近平生态文明思想的着力点［J］. 中国环境管理干部学院学报，2019 (4)：27－30，35.

方面，指出习近平生态文明思想的马克思主义理论基础。其次是从对中国共产党历届中央领导集体的生态保护理念方面的一脉相承又与时俱进的关系方面，指出习近平生态文明思想直接来源于历届党的领导集体生态环境思想和经验总结。再次是从对中国传统生态文化思想精华的继承方面，指出习近平生态文明思想吸收了中华传统生态智慧。最后是从学习西方生态哲学与生态科学的方面，指出习近平生态文明思想是对世界范围内生态环境发展前沿的借鉴和吸收。第三，习近平生态文明的形成过程和发展阶段研究。一般依据习近平生活经历和执政生涯来划分，如胡倩将其划分为三个时期，即陕西知青和河北正定工作的奠定基础时期、任职福建与浙江时的深化时期和担任党和国家主要领导人后的成熟时期。苏慧娟将其划分为四个时期：1969—1982 萌芽期、1982—1993 形成期、1993—2012 发展期、2012—现在深化期。刘涵则认为习近平生态文明思想经历了三个阶段：局部性认识与实践的孕育阶段、十八大以后的全局性思考与探索的生成阶段和十九大以后系统性诠释与表达的升华阶段。第四，学者从不同的视角对习近平生态文明思想的主要理论观点和理论内容进行了概括。李干杰将习近平生态文明思想的主要内容概括为“八观”：“生态兴则文明兴、生态衰则文明衰的深邃历史观，人与自然和谐共生的科学自然观，绿水青山就是金山银山的绿色发展观，良好生态环境是最普惠的民生福祉的基本民生观，山水林田湖草是生命共同体的整体系统观，用最严格制度保护生态环境的严密法治观，全社会共同建设美丽中国的全民行动观，共谋全球生态文明建设之路的共赢全球观。”① 鲁长安和赵冬认为“自然论”“两山论”“生命共同体论”“和谐共生论”构成了习近平生态文明思想的“四梁”，“目标论”“指导思想论”“道路论”“原则论”“体系论”“制度论”“重点论”“全球论”构成了其“八柱”。② 总之，学界普遍认为习近平生态文明思想是逻辑清晰、结构完整的理论体系，系统回答了“什么是生态文明建设，为什么进行生态文明建设，如何进行生态文明建设”问题。第五，习近平生态文明思想的思维特点。思维方式是

---

① 李干杰．深入贯彻习近平生态文明思想　以生态环境保护优异成绩迎接新中国成立 70 周年——在 2019 年全国生态环境保护工作会议上的讲话［N］．中国环境报，2019－01－28（001）．

② 鲁长安，赵冬．习近平生态文明思想的“三大基石”与“四梁八柱”［J］．决策与信息，2019（6）：21－34.

理论形成发展的逻辑工具，要想更加深刻地理解和把握思想理论蕴含的逻辑关系和精神实质，就要从内在构成的角度认识和把握其思维方式。学者普遍认为习近平生态文明思想蕴含着辩证思维、系统思维、顶层思维、底线思维、法治思维等思维方式。还有学者如李全喜则又补充了历史思维、战略思维、民本思维、精准思维、创新思维和全球思维等内容①。这就从微观和宏观两个不同层次对习近平生态文明形成的思维方式进行了认识和分析，对认识和把握习近平生态文明思想的整体内容和逻辑结构具有重要意义，也彰显出该理论的科学性、主动性、预见性和创新性等特点。第六，对习近平生态文明思想的价值意义的研究。学者一致认为习近平生态文明思想具有重要的理论和实践意义，就理论意义来说，它丰富和发展了马克思主义生态观，是中国特色社会主义理论体系的重要组成部分，是中国共产党执政理念的创新，深化了对人类文明发展规律、社会主义建设规律、经济社会发展规律和自然规律的认识。就实践意义来说，它促进国家治理体系和治理能力的现代化，是建设美丽中国的行动指南，为加强国际领域的生态合作提供了新思路。第七，习近平生态文明思想的实践路径。理论是实践的指南，在实践中理论才能获得生命力并得到检验，贯彻落实习近平生态文明思想也是理论研究的内容之一。当前各界普遍认为需要做好以下几个方面的工作：加强生态环境保护教育，增强全民的生态意识；努力转变发展方式；加强法律法规和制度建设；加强国际合作交流，共建人类命运共同体等。

3. 关于习近平生态文明思想的经典文献整理

习近平生态文明思想的最初成果就是习近平政治生涯中发表的文章、讲话、报告、谈话、批示、贺信等，此外，关于这方面文献资料的整理和系统化也属于生态文明思想研究的内容之一。习近平关于人与自然关系的思考开始于其知青生活时期，当地农民为了生计砍伐树木，进而造成水土流失，影响农业发展，为了改变现状他学习四川经验，带头建起沼气池。在主政河北和福建期间为了探索脱贫致富道路，因地制宜利用地方优势发展生产，积极发展旅游业，进行了开展生态省建设等一系列尝试。

习近平在浙江担任省委书记期间在《浙江日报》“之江新语”栏目上连续

① 李全喜．习近平生态文明建设思想中的思维方法探析［J］．高校马克思主义理论研究，2016（4）：50－59.

发表232篇短评，是对地方工作经验的总结，后被结集出版为《之江新语》一书，其中有多篇关于生态文明建设的内容，包含许多思想火花，具有重要和深远的理论与实践意义。在当选为党的总书记和国家主席以后，就生态文明建设与经济政治文化社会发展的重要意义和一体性，形成了相对系统的思想。随着《习近平谈治国理政》（两卷）、《习近平总书记系列重要讲话读本（2016）》《习近平新时代中国特色社会主义思想学习纲要》的出版，生态文明及其建设思想都被分章或分篇单独列出。比如，《习近平谈治国理政》第一卷第八部分是“建设生态文明”、第二卷第十一部分是“建设美丽中国”；《习近平新时代中国特色社会主义思想学习纲要》的第十三篇为“建设美丽中国——关于新时代中国特色社会主义生态文明建设”；《习近平总书记系列重要讲话读本（2016）》的第十三部分为“绿水青山就是金山银山——关于大力推进生态文明建设”。最后关于习近平生态文明思想的专门论述摘编《习近平关于社会主义生态文明建设论述摘编》于2017年9月由中央文献出版社出版。该书共收入摘自习近平总书记2012年11月15日至2017年9月11日期间的讲话、报告、谈话、指示、批示、贺信等80多篇重要文献的259段论述，其中许多论述是第一次公开发表。在内容安排上共分7个专题：建设生态文明，关系人民福祉，关乎民族未来；贯彻新发展理念，推动形成绿色发展方式和生活方式；按照系统工程的思路，全方位、全地域、全过程开展生态环境保护建设；环境保护和治理要以解决损害群众健康突出环境问题为重点；完善生态文明制度体系，用最严格的制度、最严密的法治保护生态环境；强化公民环境意识，把建设美丽中国化为人民自觉行动；积极参与国际合作，携手共建生态良好的地球美好家园，集中呈现了他关于社会主义生态文明建设理念与战略的思考。这些文献的整理出版从不同角度对习近平生态文明思想的经典文献做了梳理，既是习近平生态文明思想研究的基础工作，也为更进一步的研究奠定了文献基础。

（三）习近平生态文明思想的研究方法

对习近平生态文明思想的研究使用了多种方法，首先，大部分研究成果采用了文献研究方法。对党的文件和习近平的相关文章、讲话、指示等经典文献进行多学科阐释与解读。其次，采用了历史与逻辑相统一的方法。习近平生态文明思想来自实践，与其主要创立者习近平的个人经历和工作实践有着密切的关系，历史思维和逻辑思维相结合的方法是探析习近平生态文明思想形成原因、过程和内在逻辑的重要方法。最后还采用了比较分析方法。比较分析法是做好研究的重要工具，没有比较就没有鉴别。作为一种生态环境理论，对习近平生态文明思想的研究涉及对其进行理论的定位，分析它与马克思主义理论、西方各种生态环境理论和中国现有的各种生态环境思想的区别与联系、创新与发展。上述研究方法对习近平生态文明思想进行性质定位与分析，属于质的研究方法。不过随着计算机技术和数据统计分析方法的发展，有些学者试图引进新的研究方法，对习近平生态文明思想进行量的分析和可视化研究。比如，孙晓娟的《习近平生态文明思想的研究热点主题与演进逻辑（2013—2018）——基于知识图谱方法的分析》、陶国根的《基于 CiteSpace 的“习近平生态文明思想”研究知识图谱分析》和徐来富的《大数据视域下习近平生态文明思想的实践发展》等。新方法的引入是对质的研究方法的重要补充，为更深入地研究习近平生态文明思想提供了新的认识工具。

（四）研究习近平生态文明思想的主要学术团体

在习近平生态文明思想研究过程中出现了领军人物，形成了具有一定影响力的学术研究共同体。陶国根利用图谱分析和人工合并统计相结合的方法得出全国有 284 所研究机构，他们之间开展了 65 次合作。其中以李干杰为代表的生态环境部发文最多排名第一，同时由于既是习近平生态文明思想的研究者也是国家生态环境政策和规章制度的执行者，这些研究成果具有一定的权威性。中央党校、贵州医科大学排名第二，以黄承梁为代表的中国社会科学院和以秦书生为代表的东北大学马克思主义学院紧随其后①。由于采用数据和分析的差异，孙晓娟的分析结果与陶国根的存在一定偏差。她的分析结果显示有 126 所研究机构，机构之间开展了 52 次合作，其中东北大学马克思主义学院居于图谱中心位置，是习近平生态文明思想研究中的核心机构，在该领域的学术影响力最大。北京大学马克思主义学院、中国人民大学马克思主义学院、中南财经政法大学哲学院、东北林业大学马克思主义学院、浙江理工大学马克思主义学院以及中

① 陶国根．基于 CiteSpace 的“习近平生态文明思想”研究知识图谱分析［J］．行政与法，2019（4）：1－12.

国社会科学院城市发展与环境研究所等形成了研究的核心机构群①。不过两位学者都指出各研究机构结构节点彼此之间的连线较少，分布松散，表明作者及研究机构之间的学术合作较为匮乏，尚未形成习近平生态文明思想研究领域的合作交流网络。

（五）评析

通过对现有习近平生态文明思想研究成果的梳理可以得出以下几点结论。第一，经典文献整理工作已经开启，但系统性的专题文献成果匮乏。习近平关于生态文明思想的文章、讲话、报告等文献具有权威性、原创性的特点，承载的是原汁原味的内容，是研究的经典文献和出发点。但是就目前的整理资料来看，除了《习近平关于社会主义生态文明建设论述摘编》之外，没有专门对习近平生态文明思想的整理工作，而且不足之处在于这本文献摘编是以段落为基本单位，不是对整篇文章、讲话、批示等的完整录入，难免有不完整和缺乏具体语境的问题。第二，研究内容颇丰，但总体上处于初步性阶段。各界对习近平生态文明思想研究是对习近平生态文明思想研究的阐释，从不同的视角和领域对其内容、意义和方法进行挖掘，对从不同方面深刻认识习近平生态文明思想具有启示意义。就目前的研究状况看，虽然习近平生态文明思想研究是近几年尤其是十九大以来的研究热点，并在对其主要内容的概括上取得了一定的共识，但由于研究时间较短，研究视角呈现多元化、多学科化和多维度的特点，研究内容存在零散化、局部化和缺乏深度的问题，更多的是诠释性和具象化的。因此，各界认同习近平生态文明思想的研究还处于初始阶段，需要进一步从宏观上和学理上加强研究。第三，研究方法和研究机构较多，仍存在一些问题。习近平生态文明思想的研究采用了多学科的方法，无论是质的研究方法还是量的研究方法都在使用的过程中存在不够严谨的问题，科学严谨有效地使用各种研究工具的能力需要加强。在研究机构方面，全国存在多个颇有成效的研究团体和领军人物，但是各研究机构之间缺乏有效的联系与合作，不利于充分利用资源，也不利于开展更深入的研究。总之，习近平生态文明思想研究已经初具规模，形成了专门的研究力量，取得了可喜的研究成果，未来的研究需要向更

---

① 孙晓娟．习近平生态文明思想的研究热点主题与演进逻辑（2013—2018）——基于知识图谱方法的分析［J］．安徽行政学院学报，2019（4）：10－16.

深入更系统的方向发展。

三、关于理论的生态化或绿色意蕴的探讨

目前，已有学者关注对生态文化理论的生态化变革意义的探讨，北京大学郇庆治教授是最主要和最有影响力的代表人物，他以“绿色变革视角下的国内外生态文化重大理论研究”为题获得了2012年国家社会科学基金重点项目（12AZD074），在立项之前和之后发表了系列文章。郇庆治教授对绿色变革的理解也做了说明：

> 绿色变革或转型意味着一种全面与深刻意义上的文明和文化层面上的生态化改变与重建，尤其是相对人类现代社会的工业与城市化文明和文化而言。换句话说，绿色变革或转型是近代社会以来蓬勃发展的工业化文明的生态化否定与扬弃，它的理论指导和沉淀与升华就是一种崭新的人与自然、社会与自然和谐相处的生态文化。①

因此，本人认为郇庆治教授关于绿色变革与生态化变革在内涵和外延上具有一致性，绿色变革是生态化变革在隐喻意义上的表达。

（一）研究内容综述

1. 代表人物郇庆治及其研究成果

郇庆治教授自2006年发表《生态现代化理论与绿色变革》以来，长期关注国内外生态文化理论的绿色变革意蕴的解释，先后发表了系列文章，做了系统的阐释，主要有《西方环境公民权理论与绿色变革》（2007）、《生态文明新政治愿景2.0版》（2014）、《绿色变革视角下的生态文化理论及其研究》（2015）、《绿色变革视角下的环境公民理论》（2015）、《社会生态转型与社会主义生态文明》（2015）、《生态文明理论及其绿色变革意蕴》（2015）、《生态自治主义理论及其绿色变革》（2016）、《绿色变革视角下的环境哲学理论》（2017）等。

这些研究成果形成了郇庆治教授绿色变革视角下生态文化理论的研究范式。

---

① 郇庆治，徐越．绿色变革视角下的环境哲学理论［J］．武汉大学学报，2017（2）：24－33.

这种研究范式首先将“生态文化”在最宽泛的意义上界定为人类社会超越了现代工业文明及其文化意涵的，自觉或不自觉地追求人与自然和谐共生的合生态性制度、文明与文化体系及其元素。并从“绿色变革文化”即对现存工业文明的精神解构和“绿色文化升华”即生态文明的精神建构相统一的维度来把握与界定“生态文化理论”。其次从“绿色变革文化”和“绿色文化升华”两个维度相统一的角度将要探讨的理论置于生态文化理论的框架之内。然后对该理论流派和主要内容进行概述。最后从理论与实践两个方面分析指出其如何建构起绿色变革意蕴。在行文结构上也形成了典型的三段式结构。

2. 其他学者研究成果

黄晓云在《生态社会主义的绿色社会变革观点评析》一文中指出生态社会主义从西方马克思主义的视角分析了现代生态环境问题的成因，并提出了实现绿色社会变革的方案。同时指出其绿色社会变革观点对实现绿色社会变革有积极的意义，但是其实现绿色社会变革的道路在理论和实践方面存在巨大的差距，比如最终陷入改良主义的泥潭。李彦文、李慧明的《绿色变革视角下的生态现代化理论：价值与局限》一文采取了问题导向的模式，通过指出“生态现代化”是一种解决环境问题的新思路和新方法，作为一种现实问题导向极强的生态政治理论，为当代社会绿色变革提供了一条经济技术路径，对促进当代经济社会的绿色变革无疑具有非常重要的参考价值和现实意义，但也存在一定的局限性，在不改变传统经济社会发展方式和人们生活方式的前提下，只能是一种“治标不治本”的生态改良思想，无法从根本上改变当代社会的生态环境危机。

（二）评析

郇庆治教授的研究成果形成了系统性的研究模式和方法，注重对理论框架的探讨和研究，具有很强的学术性和抽象性特点。其他学者也从理论观点和问题导向入手探讨了特定生态理论所具有的绿色变革的意义。总的来说，他们都致力于对特定理论所带来的意识形态领域和实践变革导向的探讨，力求指出该理论所具有的生态化或绿色变革的意义，这种意义通过对工业文明的批评性结构或者是对现实问题的批判性反思和生态文明的建设性建构来实现。这些研究成果对后来者具有非常重要的启发意义。然而，对于理论的探讨不能离开其产生的特殊背景、面对的问题挑战和建构的现实条件，因此对理论的生态化变革意义的探讨不能仅仅停留在抽象的层面，还需要更细致和严谨。

第三节 研究方案

一、本书的研究对象

本书以新时代生态文明建设理论与实践为研究对象，指出人类文明生态化变革的时代背景下，习近平生态文明思想继承和发展了人、自然和社会关系的理论成果，面对中国和世界生态环境难题，运用辩证思维、整体思维、系统思维等思维方法，立足现实条件，提出的对当前社会生产和生活方式进行生态化变革的理论构想和建设生态文明的经济、政治、文化等途径和方法。

二、本书研究的总体框架

本书在研究内容上借鉴了郇庆治绿色变革视角下对生态文化理论进行研究的模式，先从总体上对习近平生态文明思想进行理论定位，指出需要探讨和回答的主要问题，是一种致力于并有助于当代中国社会进行生态化变革的文化力量，属于正在兴起的广义生态文化理论的组成部分。同时习近平生态文明思想还是一种政治实践理论，实践问题导向或现实指向性是它的最大特点，是对人类社会和中国发展过程中所面临的生态环境难题或挑战的思考和回应，是对现代工业文明和扩张粗放型发展方式的否定，也是对未来文明和发展方式的构想以及实现的现实路径选择。接着从经济、政治、社会、文化四个方面对习近平生态文明思想的理论观点和实施路径进行阐释，指出这些领域的生态化变革内容，也就是如何解构工业文明和建构生态文明。最后，在明了其生态化变革内容的基础上，探讨该理论的意义。因此，本书的主体结构框架如下。

1. 生态化变革视域下新时代生态文明建设理论与实践概述：本章从对生态化及生态化变革的分析切入，探讨习近平生态文明思想的产生背景和理论渊源，揭示其对工业文明时代反生态的生产方式与生活方式的解构，和对生态文明及其建设理论与实践的逻辑建构和价值意义。

2. 从经济的生态化变革探讨新时代生态文明建设的理论观点和实践途径：首先抛弃工业文明时代经济发展和环境保护相对立的思维，指出二者的辩证统一性，与实现这种辩证统一的发展方式——绿色发展和社会保障条件——管理制度生态化。经济的生态化变革是习近平生态文明思想的理论基础，也是在实践中实现变革目标的基础。

3. 从政治的生态化变革探讨新时代生态文明建设的理论观点和实践途径：政治生态化是习近平生态文明思想的突出特点。把生态环境纳入政治领域，与党的宗旨和使命相联系，使生态文明建设实践达到了一个新阶段，这就涉及政治理念、制度以及全球生态治理的生态化变革。政治的生态化变革是新时代生态文明建设的政治保障。

4. 从文化生态化变革探讨新时代生态文明建设的理论观点和实践途径：文化的生态化变革是文明变革的根本，习近平总书记关于“人与自然是生命共同体”思想既是对人与自然二元对立的反思，也是中国天人合一思想的继承与发展，与中国传统文化具有一定的契合，文化的变革就其实质来讲就是人的变革，只有培养出新的生态人或生态公民才能够从根本上实现生态文明的目标要求。

5. 从社会的生态化变革探讨新时代生态文明建设的理论观点和实践途径：生活观念和生活方式的生态化变革是文明变革的标志，人既是社会的也是生活的人，习近平对人们生活方式和生活观念的设想引导新的文明社会的实现，美丽是最朴素和关键的字眼。

6. 最后一章是对新时代生态文明建设意义的归纳和总结，从生态化变革出发探寻其重要的理论和实践意义。

这种总分总的结构框架，使我们能够从整体到局部再到整体上把握新时代生态文明建设的生态化变革内容和意义。

三、本书的研究方法

本书为实现研究目标，完成研究任务，围绕研究内容和研究思路，具体采用如下研究方法。

（一）文献研究法

通过期刊网、图书馆等搜集关于生态化变革和习近平生态文明思想的期刊论文、研究报告、会议论文和学术著作等，把握学界的研究进展和成果，通过文献研究归纳梳理已有研究成果，了解所要研究领域的前沿和不足。

（二）文本分析法

本书采用文本分析方法对习近平生态文明思想的原始文本进行系统的分析阅读，寻求其逻辑结构和价值定位。

（三）比较研究法

变革的关键在于变，在于不同和差异，因此本书采用比较研究的方法，通过对比把握变的内容和实质。

参考文献：

[1]［美］蕾切尔·卡逊．寂静的春天［M］．马丽，邓鹏，译．北京：中国妇女出版社，2018.

[2] 中共中央文献研究室．习近平关于社会主义生态文明建设论述摘编［M］．北京：中央文献出版社，2017.

[3] 欧阳志远．生态化——第三次产业革命的实质与方向［J］．科技导报，2009（9）：26－29.

[4] 贺撒文．马克思革命思想［D］．武汉：华中师范大学，2015.

[5] 高放．评托夫勒著《第三次浪潮》的基本观点［J］．郑州大学学报（哲学社会科学版），1986（4）：1－11.

[6] 任永堂．生态社会：信息社会之后的新型社会［J］．科学技术与辩证法，1994（12）：46－50.

[7] 刘思华．当代社会生产领域变革及其第三次产业革命——兼与欧阳志远同志商榷［J］．生产力研究，1995（6）：58－60.

[8] 方时姣．论社会主义生态文明三个基本概念及其相互关系［J］．马克思主义研究，2014（7）：35－44.

[9] 刘希刚．马克思恩格斯生态文明思想及其中国实践研究［M］．北京：中国社会科学出版社，2014：188.

[10] 付丽芬，刘福森．生态化：经济社会发展观上的一场革命［J］．学习与探索，1995（2）：52－55.

[11] 刘思华．论可持续经济发展的客观依据与深层逻辑［J］．生态经济，1999（2）：1－5，43.

[12] 王永芹．当代中国绿色发展研究［D］．武汉：武汉大学，2014.

[13] 路云霞，李文青，于忠华，刘海滨．以绿色理念引领经济发展生态化转型路径研究——以南京市为例［J］．科技资讯，2017（1）：77－79，82.

[14] 胡锦涛．胡锦涛文选（第二卷）［M］．北京：人民出版社，2016：612－658.

[15] 会议秘书处．全国十年生态与环境经济理论回顾与发展研讨会纪要［J］．生态经济，1991（6）：53－56.

[16] 张艳红．习近平关于生态经济的重要论述探微：理论逻辑、内涵体系与时代价值［J］．改革与战略，2019（8）：1－7.

[17] 张新平．新时代中国特色生态经济理论的思想源泉与构建探究［J］．创新，2019（3）：74－82.

[18] 张华丽．社会主义生态文明话语体系研究［D］．北京：中央党校，2018.

[19] 王宏广．国外持续农业思潮及其对我国农业发展的启示［J］．耕作与栽培，1992（2）：10－17.

[20] 邓宏海．生态农业与外向型经济［J］．生态经济，1990（3）：15－18.

[21] 李彦文，李慧明．绿色变革视角下的生态现代化理论：价值与局限［J］．山东社会科学，2017（11）：188－192.

[22] 刘世清．试论农业现代化的概念及其本质［J］．安徽农业科学，1983（16）：42－46.

[23] 张沁文，王文德．生态农业的昨天、今天和明天［J］．农业考古，1986（4）：1－6，22.

[24] 张研．“四化”高产养鱼技术［J］．农家之友，1997（2）：18.

[25] 李光明，李进．淡水养殖生态化的有效途径［J］．中国水产，1999（4）：55.

[26] 严伟明，杨京平．城郊“菜篮子工程”生态化建设的良好模式与思考［J］．农业经济，1998（12）：46－47.

[27] 张国祥，宗志贵，王仕超．敬亭山茶场“茶果园无公害生态化研究”初报［J］．茶业通报，1999（2）：9－11.

[28] 马传栋．论生态工业［J］．经济研究，1991（4）：70－74，18.

[29] 何劲．论可持续发展与我国工业生态化建设［J］．湖南商学院学报，1998（5）：19－22.

[30] 李同明．中国经济可持续发展与工业生态化［J］．环境技术，1998（6）：39－45.

[31] 李丰祥．可持续发展的新模式——生态工业［J］．中学地理教学参考，1999（5）：30.

[32] 向立中，邝生鲁，钟康年．化工生态化的新型人才培养［J］．建材高教理论与实践，1999（4）：80－81.

[33] 许喜华．论中国工业设计的发展形态——产品化、商品化与生态化设计［J］．中国机械工程，1999（12）：1413－1417，6.

[34] 祖星星，李从东．现代工业的生态化企业战略［J］．工业工程，1999（3）：22－25.

[35] 刘则渊，代锦．产业生态化与我国经济的可持续发展道路［J］．自然辩证法研究，1994（12）：38－42，57.

[36] 黄志斌，王晓华．产业生态化的经济学分析与对策探讨［J］．华东经济管理，2000（3）：7－8.

[37] 厉无畏，王慧敏．产业发展的趋势研判与理性思考［J］．中国工业经济，2002（4）：5－11.

[38] 樊海林，程远．产业生态：一个企业竞争的视角［J］．中国工业经济，2004（3）：29－36.

[39] 陈柳钦．产业发展的可持续性趋势产业生态化［J］．未来与发展，2006（5）：31－34.

[40] 汪兴涛，杨凯，蔡晓燕．上海第三产业生态化趋势探讨［J］．现代城市研究，1998（4）：30－33.

[41] 耿焜．产业集群生态化发展模式探索——以苏南地区为例［J］．宏观经济管理，2006（5）：60－62.

[42] 张福庆，胡海胜．区域产业生态化耦合度评价模型及其实证研究［J］．江西社会科学，2010（4）：219－224.

[43] 郇庆治．绿色变革视角下的生态文化理论及其研究［J］．鄱阳湖学刊，2014（1）：21－34.

[44] 郇庆治.21世纪以来的西方生态资本主义理论［J］．马克思主义与现实，2013（2）：108－128.

[45] 郇庆治，马丁·耶内克．生态现代化理论：回顾与展望［J］．马克思主义与现实，2010（1）：175－179.

[46] 郇庆治．西方生态社会主义研究述评［J］．马克思主义与现实，2005（4）：89－96.

[47] 郇庆治．环境政治学研究在中国：回顾与展望［J］．鄱阳湖学刊，2010（2）：45－56.

[48] 潘文岚．中国特色社会主义生态文明研究［D］．上海：上海师范大学，2015.

[49] 刘贺．当代世界社会主义的生态化研究［D］．北京：中共中央党校，2014.

[50] 林恩·怀特．我们生态危机的历史根源［J］．汤艳梅，译．比较政治学研究，2016（1）：115－127.

[51] 黄志斌，任雪萍．马克思恩格斯生态思想及当代价值［J］．马克思主义研究，2008（7）：49－53.

[52] 赵成．马克思的生态思想及其对我国生态文明建设的启示［J］．马克思主义与现实，2009（2）：188－190.

[53] 范星宏．马克思恩格斯生态思想在当代中国的运用与发展［D］．安徽：安徽大学，2013.

[54] 朱建堂．中国共产党领导人生态伦理思想论析［J］．湖北大学学报（哲学社会科学版），2010（6）：28－32.

[55] 高宁宁，周新辉．从毛泽东到习近平——中国共产党几代领导人生态思想的接续探索［J］．传承，2015（4）：27－29.

[56] 黄承梁．牢固树立社会主义生态文明观［J］．南海学刊，2017（4）：

12－13.

［57］郇庆治．社会主义生态文明观阐发的三重视野［J］．北京行政学院学报，2018（4）：63－70.

［58］张伟．真善美相统一的生活是“美好生活”的共同追求［N］．中国艺术报，2017－11－24（003）.

［59］陈琼珍．生态文明建构的“真、善、美”意蕴［J］．中共南京市委党校学报，2018（5）：103－108.

［60］姚单华．浅析生态公民的基本规定性——基于真、善、美角度［J］．理论月刊，2009（6）：43－45.

［61］隋宁．论当代中国真善美的追求［D］．长春：东北师范大学，2008.

［62］袁祖社．生态文化视野中生态理性与生态信仰的统一——现代人的“生态幸福观”何以可能［J］．思想战线，2012（2）：45－49.

［63］张雯婷．论幸福的“生态化”——莱易斯的生态主义幸福观及其当代启示［J］．辽宁医学院学报（社会科学版），2011（2）：11－13.

［64］林丽婷，徐朝旭．梭罗与莱易斯生态幸福观的比较及启示［J］．理论月刊，2016（3）：48－53.

［65］张乐民．生态文明视域中的幸福观探析［J］．理论界，2012（10）：65－67.

［66］黄娟．生态幸福及其实现途径［J］．毛泽东思想研究，2013（4）：39－43.

［67］李月．西方城市生态思想初探［J］．都市文化研究，2014（1）：78－84.

［68］王春晓．西方城市生态基础设施规划设计理论与实践研究［D］．北京：北京林业大学，2015.

［69］孙宇．当代西方生态城市设计理论的演变与启示研究［D］．哈尔滨：哈尔滨工业大学，2012.

［70］王亚军．生态园林城市规划理论研究［D］．南京：南京林业大学，2007.

［71］王凯．村庄规划中生态理念的导入研究［D］．苏州：苏州科技学院，2010.

［72］郇庆治．习近平生态文明思想研究（2012～2018年）述评［J］．宁

夏党校学报，2019（2）：19－30.

[73] 周生贤．走向生态文明新时代——学习习近平同志关于生态文明建设的重要论述［J］．求是，2013（17）：17－19.

[74] 夏光．深刻领会习近平生态文明战略思想［N］．中国环境报，2016－12－06（003）.

[75] 李干杰．深入贯彻习近平生态文明思想 以生态环境保护优异成绩迎接新中国成立70周年——在2019年全国生态环境保护工作会议上的讲话［N］．中国环境报，2019－01－28（001）.

[76] 王喜军．Nvivo质性分析新中国成立70年生态文明建设政策演进与取向［J］．黄河科技学院学报，2020（3）：61－68.

[77] 王旭，秦书生．习近平生态文明思想的环境治理现代化视角阐释［J］．重庆大学学报（社会科学版），2019.

[78] 骆清．环境治理：践行习近平生态文明思想的着力点［J］．中国环境管理干部学院学报，2019（4）：27－30，35.

[79] 王升阳．习近平生态文明思想在青海实践研究［D］．西宁：青海大学，2019.

[80] 黄珊妹．习近平生态文明思想在左右江革命老区建设的探究［J］．理论观察，2019（12）：32－34.

[81] 王娜．习近平生态文明思想在西藏的成功实践［J］．新西藏，2020（3）：34－36.

[82] 魏澄荣．使八闽大地更加山清水秀——习近平生态文明建设思想试析［J］．福建论坛（人文社会科学版），2015（2）：9－12.

[83] 李键．基于系列讲话的习近平生态现代化思想研究［D］．哈尔滨：哈尔滨工业大学，2015.

[84] 苏慧娟．习近平生态思想研究［D］．扬州：扬州大学，2016：21－26.

[85] 胡倩．习近平生态文明思想研究［D］．杭州：浙江理工大学，2017：10－12.

[86] 刘涵．习近平生态文明思想研究［D］．长沙：湖南师范大学，2019.

[87] 鲁长安，赵冬．习近平生态文明思想的“三大基石”与“四梁八柱”

[J]. 决策与信息, 2019 (6): 21-34.

[88] 中共中央宣传部. 习近平总书记系列重要讲话读本 [M]. 北京: 学习出版社, 2014: 129.

[89] 陈俊. 机理·思维·特点: 习近平生态文明思想的三维审视 [J]. 天津行政学院学报, 2017 (1): 74-80.

[90] 李全喜. 习近平生态文明建设思想中的思维方法探析 [J]. 高校马克思主义理论研究, 2016 (4): 50-59.

[91] 陶国根. 基于 CiteSpace 的"习近平生态文明思想"研究知识图谱分析 [J]. 行政与法, 2019 (4): 1-12.

[92] 孙晓娟. 习近平生态文明思想的研究热点主题与演进逻辑 (2013—2018) ——基于知识图谱方法的分析 [J]. 安徽行政学院学报, 2019 (4): 10-16.

[93] 郇庆治, 徐越. 绿色变革视角下的环境哲学理论 [J]. 武汉大学学报, 2017 (2): 24-33.

[94] 郇庆治. 生态现代化理论与绿色变革 [J]. 马克思主义与现实, 2006 (2): 90-98.

[95] 郇庆治. 西方环境公民权理论与绿色变革 [J]. 文史哲, 2007 (1): 157-163.

[96] 郇庆治. 生态文明新政治愿景 2.0 版 [J]. 人民论坛, 2014 (28): 38-41.

[97] 郇庆治. 绿色变革视角下的环境公民理论 [J]. 鄱阳湖学刊, 2015 (2): 5-29.

[98] 郇庆治. 社会生态转型与社会主义生态文明 [J]. 鄱阳湖学刊, 2015 (3): 65-66.

[99] 郇庆治. 生态文明理论及其绿色变革意蕴 [J]. 马克思主义与现实, 2015 (5): 167-175.

[100] 郇庆治. 生态自治主义理论及其绿色变革 [J]. 鄱阳湖学刊, 2016 (1): 5-20, 125.

[101] 黄晓云. 生态社会主义的绿色社会变革观点评析 [J]. 湖北社会科学, 2010 (8): 21-23.

第二章

生态化变革视域下新时代生态文明建设思想概述

第一节　生态化和生态化变革

一、生态化

（一）考察人与自然关系的新视角

蕾切尔·卡逊那部蜚声全球的作品《寂静的春天》之所以开创了新纪元，强烈地冲击着人类的心灵，是因为她给出了全新的视角和逻辑，对人与自然的关系做出新的判断。首先在书写人与自然关系时采取了生态整体主义视角。在这部作品中她抛弃了传统的人类中心主义的视角，而是把人作为自然界的一员，以食物链为纽带与其他物种和环境相关联。这种以生态系统理论考察人类社会的视角，给机械理性的认知形式和价值观念带来强烈的冲击，对工业文明的生存方式提出质疑，进而形成了人与自然和谐共生的思想观念和价值标准。其次在全书的布局谋篇和结构逻辑上，通过对系统要素及它们之间的相互关联，确凿地展示了问题的根源。作者在文中把人类与自然界中的地表水和地下水、土壤、植物、鸟类、鱼类作为一个生态系统中的要素进行分析，指出化学药品正是通过这些要素组成的环链来杀死地球上的生命，任何一个要素的破坏都导致整个生态系统失衡，带来生态危机和灾难。最后，在人与自然的关系上，做出复杂丰富的多维关系的判断。在文中她提出“人类能够在被彻底污染的环境中幸存吗?"① 的质疑，提醒人们不能局限于旧的线性工具关系的认知方式，要重视其多面性和丰富性，人与自然是共生关系。随着蕾切尔·卡逊将生态学视角引入对人与自然关系的考察和带来的认识冲击，这一视角被越来越多的学者认同和采用，研究成果逐渐丰富，成为认识人、自然和社会关系及各种实践活动的新视角。

（二）生态化概念的提出与广泛使用

最早提出“生态化”概念的是苏联哲学家 B. A. 罗西，1973 年他发表的《论现代科学的“生态学化”》一文中，将生态化称为“生态学化”，指出“人类实践活动及经济社会运行与发展反映现代生态真理”②，并将其含义做如下表述：

> 生态化不是一个生物学概念，美国生物学家 P. 亨德莱在其主编的《生物学与人类未来》一书中也指出：“当人类的活动相互渗透到所有的生态系统中，一切生态学都朝向人类生态学转变：它的应用范围自然而然地继续增强。现在它已扩展到人类社会的重大问题上去，从水源与环境卫生到地区规划和精神病的预防。”（1977 年第一版 254 页）。事实上，人类生态学的研究范围远不止此，它涉及人与物理环境、生物环境和社会环境之间的相互关系，研究人类社会对自然资源的利用，人类活动对自然界的作用，环境对人和社会发展的作用等。③

根据我国学术界关于生态化概念的探讨可以看出，生态化概念是 20 世纪 70 年代提出来的，从生态学的角度看，它的研究领域扩展到了人类活动，发生了生态学的人类转向；从社会科学的角度看，它不是一个生物学概念，而是观察和研究人类社会的一个新视角，表明人类生态意识的觉醒。在我国自 20 世纪 80

---

① ［美］蕾切尔·卡逊．寂静的春天［M］．马丽，邓鹏，译．北京：中国妇女出版社，2018：156.

② 李庆瑞，张杰，张文娟．以习近平生态文明思想为指导 加快推进法律生态化［J］．中国生态文明，2018（4）：12－15.

③ 欧阳志远．生态化——第三次产业革命的实质与方向［J］．科技导报，2009（9）：26－29.

年代以来生态化也成为各界关注的问题，生态学原则和概念被文学、经济学、政治学乃至建筑学等几乎所有自然和社会科学所借鉴，出现生态化的趋势，产生了一系列交叉学科，如生态哲学、生态伦理学、生态经济学、生态政治学、生态文学等，并引起人类的思维方式、生产生活方式和各种实践活动的极大变化，引起道德规范的生态化、产业生态化、城市生态化、农村建设生态化和技术生态化等，呈现出社会科学理论和社会实践生态化的历史图景。

（三）生态化概念的含义

1992年欧阳志远在《生态化——第三次产业革命的实质与方向》中较早地给出了生态化的定义，这个定义为后来许多学者认同和引用：

> 生态化就是把生态学原则渗透到人类的全部活动范围中，用人与自然协调发展的观点去思考问题，并根据社会和自然的具体可能性，最优地处理人与自然的关系。①

2018年李庆瑞等在《以习近平生态文明思想为指导　加快推进法律生态化》一文中在不违背上述定义的基础上做了补充：

> 生态化主要是指运用现代生态学的世界观和方法论，尤其是依据自然—人—社会的复合生态系统整体性观点考察和理解现实世界，用人与自然和谐协调发展的观点去思考和认识人类社会的全部实践活动，最优地处理人与自然的自然生态关系、人与人的经济生态关系、人与社会的社会生态关系以及人与自身的人体生态关系，最终实现生态经济社会有机统一、和谐协调、可持续的绿色发展。②

根据上述定义可以归纳如下：生态化概念的内涵是生态学原则和世界观方法论应用于人类的全部活动。具体来说就是坚持把人与自然、社会作为复合的

① 欧阳志远．生态化——第三次产业革命的实质与方向［J］．科技导报，2009（9）：26－29.

② 李庆瑞，张杰，张文娟．以习近平生态文明思想为指导　加快推进法律生态化［J］．中国生态文明，2018（4）：12－15.

生态系统来考察，依据系统内部和谐与协调的观点认识和处理人类的全部实践活动。其外延则是指为实现人、自然、社会复合生态系统平衡取得的人与自然环境、社会环境及人自身关系在内的所有理论和实践成果的总和。

（四）本文中生态化概念的含义

通过对生态化概念使用历史的梳理可知，它的内涵没有发生变化，然而其外延在使用过程中不断扩张。生态化就是人类思维方式和实践方式的生态学化，具体来说就是运用生态学原则在人与外部环境的系统互动中来考察、认识人类社会，按照人与自然和谐相处的观点解决问题，开展实践活动。有学者将其称为“人类生态学”或者称为“真正的生态学”。因此，本书坚持生态化是生态危机背景下人类实践活动方式和思维方式的生态学化，坚持以整体性和系统性的世界观和方法论考察人与自然的关系，将生态环境维度或生态学的基本观点引入人类实践活动之中，具体内容包括两个方面：其一是生态环境对人类实践活动的作用方面，人类实践活动要顺应生态环境的理论认识和实践行为；其二是人类实践活动对生态环境的作用方面，如何调控人类活动，避免和减轻对生态环境恶化的影响是另一项重要内容，目标在于促进人类实践活动与其生态环境之间的健康和谐发展，维护生态平衡。

（五）生态化与绿色化

“绿色化”是使用频率较高的一个词语，尤其是2015年在中共中央政治局会议审议通过的《关于加快推进生态文明建设的意见》中使用以后，引起了各界的关注。徐冉冉在其硕士学位论文《绿色化概念及其实质内涵分析》中指出“绿色化”概念的多重含义，并将其概括为如下五种：第一，它指使颜色本来不是绿色的事物变成绿色。我们通常所说的植树造林就是这个意思。第二，它指使不健康的生产、生活方式变成健康的、可持续的。第三，它指进行有关绿色的教化活动，即绿色教育，它以环境保护、可持续发展等相关知识为教育内容，旨在培养学生的环境意识和环境保护的相关知识与技能。第四，它是指以“绿色”去“化”制度，把不利于生态环境保护、可持续发展的政策、法规等制度体系转变成促进生态环境保护、可持续发展的绿色制度体系。第五，它指把当前社会转变成人与自然、人与人和谐发展的社会。黎祖交在《准确把握“绿色化”的科学涵义》一文中对绿色化的字面和象征意义进行了全面阐释，指出从象征意义上来讲"绿色化"最广泛、最深刻的含义就是使原来不符合生态文明理念和建设的要求的事物转变到符合这一要求。在这一含义下主要包括国民观念的绿色化、国土空间的绿色化、生产方式的绿色化、科学技术的绿色化、制度建设的绿色化等几个方面的内容。

可见，绿色化已经在象征意义上将其内涵扩大到从思想到行为的人类实践活动的方方面面。因此，很多学者认为"生态化"和"绿色化"可以通用。本人认为在主要内涵上二者都主要指人与自然的和谐或和解关系，使用范围上涉及人类实践活动的全部领域，因此，一般意义上可以通用。但是两个概念也存在细微的差别，"生态化"更强调其学理意义，从生态学理论基础上强调人与自然关系的理论基础和复合系统关系。"绿色化"更强调其结果呈现，从人与自然关系表现上给人和谐和生机的感觉。因此，本书在文献选取和引用上对二者不加区分，但是在研究过程中，对习近平生态文明思想从理论基础上做了阐述。

二、生态化变革

（一）变革、生态化变革、绿色变革

1. 变革

从字面上来看，变指性质状态或情形和以前不同。革，《说文解字》："兽皮，治去其毛曰革，革，更也。"原意为兽皮，动词为去掉毛加工成皮的行为，引申为更，可见革是经过加工，用新的形态或物质来取代旧的。变革是对形状和本质的改变，也就是指用新形状和本质取代旧的。从其对立面来看变革的反义词是延续，变革强调的是新旧变化与不同，延续强调的是相同、不变。这些都表明变革强调从形状到本质的新旧变化。

首先变革具有方向性特征。我国古代文化的瑰宝《周易》把变作为万物发展的总规律，擅长通过形势的不同，在此消彼长中把握变化的趋势，强调"革"要承其局、破其旧，开创新局面。变革的方向性在于变革事物所处的形势，由其局所定。用马克思主义辩证的观点来看变革的方向包含在矛盾当中，变革的动力是矛盾运动，变革的方向是由矛盾双方的力量决定的。其次变革具有质变性特征。变革不仅仅是表面的形状的改变，在更深的层次上是一种性质的变化，甚至是颠覆性的。因此变革涉及的领域多、范围广，需要从不同的层次把握。

最后变革具有阶段性特征。任何事物的发展都是一个过程，变革也是一个由量变到质变的过程。初期在某一领域取得突破，随后进入发展阶段，新的因素逐渐取代旧的，最后变革完成，获得新的性质，完成新旧更替。

2. 生态化变革

什么是生态化变革？顾名思义生态化变革就是以生态化为方向和性质的变革，具体来说就是把生态化作为人类实践活动的世界观和价值观以及评价的真理标准和价值标准相统一的变革。生态化变革是生态化潮流背景下，或者说人与自然矛盾尖锐的背景下，对旧有的孤立地认识人与自然关系的批判，并依据生态化理论范式来认识和评价人类实践活动的转变。生态化变革是人类全部实践活动的本质性变革，表现为宏观层面新旧世界观和价值观的转换，中观层面新旧政策制度的变化和微观层面具体生产和生活技术活动的改变。生态化变革也是一个过程，宏观、中观、微观层面变革的速度和范围不是同步的，也不可能同时开始，而是三者之间在互动中彼此推进，新旧力量此消彼长，朝着生态化方向前进。

3. 绿色变革

相比于生态化变革而言，绿色变革是一个使用更加广泛的词汇，具有不同的含义，郇庆治等根据变革的不同层面认为对于以浅绿思想为指导思想的绿党来说它是由征服自然向环境友好性质的转变，对于以红绿思想为指导的左翼政党来说它是实现社会与环境由不公正向公正性质的转变，对于以深绿思想为指导的行为者来说它是包括人类思维方式和行为方式在内的全部人类实践活动由工业文明向生态文明的转变。因此，在使用的过程中要区分绿色变革的不同意义层次，在最广泛的意义上，它等同于生态化变革。

通过对生态化变革和绿色变革含义的分析可知，本书中生态化变革在含义上包含了绿色变革，因此，对于其他著作中关于绿色变革的内容被包含在本书研究的内容之中。

（二）生态化变革视域

从视域一词的本义上看，视域就是指看到的区域，也就是从某个立足点出发所能看到的一切。然而，作为人，人们不仅仅用眼睛看，更重要的是用思维意识来感知，即使是眼睛看到的一切，仍然需要反馈给意识来处理。人的一切意识行为，无论感性还是理性，如感知、想象、感受、直观、推理、判断等意识行为都具有感知能力，都有自身感知所能及的“视域”，这种意义上的视域才是理论和实践研究的更为实际和深刻的视域。本书中使用的视域既包括我们用眼睛能够看到的，又包括我们用意识所感知到的。依据对视域的解释，本书生态化变革视域可以理解为立足于生态化变革所能看到、感知和认识到的一切。

第二节　新时代生态文明建设思想产生的时代背景与理论渊源

一、习近平生态文明思想产生的时代背景

自从人类进入工业文明时代以来，一直遭受着不同程度生态环境问题的困扰。进入21世纪，世界各国都重视生态环境问题，生态环境危机虽然在一定程度上得到了缓解，但是并没有得到彻底解决，而且总体趋势还在不断恶化。习近平生态文明思想既是对世界生态环境危机的反思和应对，也是结合新时代中国经济发展与生态环境之间的矛盾对人与自然和谐共生之路的探究。

（一）世界生态环境危机持续凸显

二战以来，随着各国工业化速度的加快和规模的扩大，世界经济飞速发展。人们在享受工业文明带来便利的同时，也面临着生态环境持续恶化的趋势。当今世界，人们面临的主要生态环境问题有以下三个方面。

1. 环境污染严重

在工业化时代，环境问题日益突出。随着资源的过度开采和使用以及大量有害工业废弃物的排放，大气污染、水污染、土地污染和海洋污染形势严峻。臭氧层被大气污染破坏日益稀薄，温室效应更加严重，全球气候变暖加剧，这些年厄尔尼诺现象和拉尼娜现象明显；水污染导致淡水供应减少、水质下降，严重威胁到人类的健康和生物的生存；过度放牧，过度垦殖，过度施用化肥和农药，造成很多地区土壤污染，土地沙漠化；海洋污染日益严重，每年数以万计的垃圾流入海洋，破坏了海洋生态系统。例如在第四届世界水论坛大会上，与会学者指出，全世界平均每天有数百万吨的垃圾倒入河流、湖泊、大海等，

这些垃圾严重污染了水体，导致世界上发展中国家有许多人无法获得安全洁净的饮用水，其直接或间接的后果是每年大量的发展中国家的人因不健康的饮用水生病和丧命，也造成水资源的缺乏。当前，随着经济和贸易全球化的推进，环境污染开始呈“国际化”全球蔓延趋势，成为发达国家和发展中国家共同面对的问题。

2. 资源短缺、枯竭

工业文明的持续需要大量的自然资源，但是由于矿产资源的不可再生性，长期的开采导致资源短缺现象日益凸显。有关资料认为，按现有的资源消耗力度，石油资源、天然气、煤炭资源最多可开采的年份分别为50年、70年、200年。水是生命之源，工业化同样需要消耗大量的水资源，尽管地球上70.8%的面积都被水所覆盖，但是这其中97.5%的水都属于人畜无法直接饮用的咸水，而剩余2.5%的淡水中又有87%的淡水资源是人类难以开发和利用的冰川、冰雪；同时淡水资源分布不均衡，再加上水体这些年来频频出现被污染的迹象，导致很多国家产生缺水危机。另外，有限的土地资源也是社会经济发展的瓶颈。一方面，城市人口一旦过快增长，会造成严重的土地紧张问题，进而造成城市拥堵，限制城市的进一步发展；另一方面，城市扩容，又会侵占耕地，从而造成粮食短缺问题。森林是保护人类的绿色屏障。目前，森林树木惨遭砍伐，热带雨林不断减少，面积正在萎缩，水土流失严重。例如，在1970年至2000年，亚马孙河的热带雨林面积迅速减少。如果这种破坏不停止，到2030年世界上的森林将会消失。

3. 人口不断增加

工业革命以来，世界人口的绝对数量以惊人的速度增长，截至2017年，世界人口已经达到了75亿。而且随着医学技术的不断发展和进步，人均寿命也越来越长，人口数量大幅增加和生活水平提高，使人类需要从自然中获取更多的生产和生活资料。面对有限的资源，如何供养不断增长的人口，如何解决他们的生存和消费需求，成了许多国家迫在眉睫的问题。人口压力的加大，势必使人类不断地通过生产活动从森林、湿地、河湖等自然资源中获取更多的生产和生活资料，这意味着地球资源和能源将被过度消耗，造成生态环境的恶化。

不难发现，人类的活动破坏了生态系统的平衡，最终使人类面临生存危机。

生态系统的破坏导致生物物种逐步减少，生物多样性逐渐消失，也导致“全世界2/3的国家和地区、1/4的陆地面积、近10亿人口受其危害”①。人类活动对生态环境的破坏，引发了生态环境不断地向人类施加的各种报复和惩罚，这些报复和惩罚已经严重地影响到了人类社会的健康发展，如果人类不及时改善与生态环境的关系，人类将葬送自己的未来。面对这些严重的生态危机，人们不得不冷静下来思考并寻找出路。

生态环境问题的大量出现，意味着生态环境危机日益凸显，与此同时，世界各国开始着手应对生态问题，围绕在人类的发展中如何处理好人与自然的关系这一问题进行探讨，生态文明理论日益得到人们的重视。许多学者们提出生态文明的相关理论，越来越多的国家将生态文明建设纳入国家建设的范畴之内，总之，国际社会给予了生态文明高度的关注。在全球化趋势逐步推进的当今社会，作为全球化的重要一员，要建成富强、民主、美丽、和谐的社会主义现代化强国，不仅要以世界生态危机与文明建设现实状况作为自己的实践参照，还要具有放眼世界的目光和胸怀，积极参与到国际性生态文明事业的建设之中。因此，关注世界生态文明建设和发展，是习近平生态文明思想产生的国际背景。

（二）中国生态环境问题严峻

改革开放40年来，我国经济快速发展，创造了西方发达国家几百年的工业化业绩。国内生产总值由3679亿元增长到2017年的82.7万亿元，年均实际增长9.5%，远高于同期世界经济2.9%左右的年均增速。我国国内生产总值占世界生产总值的比重由改革开放之初的1.8%上升到15.2%，多年来对世界经济增长贡献率超过30%。② 然而多年的经济发展也积累了很多环境问题，资源约束趋紧、环境污染严重、生态系统退化的形势十分严峻。

1. 空气污染严重

从《2013年中国环境状况公报》中可以看出：“依据新的《环境空气质量标准》（GB3095－2012）对SO_2、NO_2、PM10、PM2.5、CO和O_3六项污染物进行评价，在74个按照新标准监测实施的城市中环境空气质量达标城市比例仅为

---

① 于晓雷，等．中国特色社会主义生态文明建设［M］．北京：中共中央党校出版社，2013：12.

② 习近平．在庆祝改革开放40周年大会上的讲话［N］．人民日报，2018－12－19（001）．

4.1%，其他256个城市执行空气质量旧标准，达标城市比例为69.5%。"① 2017年《中国生态环境状况公报》显示，全国338个地级及以上城市中，有99个城市环境空气质量达标，占全部城市数的29.3%；239个城市环境空气质量超标，占70.7%。338个地级及以上城市平均优良天数比例为78.0%，平均超标天数比例为22.0%。PM2.5平均浓度为43μg/m³，超标天数比例为12.4%。PM10平均浓度为75μg/m³，超标天数比例为7.1%。② 我国空气污染的主要表现是雾霾，雾霾极容易诱发人与动物的呼吸疾病，也容易导致酸雨的出现，最终污染到水体生物的生存，之后会随生态系统的自然循环运动侵入各个生物体之中，生态也随之遭到破坏。

2. 水污染严重

我国是个淡水资源短缺的国家，也是世界人均淡水资源最匮乏的国家之一，同时我国淡水资源呈现南多北少，东多西少不均匀分布，但是很多工厂在生产过程中不断向河流、湖泊、水井等排放未经处理或处理不达标的工业废水，污染了河流、湖泊和地下水，更是危害到了人们的生命健康。首先，地表水受到严重污染。"劣Ⅴ类水体占比达10%，海河流域劣Ⅴ类比例高达40%。在监测营养状态的61个湖泊（水库）中，富营养状态的占27.8%，轻度富营养和中度富营养分别占26.2%和1.6%。"③ 其次，地下水受到严重污染。"在4778个地下水监测点位中，较差和极差水质的监测点占比59.6%。"④ 最后，近海岸水质状况一般。"一、二类海水点位比例为66.4%，三、四类海水点位比例为15.0%，劣四类海水点位比例为18.6%。四大海区中，黄海和南海近岸海域水质良好，渤海近岸海域水质一般，东海近岸海域水质极差。"⑤

① 张秋蕾．环境保护部发布《2013年中国环境状况公报》李干杰出席新闻发布会并答记者问［N］．北京：中国环境报，2014-06-05（001）．

② 中华人民共和国生态环境部．2017中国生态环境状况公报［R］．2018-05-22.

③ 李军．走向生态文明新时代的科学指南——学习习近平同志生态文明建设重要论述［M］．北京：中国人民大学出版社，2015：39.

④ 李军．走向生态文明新时代的科学指南——学习习近平同志生态文明建设重要论述［M］．北京：中国人民大学出版社，2015：39.

⑤ 李军．走向生态文明新时代的科学指南——学习习近平同志生态文明建设重要论述［M］．北京：中国人民大学出版社，2015：40.

3. 生态系统失衡

（1）自然灾害频发

长期以来，由于人们肆意掠夺自然资源，自然生态系统遭到严重破坏，这也导致这些年自然灾害频发。例如我国每年都在遭受着洪水、泥石流、火灾、沙尘暴等重大自然灾害，这些自然灾害威胁着人们生命安全的同时带来了房屋被毁、土地被冲、农作物减产绝收、各种基础设施被毁等各种直接和间接的经济损失。有数据显示我国各种自然灾害造成的直接经济损失相当于 GDP 的 3% ~5%。

（2）资源能源紧缺日益明显

长期以来为了追求经济发展，我国采取粗放的经济发展方式，资源利用效率低下，导致我国资源环境遭受重创。目前，我国是世界上钢铁、煤炭、氧化铝等能源消耗量最大的国家。2012 年，煤炭消费总量近 25 亿吨标准煤，超过世界上其他国家的总和，再加上我国自然资源本身的紧缺性和资源分布的差异性，导致了国内流域的上下游之间存在着各种各样的复杂矛盾，导致资源紧缺形势严峻。当前中国能源资源的短缺，迫使我国的能源资源来源高度依赖国外，在这种情况下，我国的资源消耗和二氧化碳排放量依旧很严重。如果继续沿袭粗放发展模式，全面建成小康社会的奋斗目标将不可能实现。

（3）生物多样性保护形势严峻

近些年我国加大了对野生动植物的保护力度，但是许多物种的生存仍受到威胁，生物多样性锐减，在我国处于濒危的物种数量总量为 15% ~20%，高出了世界 10% 的平均水平。据 2017 年《中国生态环境状况公报》显示，我国受到威胁的高等植物 3767 种，占全部高等植物的 10.9%，属于近危等级的有 2700 种左右。① 据此可以看出，我国的生物多样性保护情况不容乐观，依然需要继续加大生物多样性的有效保护，否则就会导致生态系统的失衡，造成生态环境的破坏。

（4）生态系统退化

生态环境的恶化造成我国水土流失情况较为严重。截至 2013 年，我国水土流失面积已达 356 万平方公里。土壤侵蚀面积 2.95 亿公顷，占国土面积

① 中华人民共和国生态环境部 . 2017 中国生态环境状况 ［R］. 2018 - 05 - 22.

30.7%。“荒漠化土地面积达263.62万平方公里，占国土面积27.46%。”①

面对现实中这些严峻的生态问题，要想实现中华民族的伟大复兴，党和国家迫切需要新的治理理念，直视这些生态文明建设发展中出现的问题和矛盾。习近平指出，“我们在生态环境方面欠账太多了，如果不从现在起就把这项工作紧紧抓起来，将来会付出更大的代价”②。正是基于解决我国目前日益明显的生态问题，习近平认识到了保护生态环境、治理环境污染的紧迫性和艰巨性，也认识到加强生态文明建设的重要性和必要性。他指出只有把环境污染治理好、把生态环境建设好，才能走向社会主义生态文明新时代。这既是对中国当前生态环境问题的清醒认识和正确判断，也是对中国未来发展提出的科学的、正确的理论基础和指导方针。

（三）环境保护运动的兴起和生态科学的发展

1. 环境保护运动的兴起

随着生态环境的恶化，地球承受的压力也在加大，引发危机的因素也随之剧增，这就使得现代社会可能滋生诸多不确定性的风险，不可逆灾变事件的爆发在所难免。为了避免灾难和危机的发生，人类开始积极行动，环境保护运动逐渐兴起。

（1）世界环境保护运动的发展

世界环境问题归根结底是人类工业文明发展的产物。一方面，地球上的资源不能满足人们日益增长的生产生活需要，另一方面，人类在发展自己的过程中，工业生产的排放物也在不断破坏人类赖以生存和发展的环境。一些有识之士意识到：人类引发的问题应该由人来进行解决。③ 环境保护主义者试图用生态文明的伦理价值来规范引导人类的工业经济行为，从而消除人类与环境的矛盾，推动世界环境保护运动的发展。

环境保护运动的萌芽阶段。19世纪出现的自然保护运动意味着环境保护运动的开始。亨利·戴维·梭罗（Henry David Thoreau）在其代表作《瓦尔登湖》

---

① 李军．走向生态文明新时代的科学指南——学习习近平同志生态文明建设重要论述［M］．北京：中国人民大学出版社，2015：40.

② 习近平．习近平关于社会主义生态文明建设论述摘编［M］．北京：中央文献出版社，2017：7.

③ 何爱国．当代中国生态文明之路［M］．北京：科学出版社，2012：6.

中指出，自然是有生命的，它不单是人与上帝沟通的中介，人应该与自然之间建立良性的互动关系。[1] 因此，人们不应只是一味从大自然掠夺资源，而应敬重自然，保护自然。梭罗是环境保护思潮的先驱，被誉为“西方现代环境保护运动之父”。在他的影响下，约翰·缪尔（John Muir）以笔为号角，写下了《我们的国家公园》这部著作。他呼唤人们关注自然的美学，应该建立自然保护区。早期环境保护运动的兴起，唤醒了很多人开始关注环境问题。

环境保护运动的发展阶段。1962 年蕾切尔·卡逊出版著作《寂静的春天》，被人们公认为是环境保护运动开始的标志。书中作者结合自己的亲身感受，展开翔实的分析，全面而严谨地论证了环境问题必将改变人类历史的进程。[2] 尔后，随着世界范围内资源、人口、生态环境等问题日益突出，越来越多的人开始研究人类的困境，随之各种环境保护组织相继成立，其中以 1968 年 4 月成立的罗马俱乐部最为引人注目。1972 年，罗马俱乐部发布了震惊世人的研究报告《增长的极限》。报告选择了对人类命运有决定意义的五个重要参数（人口、粮食、工业社会发展、不可再生的自然资源、环境污染）进行了深入探讨，它告诉人们这些方面引发的问题制约人们的发展，全球经济和人口发展已经到了极限，人类不能对财富的增长抱有无限的遐想。这篇报告一经发表就立即给人类带来了震撼性的反响，罗马俱乐部和《增长的极限》这份报告也一起成为人类环境保护史上的里程碑。这一时期的环保运动主要在呼吁社会各界及政府对环境保护进行积极关注。

环境保护运动的成熟阶段。20 世纪 60 年代以后，世界范围内关于环境保护的相关国际会议先后召开，国际性环保运动组织相继成立。1972 年联合国人类环境会议召开，在这次会议上，环境问题首次被确定为世界性的议题，会议还就解决环境问题开展国际性讨论、对话与合作。这次会议还确定了每年的 6 月 5 日为“世界环境日”。1992 年联合国环境与发展大会召开，会议就环境和发展问题展开激烈的讨论，指出为了保护人类共同的生存环境，世界各国应加强国际合作，建立一种新的、公平的全球伙伴关系。2002 年，第一届可持续发展世

---

① 侯文慧. 征服的挽歌——美国环境意识的变迁［M］. 北京：东方出版社，1996：13.

② ［美］蕾切尔·卡逊. 寂静的春天［M］. 吕瑞兰，李长生，译. 长春：吉林人民出版社，1997.

界首脑会议召开，这次会议通过了《里约宣言》和题为《21世纪议程》两份文件，确定了环境发展的责任原则，为推动全球可持续发展进程注入新的活力。与此同时，为了保护环境，各种与环境有关的纪念日也正在深入人心，世界地球日（每年4月22日）、世界气象日（每年3月23日）、世界水日（每年3月22日）、防治荒漠化与干旱日（每年6月17日）……这些纪念日促进了群众性环境保护运动的发展。此外还涌现出了各种与环境保护相关的国际非政府组织，推动着国际环境保护运动不断走向成熟。例如世界自然基金会（WWF）、地球之友欧洲总协调（CEAT）、绿色和平组织（Greenpeace）和欧洲环境局（EEB）等。在这些组织的努力下，人类开始正视发展中的环境问题，世界各国逐渐形成了关于环境问题的主流价值观。

（2）中国环境保护运动的逐渐开展

中华人民共和国成立后，随着社会经济的发展，我国也开始针对发展中出现的环境问题逐步开展环境保护工作，人们的生态文明意识逐步觉醒。

中华人民共和国成立初期，环境保护工作主要以动员群众为主。在第一个五年计划期间，为了保护环境，改善农业生产条件，举国上下掀起了声势浩大的爱国卫生运动。1957年之后，由于指导思想上的失误，环境保护工作逐渐被边缘化，工业污染带来的环境恶化日益严重。70年代之后，周恩来总理意识到了问题的严重性，提出要重视和解决工业污染问题，保障人民的利益和安全。在1972年联合国人类环境会议上，周恩来总理结合我国爱国卫生运动的实践经验，提出了环境保护相关的32字方针，受到了大会关注。之后，环境保护工作也被正式列入我国政府工作议程。1973年8月我国首次在北京召开了全国环境保护会议，这次大会从思想上号召人们要自上而下形成环境保护意识；从政策上提出了今后环境保护工作的方针、策略；在组织上开始筹建各层次环境管理部门。

党的十一届三中全会以后，随着我国经济发展政策的调整，环境保护运动也开始实现由群众动员为主转向以政府管理为主。1979年9月我国正式颁布《中华人民共和国环境保护法（试行）》，作为开展环境保护工作的法律保障。其后，随着生产建设的发展，我国也在一直调整环境保护工作的开展和进行。1989年以后，我国的环境保护运动发展到新阶段，政府首次强调要积极开展环境工作，为经济发展"保驾护航"。1992年，我国出台了环境与发展的十大对策，提出了当前和未来我国很长一段时间内的环境保护工作方针、对策。进入90年代之后，随着民众对于环境发展诉求的增多，我国关于环境保护的非政府合作组织出现。90年代中期以后，我国结合国内具体情况，出台相应环保法规政策，环保投入的力度也大大增加，人们的生态意识逐步增强。在各级环保部门的积极作为下，媒体、非政府合作组织以及民众共同努力，在全国掀起了"绿色政治"与"环保风暴"，环境保护工作在全社会领域的影响也越来越大。

1994年，《中国21世纪议程》颁布，强调要推动资源、环境、社会以及人口的协调与可持续发展。"九五"计划首次明确指出，要将可持续发展战略提升到同科教兴国战略同样的高度，共同视为我国的两项基本战略。"十五"计划时期，为推动可持续发展落到实处，我国又结合各阶段的发展目标编制了协调环境保护与生态建设的专项计划。党的十六届三中全会提出了"坚持以人为本，……促进经济社会和人全面发展"①。在党的十六届四中全会上，"和谐社会"的理念被提出。党的十七大上，更是首次提出"建设生态文明"②。这次会议意味着我们多年的环境保护工作已经上升到了生态文明建设的高度。进入新时代，党的十八大报告更是以一个完整部分，集中阐述了"大力加强生态文明建设"的相关要求和主旨，为我们今后的生态文明建设指明了方向。

2. 生态科学的发展

工业革命以来，生态危机形势日益严峻。随着现代科技革命的发展，人类开发资源的能力和征服、改造自然的能力不断提高，人类社会生活也发生了巨变，由于片面追求经济增长，忽视了科技与经济、文化的结合，忽视了人类环境、生态等自然系统方面的承载力，这样不仅导致环境生态危机威胁人类的生存与健康发展，也破坏了社会公平和全球的协调发展。生态危机威胁到人类的生存与健康发展，引起了人们的普遍关注和重视。西方发达国家因为率先进入工业文明，也较早地出现了生态破坏等环境问题，因此环境保护运动也较早地兴起，紧跟其后，传统的社会主义国家面对生态难题，也开始思考人与自然矛

① 中国共产党第十六届中央委员会第三次全体会议公报［J］. 党建，2003（11）：4-6.

② 胡锦涛. 高举中国特色社会主义伟大旗帜为夺取全面建设小康社会新胜利而奋斗——在中国共产党第十七次全国代表大会上的报告［DB/OL］. 人民网，2007-10-25.

盾的解决方案，在这种背景下，生态科学逐步发展起来。

19 世纪中叶，德国生物学家海克尔首先提出“生态学”概念，认为生态学就是研究生物及其所处的环境之间的相互关系的科学，拉开了生态学发展的序幕。1935 年英国生态学家坦斯雷（Tansley）第一次提出了生态系统的概念，把生物群落和其所依存的环境联系在一起进行研究。20 世纪 60 年代以来，随着全球性的粮食短缺、资源匮乏以及环境污染等重大生态问题的出现，生态科学的研究重点转向了全球性的“大”生态理论研究。学者们主要以人类社会生态系统为研究对象，着眼于社会大系统进行生态科学研究，产生了所谓的社会生态学。这样生态科学就实现了由自然生态向社会系统的转向，同时也产生了一些自然科学和社会科学之间的交叉学科，在这个背景下，生态科学在全世界领域内得到了极大的发展，出现了很多研究成果。

生态科学思想的发展，为人类探究生态文明建设提供了新的思路。地球已经不是一个简单的物理学意义上的“存在”，它是一个鲜活的生命系统。地球的生命不只有人，还包括了维系人们生命活动的地球环境。“生命存在自然环境，也包括生物本身，生命的延续，也包括生命所创造的生存环境的延续。”① 在这个意义上，人类必须依循生命运动的规律（不仅包括人自身还包括其他生命物质的存在）来思考处理人与地球之间的关系。1972 年斯德哥尔摩联合国环境会议提出了“只有一个地球”这一口号；1980 年《世界自然环境保护大纲》明确指出，我们必须避免“人类与这个星球（地球）的关系继续恶化”这一恶果；1992 年里约世界环境与发展大会后，世界各国都将“可持续发展”作为本国的发展战略。生态科学的发展推动了人们对环境问题的认识，也促进了生态文明的发展。习近平同志提出要以人和社会的全面协调发展为指导方针，坚持以人为本，着眼于人的发展和进步，处理好经济增长和生态环境发展的关系，最终实现人的生存和发展状况的提高，正是生态科学在现代科技革命时代背景下的新发展。

二、习近平生态文明思想产生的理论渊源

任何一种思想的形成都不是无源之水，也不是无本之木，习近平生态文明

① 王红旗．灾祸也是生存［M］．北京：中国广播出版社，1996：30.

思想的形成具有丰富的理论基础和历史积淀。它以马克思主义生态文明思想作为理论基础，继承了我国优秀传统文化中的生态智慧，发展了中共历届领导人的生态文明思想，也借鉴了当代西方学者生态文明建设的许多优秀成果。这些思想共同构筑了习近平生态文明思想的理论来源。

（一）马克思、恩格斯的辩证自然观

马克思主义产生于19世纪的西欧，工业革命的完成使得生产力和科学技术达到前所未有的水平，资本主义社会化大生产创造了比以往任何时候更多的物质财富，但同时也产生一系列社会问题。一方面，随着资本主义经济危机的爆发，资本主义的基本矛盾日益暴露；另一方面，社会分裂为无产阶级和资产阶级两大对立阶级，工人生活处境日益恶化。为了实现无产阶级和全人类的解放，马克思（Marx）、恩格斯（Engels）开始批判资本主义制度的弊端，探寻实现人类解放的道路，马克思主义的诞生是人类思想史和发展史上的伟大事件，具有划时代的意义。在对资本主义社会进行研究分析的过程中，他们揭示了资本主义剥削的秘密。立足于人类的劳动实践，马克思考察了人与自然的关系，实现了哲学自然观发展过程中的重大变革，创立了辩证自然观。面对资本主义生产方式对自然环境造成的严重破坏，马克思、恩格斯意识到这些环境问题会影响到人类的生存，提出人与自然及人自身和解的“两个和解”思想，在他们对人与自然和解思想的论述中可以概括出其中包含的现代生态文明思想的理论基础和思想火花。尽管他们没有直接提出生态文明的观点，但是从他们的论述中也能概括出现代生态文明思想的萌芽。

1. 自然界对人类的先在性

自然界在人类产生以前早已存在并按照其自身的规律不断地运动变化着，这是为自然科学一再证明了的、不以任何人的意志为转移的客观事实。承认自然界的优先地位，是马克思主义自然观的根本理论前提。所谓自然界的优先地位，就是指自然界之于人具有绝对的优先性地位，它包括自然界对人类的先在性和自然界对人类活动的前提性这两个方面的内容。

（1）自然界对人类存在的先在性

马克思主义自然观承认和强调自然界对人类的先在性，主要表现在以下几个方面。首先，人是从自然界分化出来的，人是劳动的产物。在人的来源的问

题上，马克思、恩格斯立足于辩证唯物主义和历史唯物主义立场，依据当时自然科学的最新成果认为人源于自然界，作为一种肉体存在物，人的身体属于自然界的一个部分，人类本身就是自然界优胜劣汰的产物。但马克思又指出人又不能完全归结为自然存在物，“整个所谓世界历史不外是人通过人的劳动而诞生的过程，是自然界对人来说的生成过程，所以关于他通过自身而诞生、关于他的形成过程，他有直观无可辩驳的证明”①。恩格斯在借鉴达尔文进化论的基础上，在《劳动在从猿到人转变过程中的作用》中也指出，劳动“是一切人类生活的第一个基本条件，而且达到这样的程度，以至我们在某种意义上不得不说：劳动创造了人本身”。恩格斯认为，之所以说“劳动创造了人本身”，是因为劳动在从类人猿到人的演变过程中起了关键的作用。一方面，在人类形成过程中，最初的“动物式本能的劳动”有效地促进了手脚分工和人的大脑的发展；另一方面，劳动的发展必然促使社会成员更紧密地互相结合起来，这种结合逐渐使他们达到彼此间不得不说些什么的地步，于是产生了语言。正是在劳动的推动下，人逐渐地脱离了动物界，从自然界中分化出来。恩格斯在《自然辩证法》中指出，“首先是劳动，然后是语言和劳动一起，成了两个最主要的推动力，在它们的影响下，猿脑就逐渐地过渡到人脑”，但同时，“我们决不像征服者统治异族人那样支配自然界，决不像站在自然界之外的人似的去支配自然界——相反，我们连同我们的肉、血和头脑都是属于自然界和存在于自然之中的”②。其次，人的存在依赖自然，自然又是人类劳动实践的产物。马克思主义自然观承认人的存在总要依赖一定的自然环境和自然条件，但反对把周围的自然环境和自然条件视为外在于人的东西，强调它们是人类劳动实践的产物。恩格斯指出：“动物仅仅利用外部自然界，简单地通过自身的存在在自然界中引起变化；而人则通过他所做出的改变来使自然界为自己的目的服务，来支配自然界。这便是人同其他动物的最终的本质的差别，而造成这一差别的又是劳动。”③ 马克思和恩格斯在批评费尔巴哈（Feuerbach）时说，“这种活动、这种连续不断的感性劳动和创造、这种生产，正是整个现存的感性世界的基础”，那种“先于人类历

① 马克思，恩格斯．马克思恩格斯选集：第3卷［M］．北京：人民出版社，2012：992.
② 马克思，恩格斯．马克思恩格斯选集：第3卷［M］．北京：人民出版社，2012：998.
③ 马克思，恩格斯．马克思恩格斯选集：第3卷［M］．北京：人民出版社，2012：997－998.

史而存在的那个自然界，不是费尔巴哈生活其中的自然界；这是除去在澳洲新发现的一些珊瑚岛以外今天在任何地方都不再存在的、因而对于费尔巴哈来说也是不存在的自然界”①。总之，在马克思主义自然观看来，自然界对人类的先在性，意味着人是通过劳动从自然中分化出来的，意味着人类活动必须遵循自然界的规律，意味着人类的生存和发展离不开一定的自然环境和自然条件。

（2）自然界对人类活动的前提性

人从自然界独立出来，并不意味着可以完全摆脱自然界。自然界不仅具有对人类存在的先在性，而且还构成一切人类活动的基本前提。人离不开自然界、依赖于自然界主要是因为自然界是人类物质生产活动的根本前提。首先，物质生产活动的对象即劳动对象是由自然界提供的。在古典政治经济学家的眼中，劳动被看作是物质财富的源泉，而马克思则强调指出，劳动和自然界是物质财富的共同源泉，离开了自然界，什么物质财富也不可能被创造出来，换言之，劳动作为一种创造性的活动，只有在一定的自然条件下才能发生效力，它本身并不能凭空地创造出任何东西。再者，马克思认为，劳动的对象既包括天然的、现成的物质对象，也包括人工的、被劳动加工过的物质对象，但无论是哪一类劳动对象，都是自然界提供给人类的，只不过人工对象中加入了一种非自然的因素。其次，物质生产活动赖以进行的劳动资料的创造、特别是劳动工具的制造以自然界的存在为前提。在人类社会早期，劳动工具起初表现为自然物与人的身体器官的某种结合，人的身体器官作为一种肉体组织本身就是自然界的产物，因而这种劳动工具在很大程度上还是一种自然物。随着人类社会的发展，人类发明创造劳动工具的能力日益增强，劳动工具经历了从石器到青铜器、铁器、机器，再到今天的电子计算机的发展。而即使是像电子计算机这样高度发达的现代化的劳动工具，也是通过对自然物的加工而制造出来的，它同样也要以自然界的存在为前提。最后，从事物质生产活动的劳动者同样也以自然界的存在为前提。一方面，自然界是劳动者的物质生活资料的来源，因而是劳动者赖以生存的必要条件；另一方面，自然界也是劳动者自身再生产的必要条件，就是说，自然界所提供的物质生活资料使得劳动者得以不断地繁衍自身，因而人类历史才能够不断地延续下去。人类处理自身与外部自然界的关系的活动即

① 马克思，恩格斯．马克思恩格斯选集：第1卷［M］．北京：人民出版社，2012：157.

人类从自然界获取物质资料的生产活动是最基本的人类活动，它是人类其他各种活动的基础。“人们为了能够‘创造历史’，必须能够生活。但是为了生活，首先就需要吃喝住穿以及其他一些东西。因此第一个历史活动就是生产满足这些需要的资料，即生产物质生活本身，而且，这是人们从几千年前直到今天单是为了维持生活就必须每日每时从事的历史活动，是一切历史的基本条件。”①

2. 人与自然的辩证关系

在马克思主义哲学看来，实践活动中人与自然的相互作用不仅仅是单一的自然的人化过程，而应该是自然的人化与人的自然化辩证统一的双向运动过程。

（1）自然的人化

自然的人化，是指人类通过对自然界的实践改造使自然界按照人的尺度和目的发生改变，使自然界在越来越大的程度上打上人的意志的印记，它实质上是人的本质力量的对象化和人的主体性的展现。作为一种活动过程，自然的人化是人类通过自身的物质实践活动去实际地利用和占有自然物质的过程，是自然界按照人类的目的发生变化的过程。通过自然的人化，自然界不断地从天然自然转化为体现着人的目的和需要的人化自然，转化为体现着人的本质力量的人化自然。因此，自然的人化，实质上是人的本质力量的对象化和人的主体性的展现。人不只具有受动性的一面，还具有能动性的一面，也是一种能动的存在物，人的这种能动性最充分地表现在人与自然的关系上，即人并不是消极地适应自然，而是通过实践活动而有意识、有目的地改造自然。马克思在《1844年经济学哲学手稿》中曾指出：“动物只是按照它所属的那个种的尺度和需要来构造，而人懂得按照任何一个种的尺度来进行生产，并且懂得处处都把内在的尺度运用于对象；因此，人也按照美的规律来构造。”

这里所说的“内在的尺度”，指的就是人的需要、目的、能力等主体性因素，就是人的本质力量；正是这些主体性因素的作用，通过实践活动，自然界对人来说才成为确证和表现人的个性的对象世界，才成为人的本质力量的现实。从人类历史的角度来看，自然界向人的对象世界的转化是一个漫长的过程，它只能随着人自身的发展和人的本质力量的增强而逐渐地实现。

---

① 马克思，恩格斯．马克思恩格斯文集：第1卷［M］．北京：人民出版社，2009：531.

（2）人的自然化

所谓人的自然化，则是指人类利用和改造自然界的活动必须按照自然界本身的尺度来进行，亦即必须遵循自然界所固有的规律，以便不至于干扰和破坏自然界的惯常行程，始终保持人与自然的和谐、协调关系。“不以伟大的自然规律为依据的人类计划，只会带来灾难。”① 马克思认为，人类虽有超越一般自然物质的优越性，但终究不过是整个自然生态系统中的一个组成部分，因而不仅不能脱离自然界而存在，而且还必须把自己的存在和发展建立在各种自然物质的存在和发展的基础之上。当人类为了自身的存在和发展而不得不与自然进行物质和能量交换活动的时候，必须把自己的活动及其对自然的影响控制在自然所能承受的限度之内，就是说，人类利用和改造自然的活动，必须遵循和服从各种自然规律，必须促进而不是破坏人与自然关系的和谐协调。

如果说自然的人化体现了人类区别于其他自然物的能动性，那么，人的自然化所体现的则是人类对自然的依赖性。自然的人化与人的自然化是统一的，二者统一的基础是人类能动地改造自然的实践活动。当然，现实中的实践活动并非都能把自然的人化与人的自然化统一起来，要实现二者的统一，还必须使人类改造自然的实践活动合理化。人们要积极地发挥自身的本质力量去占有各种自然物质，使自然界的事物按照人的目的和需要发生变化，不断地在自然界打上人的意志的印记，而所有这一切又都是以遵循自然界的客观规律为前提的，因而其结果必然促进人与自然的关系向着和谐协调的方向发展。

当然，自然的人化与人的自然化的辩证统一只能是一个动态的过程，因为在任何时候，人类为了能够生存和发展下去，始终必须通过实践活动能动地作用于自然界，而人类对自然界的能动作用又必然会引起自然界的反作用，这种作用和反作用的关系本身就是一种矛盾和斗争。在人类历史的发展中，我们也能看到，人类在改造自然的过程中常常会只顾及人的尺度而忽视自然界本身的尺度，其对自然界的作用并未遵循自然界的客观规律，结果破坏了人类赖以生存和发展的自然环境，造成了人与自然之间的各种矛盾和对立。而要真正实现自然的人化与人的自然化之间的统一，必须彻底消除历史上和现实中导致人与自然之间各种矛盾和对立的根源，特别是要消灭至今仍在引起、强化这些矛盾

① 马克思，恩格斯．马克思恩格斯全集：第31卷［M］．北京：人民出版社，1972：251.

和对立的不合理的社会关系、社会制度。

3. 人与自然之间的和谐追求

如何克服人与自然之间的矛盾和对立、实现人与自然关系的协调与和谐，是关系到人类社会的前途和命运的重大问题。

（1）人与自然关系的历史发展

从历史上看，随着人类社会的发展、特别是随着人类生产实践的发展，人与自然的关系经历了一个长期演变的过程。在人类社会早期，由于认识和改造自然的能力有限，人类严重地依赖于自然界，又受制于自然，因此人们从内心深处以一种崇拜和敬畏的态度顺应自然。正如马克思所说的那样："自然界起初是作为一种完全异己的、有无限威力的和不可制服的力量与人们对立的，人们同自然界的关系完全像动物同自然界的关系一样，人们就像牲畜一样慑服于自然界。"①

进入文明时代以后，社会生产力有了一定的发展，人类利用和改造自然的能力有了一定程度的提高，人与自然的关系开始出现了某种变化，自然界的演进过程受到了越来越多的人为干预，在世界上的某些地方甚至出现了因人类活动而引起的自然环境的破坏，如水土流失等。不过，从总体上看，在整个农业文明时代，人类对自然环境的破坏还相当有限，还没有超出自然界能够吸纳和自我修复的范围，因而人与自然的关系还处于相对和谐的状态。

近代以来，工业文明的巨大成就使人们逐渐产生了一种错觉，即认为人类是大自然的主宰、征服者、统治者和主人，人与自然的关系是一种征服与被征服、统治与被统治的关系，人类可以任意地宰割和奴役自然，可以尽情地享受自然为我们提供的丰盛贡物而丝毫不必顾及自己行为的后果。在这种片面价值理念的支配下，人类利用自己掌握的各种技术手段对大自然展开了肆意的开发和掠夺，并不断地向自然界排放各种废弃物，造成了环境破坏、资源匮乏等问题，这种做法导致在世界上很多地区自然生态遭到严重破坏，给人类的生存与发展带来巨大的威胁。针对这种情况，恩格斯在《自然辩证法》中告诫人类：

> 我们不要过分陶醉于我们人类对自然界的胜利。对于每一次这样的胜

---

① 马克思，恩格斯．马克思恩格斯选集：第1卷［M］．北京：人民出版社，1995：35.

利，自然界都对我们进行报复。每一次胜利，起初确实取得了我们预期的结果，但是往后和再往后却发生完全不同的、出乎预料的影响，常常把最初的结果又消除了。……因此我们每走一步都要记住：我们统治自然界，决不像征服者统治异族人那样，决不是像站在自然界之外的人似的，——相反地，我们连同我们的肉、血和头脑都是属于自然界和存在于自然之中的；我们对自然界的全部统治力量，就在于我们比其他一切生物强，能够认识和正确运用自然规律。①

人类必须注意协调自身与自然界的关系，尤其是必须学会正确估计自己的行为对自然界的长远影响。

恩格斯在19世纪发出的这一警告，并没有引起人们的足够重视；当历史迈向20世纪之后，生态问题进一步恶化了。自20世纪中叶以来，随着第三次工业技术革命即当代科学技术革命的爆发，各种高新技术迅猛发展，极大地拓展了人类实践活动的深度与广度，创造了空前巨大的物质财富，带来了新的经济繁荣，但由于人们并不总是能够合理地运用这些技术，所以生态问题在当代不仅没有获得真正的解决，反而更加严重了。而且生态环境问题已不再是某一个国家或地区的个别问题，而是演变成了一种全球性的问题，它已对整个人类的生存和发展构成了严重的威胁，故被人们称为全球性的生态危机。

（2）人与自然的和谐追求：人类社会的可持续发展

当代的生态危机，从表面上看属于人与自然关系上的危机，实质上却是人与人的社会关系上的危机，是人们之间不合理社会关系的实践在人与自然关系上的表现。人类在利用和改造自然的过程中，在从事生产劳动的同时，他们之间就建立了人与人之间的关系。当代的这种不合理的社会关系，主要是指建立在利益分化和利益对抗基础上的社会关系，而私有制则是它的典型形式，它在本质上是妨碍人们正确地运用自然规律的。在马克思和恩格斯生活的年代，他们很早就注意到了人与自然之间的矛盾，并对资本主义生产方式对自然环境造成的严重破坏进行深刻批判。恩格斯："在西欧现今占统治地位的资本主义生产

① 马克思，恩格斯．马克思恩格斯文集（第九卷）［M］．北京：人民出版社，2009：559－560.

方式中，这一点表现得最为充分。支配着生产和交换的一个个资本家所能关心的，只是他们的行为的最直接的效益。”① 马克思、恩格斯认为，私有制社会是造成人与自然关系对立的根本原因，因此，要真正解决和克服当代的生态危机，就必须从根本上变革今天仍然妨碍着人们正确运用自然规律的不合理的社会关系、特别是资本主义的私有制。

只有消除生产资料资本主义私人占有制，建立社会主义公有制，才能对自然与劳动的异化进行消除，才能实现人与自然、人与人之间的和谐状态。在生产资料归全体人民所有的情况下，为了人民的共同利益，一方面，人们可以从自己的目的和需求出发，充分发挥自己的主观能动性，改变自然物的形式，占有和享受自然对象；另一方面，人们又不会随心所欲地征服和支配自然界，人类对自然的利用和改造不会超出自然生态系统自我调节的限度。这样，才能实现人与自然的关系的和谐。

不过，即使人类在一定时期内达到了自然的人化与人的自然化的某种程度的统一、实现了人与自然的和谐，这种统一与和谐也只是相对的、暂时的，它们会被新的不和谐和矛盾所取代。这是因为，人类需要的发展是永无止境的，人类必定会不断地探索利用和改造自然的新的方式方法，而这些利用和改造自然的新的方式方法、特别是新的科学技术的应用，又会打破人与自然之间原有的平衡与和谐，引起人与自然之间的新的矛盾。从这个角度来看，人与自然的和谐和人类社会的可持续发展只能体现为一个辩证的发展过程，它只能在人与自然的矛盾不断产生又不断得到的解决中逐渐实现。

习近平生态文明思想是建立在马克思主义辩证自然观的哲学基础之上的，是马克思恩格斯生态哲学思想与中国发展实践相结合的产物，它为我们改善经济发展与生态环境之间的关系提供了理论支撑，有利于实现人与自然、人与社会、人与人的和谐发展，促进可持续发展和绿色发展。

（二）中国优秀传统文化中的生态智慧

灿若星河的中国古代传统思想文化中，包含着人们对于自然的认识。现存的大量文献典籍以及世代相传的风俗习惯中也都蕴藏着丰富而深刻的生态智慧。

---

① 马克思，恩格斯．马克思恩格斯选集：第4卷［M］．北京：人民出版社，1995：385.

这是中国人在长期的生活实践中摸索出的人与自然、人与人关系的经验总结。

1. “天人合一”的整体自然观

中国古代，生产力水平低下，人对自然存在依附关系，在人的意识领域就表现为朴素的天人合一关系，以及整体、相生相克和循环的思维方式。人们习惯用联系的观点去认识我们身处的世界，“天”与“人”的关系是我们古人探讨的一个重要命题，体现了人与自然相依相存的生存之道。儒家把天、地、人三者放在整体系统中来思考问题，强调自然万物之间存在内在的必然的联系，而人作为自然的一部分，必须顺应自然规律，按规律办事，才能实现倡导“天人合一”。道家也主张天人合一，老子认为“道法自然”，而“道生一，一生二，二生三，三生万物”①，这也就意味着人也是道效法自然的产物。自然是人类生存不可或缺的条件，一旦自然遭到破坏，人类的生活将会受到严重影响。因此，人类对自然必须怀有敬畏之心，要尊重自然规律，顺应自然。庄子提出“天地与我并生，万物与我为一”的思想，说明了人与自然相互感应、和谐共生的关系。佛教文化里也有亲近自然、重视生态的思想。佛教也提倡信徒们修行要崇尚淡泊、追求简朴、不侵犯自然。

随着时代的发展，“天人合一”又被后来的思想家们赋予了新的内涵。董仲舒将“天人合一”提升至新的高度，提出“天人之际，合而为一”，他认为自然界和人是统一的。刘禹锡在元气自然观的基础上提出“天与人交相胜，还相用”这一哲学命题，他强调万事万物都是对立统一的。张载提出“民吾同胞，物吾与也”的观点，这一观点强调我们要尊重世间万物，要与它们和谐相处，要求我们在有限的时空内，去超越贵贱寿夭，尽其作为宇宙成员和社会成员所应担当的责任和义务。程颐强调“天人合一”是世间万物的最高境界，人类与世间万物都处于一个系统内部，因此我们必须遵循自然规律。

2. 关爱生命、尊重自然的生态伦理观

中国传统思想强调伦理道德，不仅体现在调节人与人的关系上，还体现在规范人与万物的关系上，要珍惜爱护万物。儒家思想的核心是“仁”，它不仅要求“仁者爱人”，而且要将爱推至天地万物，即把人与物同时放在自然大系统中，以“天道”审视“物我”之价值和关系，将自然万物看成人类的朋友而负

① 李耳，李广宁译注．道德经［M］．北京：中国纺织出版社，2007：163.

起伦理责任，这充分体现了仁的深刻内涵。庄子提出“齐万物”的思想，认为万物都是自然界的产物，自然界中的万事万物都存在客观规律，都应该受到和人类同等的尊重。佛教讲“众生平等”“万物有情”，强调人与其他生命存在物的平等，要求信徒们戒杀、素食以及放生护生，这些都体现了万物共生的理念。在他们看来做善事就有好报，做坏事就会遭到报应，这一思想同样也适用于人与自然。这些思想强调人与其他生命存在物的平等，与道家“天人合一”思想也有诸多相通之处。

在人与自然的关系上，古代思想家大都认为人的行为都需要尊重自然客观规律，在与自然的相处中，人们要学会顺应自然，尊重及利用自然规律。孔子曰：“天何言哉？四时行焉，百物生焉，天何言哉？”① 这表明了四季变化、万物更替是客观的自然规律。孟子也指出要正确地认识自然万物的发展规律即“知天”，对万物的改造要尊重自然规律即“事天”。荀子指出“天养”“天政”，自然育人需受到自然规律的制约。《管子·四时》提到“春嬴育，夏养长。秋聚收，冬闭藏”。四时自有运行规则，人类需要遵循。道家认为自然界万物都遵循“道”这一客观规律，老子提出“是以万物莫不遵道而贵德”②，就体现了这一点。“道”，既是万物产生的总根源，又是人和万物活动必须遵循的总规律、规则。人类要敬畏自然，顺应自然发展规律，按规律办事，不能以高傲的姿态面对自然，尊重自然也是尊重人类自身。

3. 保护自然，维护生态平衡的发展观

在人与自然的关系上，中国古人注重节物利用，强调人要实现对自然的永续利用。在对自然资源的利用上，儒家和道家都主张节约。孔子的“节用爱人”，荀子的“强本而节用，则天不能贫”，老子的“知足不辱，知止不殆，可以长久”都是这一思想的表现。在治国思想中儒道两家也融入了生态思想，孔子提倡强盛国家的建立需要有节约的德行。孟子提出王道的根本是尊重自然资源使用的持续性，“斧斤以时入山林，材木不可胜用也。谷与鱼鳖不可胜食，材木不可胜用”。佛教认为人类生存发展离不开自然界，我们利用自然界获取资源，但这不是无节制的获取，而是要用之有度。一旦超过这个“度”，它就会制

---

① 习近平．生态兴则文明兴，生态衰则文明衰［J］．求是，2013（13）：3.

② 王弼注，楼宇烈校释．老子道德经注［M］．北京：中华书局，2011：66.

造灾难来报复人类。管仲不仅认识到保护生态环境的重要性，还主张对山泽林木实行国家垄断，以保护山川、树木为君王的基本要求，同时强调君王如果不能保护好山林沼泽，就没有资格做天下诸国的盟主。杨孚在《异物志》中强调，我们应该保护珍稀野生动物，这样能更好地保护生态环境，维护生态平衡。顾炎武提出“天下之病”也是来源于当时的生态恶化现象。另外，在中国古代还设有专门的环保机构和管理人员，行使植树造林、防治灾害、兴修水利与狩猎农桑等职能，在生态环境保护上积累了一些初步的经验与智慧。

在节约资源、保护自然的基础上，才能让人类自然资源永续利用。据《逸周书·大聚解》载：“山林非时不登斧斤，以成草木之长；川泽非时不入网罟，以成鱼鳖之长。”① 《礼记·王制》中明确规定：“草木零落，然后入山林。”《秦律·田律》规定，不到夏季，人们不能去焚烧草木用来制作肥料，不能去摘取发芽的树木以及猎取幼兽。《论语》中指出“子钓而不纲，弋不射宿”，意思是孔子钓鱼但不用网捕鱼，孔子射鸟但不射栖息巢中的鸟，目的是使幼小动物得到保护，保证动物可以正常繁衍。这些思想反映了古人的取物以节的生态观和“朴素的可持续发展”观念。后来，孟子、荀子将这一思想提升到政治高度予以阐释，指出君王在发展生产的同时也要注重资源的保护和再生，不能过度消耗劳动力和资源，否则人类生产和生活将无法存续。总之，古人在尊重自然、利用自然的基础上，强调自然资源的可再生能力，主张有节制地使用资源，体现了保护资源、维护大自然生态平衡的思想。

无论何种思想观念的产生与发展都具有一定的历史承接性。习近平同志也非常重视这些古人的智慧结晶，他曾指出“天人合一”的哲思，“劝君莫打三春鸟，儿在巢中望母归”的诗句，“一粥一饭，当思来处不易”的格言……质朴的自然观，今天仍给人警示和启迪。② 可见，中国传统文化中朴素的生态文明思想也为习近平生态文明思想产生、发展提供了重要的文化根基。

（三）中共历届领导人的生态文明思想

中华人民共和国成立后，面对经济建设中出现的资源与环境问题，中国共产党人意识到生态环境的重要性，开始了环境保护和生态建设的探索历程。在

---

① ［晋］皇甫谧．帝王世纪·山海经·逸周书［M］．辽宁：辽宁教育出版社，1997：18.

② 习近平．绿水青山就是金山银山［N］．人民日报，2014－07－11（12）．

社会主义改造和建设的实践过程中，中国共产党领导人民群众在环境保护与生态建设方面取得了一定成就，在此基础上形成了历届领导人的环境保护与生态建设思想。

1. 以毛泽东为代表的第一代领导集体提出的环境保护思想

毛泽东作为中华人民共和国最早的领导人，虽然从没明确提出过“生态”这个概念，但是他在社会主义革命斗争阶段和中华人民共和国成立前后，曾多次发表讲话，并在重要场合数次提及环境与人的关系，因此，环境保护思想是毛泽东思想的组成部分。毛泽东将生态系统的观念运用到植树造林、水利建设、农林、人口等诸多方面，这些理念和措施对当时经济、社会和民生方面都产生了较大的影响，对不断减轻生态环境压力，逐步改善自然环境、提升人们的生态环境意识起到一定作用。

第一，绿化环境，建设美好家园。早在抗日战争时期，面对当时国民党的经济封锁，毛泽东就主张节约，强调勤俭。土地革命时期和延安时期，中国共产党在革命根据地对森林管理、保护植被颁布了一系列制度法规，为今后的中国改善生态自然环境、走绿色发展道路提供了契机。解放战争时期，毛泽东仍然强调“发展生产，保障供给，集中领导，分散经营，军民兼顾，公私兼顾，生产与节约并重等原则”①。中华人民共和国成立之初，毛泽东提出的增产节约以及植树造林等思想，成为中国共产党人绿色发展的雏形。中华人民共和国成立后，面对脆弱的生态环境，他强调必须要保护生态环境和生态资源，1956 年，毛泽东提出“植树造林，绿化祖国”这一行动指南，鼓励人民要提高造林积极性、投入到造林活动中。他指出：“在十二年内，基本上消灭荒地荒山，在一切宅旁、村旁、路旁、水旁，以及荒地上荒山上，即在一切可能的地方，均要按规格种起树来，实行绿化。”②“大跃进”期间由于“大炼钢铁”，导致大量树木被砍伐，毁坏了大片森林。针对当时的生态环境，尤其是森林变成荒山这一现实情况，毛泽东提出：“要使我们祖国的河山全部绿化起来，要达到园林化，到

---

① 毛泽东．毛泽东文集：第 4 卷［M］．北京：人民出版社，1991：176.

② 中共中央文献出版社、林业局．毛泽东论林业［M］．北京：中央文献出版社，2003：26.

处都很美丽，自然面貌要改变过来。”① 1958 年春，毛泽东视察云阳（现属重庆）时指出，要在荒山上栽树，这一指示在全国掀起一场轰轰烈烈的植树造林运动，从这里可以看出他对自然环境的重视。植树造林既能保证百姓丰衣足食，又能提供美好的自然环境。

第二，水利建设思想。中国自古以来都是农业大国，农业是民生之本。然而由于水旱灾害频发，因此在旧中国，百姓生活困苦，流离失所，社会动荡不安。1934 年，毛泽东在《我们的经济政策》中就曾提出：“水利是农业的重要的命脉，我们也应予以极大的注意。”② 这一思想指出了水利建设对农业发展的重要性，同时指导了当时的农业建设。中华人民共和国成立后，自然灾害仍然是中国人民的生命和财产的严重威胁，这更加坚定了毛泽东修建水堤、治理水害的决心。为了根治黄河水患，1951 年 3 月建立的黄河灌溉援助工程开辟了黄河下游河流的新纪元。在毛泽东执政期间，84000 多座水库的修建仍在当今农业生产中发挥着基础性和中坚性作用。在兴修水利的同时，毛泽东强调必须重视水土保持工作，将治水与治土结合起来，强调“在垦荒的时候，必须同保持水土的规划相结合，避免水土流失的危险”。③ 另外，毛泽东特别重视大江大河的治理工作，针对长江、黄河、淮河水患问题提出不同策略，为现代经济发展与人民生活水平的提高筑牢了水利堤坝。

第三，节育人口思想。在“文化大革命”后期，毛泽东进一步认识到控制人口的重要作用。人口的增长会给国内的生态环境、经济的发展和平衡全世界的发展带来沉重负担。在他的关注和倡导下，1971 年，中国制定了第一份《关于做好计划生育工作的报告》，这一努力不仅为世界人口事业做出了积极贡献，而且缓解了由于人口的增长给生态环境带去的沉重压力。

2. 邓小平的生态思想

改革开放以后，我国经济发展速度较快，国家综合实力明显增强，但是生态问题也日益凸显。以邓小平为核心的第二代领导集体在继承毛泽东生态思想

① 中共中央文献出版社、林业局．毛泽东论林业［M］．北京：中央文献出版社，2003：51.

② 毛泽东．毛泽东选集：第 1 卷［M］．北京：人民出版社，1991：132.

③ 中共中央文献研究室．建国以来重要文献选编：第 8 册［M］．北京：中央文献出版社，1994：54.

的基础上，总结了社会主义建设的经验教训，提出环境保护与经济发展并重的思想。邓小平虽没有明确指出和使用生态文明这一概念，但是在他的著述和谈话之中有着丰富的生态思想。

第一，合理开发利用资源。中国的自然资源呈两极化趋势，资源总量大，但人均占有量小。针对这一状况，邓小平指出在发展经济中要注意资源综合利用，提高资源利用效率，减少资源浪费，实现短期和长远发展的协调，走一条适合我国国情的新型工业化道路。发展中“要杜绝各种浪费，提高劳动生产率，减少不合社会需要的产品和不合质量要求的废品，降低各种成本，提高资金利用率”①。他强调要克服盲目、无序开发所引发的资源浪费，通过节约资源、提高资源利用效率、减轻资源的高消费对环境的巨大压力，在保证自然环境不被破坏的前提下，实现我国的工业化。因此，这些思想也成为“节约型经济”的思想来源。

第二，推动生态环境法制建设。“文化大革命”的教训使邓小平认识到保护环境仅仅靠民众自觉是远远不够的，还要依靠法律和制度。因此，他在发展经济的同时，因地制宜地积极推动生态环境法律法规的建设，如 1978 年《宪法》中对环境保护的法律规定等，签署了环境相关的国际公约，保护与防治相结合。1987 年他又指出，应该集中制定《环境保护法》《森林法》等与环境相关的法律。这些法律，为保护生态环境提供了法律保障。

第三，提出绿色发展理念。邓小平立足新时期社会发展的具体实践，在总结毛泽东环境保护发展思想的基础上，提出了进一步绿色发展的思想，“标志着中国共产党绿色发展思想的初步形成”②。这一思想以 1982 年邓小平提出的“植树造林、绿化祖国、造福后代”③ 为标志，将绿化祖国与造福后代相结合，蕴含着绿色发展的逻辑。同时，作为提出科学技术是第一生产力的先驱者，他注意到要将高新科学技术运用于生态环境保护工作中，这一思想对我国生态环境问题的治理有很大的推动作用。他还强调要通过教育使大众树立保护环境的意识，倡导人们形成良好的消费习惯。

---

① 邓小平．邓小平文选：第3卷［M］．北京：人民出版社，1993：260－261.
② 陆波，方世南．绿色发展理念的演进轨迹［J］．重庆社会学，2016（9）：24－30.
③ 邓小平．邓小平文选：第3卷［M］．北京：人民出版社，1993：21.

第四，节制生育、控制人口。党的十一届三中全会以后，人口问题已经被邓小平置于战略性的高度，它关乎国民经济和社会发展对资源的有限性的利用。在考察节育的重要性时，邓小平一再提到，在中国的现代化战略实施的过程中，要处理好人口增长的问题，否则会给全国的社会资源、自然资源和世界的环境都带来沉重的负担和巨大压力，更会影响后代的生存环境和生活质量，所以“应该立些法，限制人口增长”①。1982 年，党的十二大上，计划生育被定为我国的一项基本国策，1988 年有关规定被列入宪法。由于推行了计划生育政策，人口的出生率和自然增长率明显下降，人口无计划增长的局面得到了控制和扭转。

3. 以江泽民为代表提出的生态文明思想

以江泽民为核心的第三代领导集体在学习两代领导人生态思想的基础上，面对我国日益严峻的人口、资源、环境问题，创造性地提出了人与自然的协调与和谐思想，确定可持续发展为国家战略。

第一，提出可持续发展战略。20 世纪 80 年代末以后，江泽民深刻认识到日益严重的人口、资源和环境问题，以马克思人与自然辩证关系理论为基础，指出保护生态环境就是保护生产力，并根据 1987 年的《我们共同的未来》报告提出可持续发展概念——环境资源需要满足当代人发展需求，同时不能够损害后代人的发展为前提，明确提出将可持续发展作为我国经济社会发展的战略选择。1996 年，江泽民在中央计划生育工作座谈会上强调：“在我国现代化建设中，必须把实现可持续发展作为一项重大战略方针。”② 立足于我国现实情况，江泽民强调：“我国是人口众多、资源相对不足的国家，在现代化建设中必须实施可持续发展战略。”③ 另外，江泽民还提出：“环境保护提高关系到可持续发展战略，关系整个社会良性运行的高度认识。”④ 党的十五大报告指出我国人口基数大，但自然资源总量多、人均少，现代化建设中需要坚持可持续发展战略。

第二，严格控制人口增长。我国人口众多，导致环境承载压力过大。因此，

① 邓小平 . 邓小平年谱：上册［M］. 北京：中央文献出版社，2004：112.
② 江泽民 . 江泽民文选：第 1 卷［M］. 北京：人民出版社，2006：518.
③ 江泽民 . 江泽民文选：第 2 卷［M］. 北京：人民出版社，2006：26.
④ 杜秀娟 . 马克思主义生态哲学思想历史发展研究［M］. 北京：北京师范大学出版社，2011：132.

必须要控制人口的增长。江泽民继承了邓小平通过计划生育来减轻环境压力的思想，2001 年《中华人民共和国人口与计划生育法》颁布，在这个基础上，江泽民把计划生育上升为国家战略。严控人口增长，不仅能满足当代人的发展需求，还能保障后代人的幸福生活。据统计，截至 2005 年年底，中国人口少生了 4 亿多人。但是，由于中国人口基数大，每年净增人口数量仍然很大。因此，计划生育将是中国一项长期的基本国策。

4. 以胡锦涛为代表提出的生态文明思想

党的十六大以来，胡锦涛总书记在继承前人生态思想的基础上，创造性提出了科学发展观，强调发展的可持续性，是我党生态文明理论的又一次深化和发展。

第一，提出科学发展观。科学发展观所倡导的发展是以人为本的价值发展，是人、自然、社会相互协调的发展。这种发展突破了单纯追求经济增长的发展模式，把发展确定为经济、社会以及人的全面发展，并且将人的全面发展作为根本目的。它强调经济建设要与生态环境保护二者相协调，不能竭泽而渔、不计代价地发展，在发展过程中要坚持人与自然和谐相处。同时，这种发展也要坚持全面协调可持续，既要统筹城乡、区域发展，又要统筹国内、国外发展；既要考虑当代人的发展需求，又要顾及子孙后代的利益。所以说，科学发展观不是一般意义上的保护环境、维护生态平衡，而是把这些要求内化为发展的一部分，其最终目的在于通过发展实现自然、人与社会的和谐。

第二，明确生态文明建设这一重大理论课题。进入 21 世纪以来，胡锦涛一直致力于生态文明体系的建设，为生态环境保护和建设提供保障。党的十六届六中全会提出，要提高全民族各方面的素质，使生态环境明显改善。胡锦涛在十七大明确提出“生态文明”这一概念，并将生态文明纳入“四位一体”战略布局。把“建设生态文明”作为中国实现全面建设小康社会奋斗目标的新要求之一，并对建设生态文明的内涵进行了阐释。“要建设生态文明，基本形成节约能源资源和保护环境的产业结构、增长方式、消费模式。”① 建设生态文明首次写进党代会报告，成为党的行动纲领，标志着我国开启生态文明建设新征程，

① 胡锦涛．高举中国特色社会主义伟大旗帜，为夺取全面建设小康社会新胜利而奋斗［N］．人民日报，2007－10－25.

初步形成“五个文明”为格局的中国特色社会主义文明体系。

毛泽东、邓小平、江泽民、胡锦涛生态文明思想是以马克思主义生态观为指导，在革命、建设过程中结合中国具体国情的实践应用，是中国化马克思主义生态文明思想的重要组成部分，为习近平生态文明思想的形成和发展提供直接实践经验。可以说习近平生态文明思想是在继承中国共产党历代领导集体的生态思想基础上，结合时代特征和现实问题而形成的。

（四）当代西方生态思想的理论与实践

工业革命以来，西方国家在解决生态危机的过程中，形成并发展起了现代生态科学。伴随着对环境问题认识的不断深化，生态科学逐步系统化、理论化，形成了西方生态理论。

1. 西方绿色政治生态思想

为了解决严重的环境问题，在20世纪70年代末80年代初，“绿色政治运动”在一些西方发达国家兴起和发展起来。“绿色政治运动”是以生态学为理论基础，以构建新的生态（包括政治生态、社会生态和自然生态的大系统）为目的，将“生态”的理念引入到政治领域，对于生态问题及其产生原因进行了政治学思考。它的政策主张随着时代的变化而不断调整，总体来看，注重生态保护，追求生态和谐，提出了生态主义的价值取向和绿色政策主张，其理论和政策主张的基础也逐渐远离人类中心主义而不断靠近生态中心主义。绿色政治运动的具体主张表现在以下几个方面。第一，提倡生态主义，注重自然价值，致力于环境的有效保护与改善，使环保问题日益受到政府、民众等的关注，形成自成体系的生态价值系统。第二，批判盲目增长的资本主义社会，并反对“官僚主义”的现实的社会主义社会，提出参政议政的诉求，扩大其政治影响范围，给政治带来一抹绿色。第三，以草根民主的幌子谋求政治上的上位，推动基层民主与绿色生态理念相结合，希望使用温和手段推动现存社会制度变革。第四，在国际问题上，主张消除各国之间的冲突并反对霸权主义和强权政治。

绿色政治是在发达资本主义国家此起彼伏的政治、经济、社会、文化危机的背景下诞生的。它以人类与大自然的和谐共存为核心诉求，批判传统的经济体制和政治逻辑，强调实现生态平衡和环境保护，并把人与自然的存在都纳入到公正原则之内。[①] 从实施效果来看，一方面，绿色政治运动及其政治主张，使得人们的生态环境保护意识逐渐增强，使得政府政策主张的绿色效应得以彰显，自然环境保护和社会政治生态优化的可能性增加；另一方面，由于西方绿色政治运动无论是其理论基础，还是政策主张上，都还存在一些理想化的成分，许多政策主张的实际可操作性并不强。西方绿色政治运动，作为一种对资本主义生态环境问题的反思和对资本主义制度无力有效解决生态环境问题的诘问，其提出的生态主义政策主张对于反思我国比较突出的生态环境问题具有一定的借鉴意义。

2. 建设性后现代主义的生态观

后现代主义立足于对现代性的批判，是对现代性的反拨与超越。与批判现代性的霸权而产生的解构主义的后现代主义相对立，建设性后现代主义为创造性地发展健康的、可持续的后现代社会奠定了哲学基础。19 世纪 70 年代，面对现代性带来的生态环境危机，诸如全球变暖、酸雨增加、淡水资源减少、森林锐减、土地荒漠化等触目惊心的问题，建设性后现代主义理论流派开始在美国兴起，其主要代表人物是小约翰·科布（John Buco）和大卫·格里芬（David Geriffin）等。他们从怀特海（Whitehead）的过程哲学出发，通过对现代性的质疑以及对否定性后现代主义中的怀疑主义和虚无主义的批判，提出了一套兼具批判性和建设性的新哲学思想体系。建设性后现代主义，以积极的态度面对由现代化所带来的问题，主张以实际行动改变现状。后现代整体有机论、后现代生态文明观以及后现代创造观等被视为该体系的三大理论支柱。

建设性后现代主义克服了现代主义自然观“二元对立”思维方式的致命缺陷，认为人与自然是一个有机统一的整体，人与自然之间应建立一种动态的平衡关系，万物都有其自身的经验、价值和目的所在，自然不是人们统治、占有、掠夺的对象，而是有待我们去保护和照料的对象。他们所倡导的健康的可持续的生态文明的思想，警醒我们在发展经济的同时，要注意保护生态环境，维护生态平衡，在人与自然之间建立一种动态的平衡关系，真正实现可持续发展，谋求人与自然的共同福祉。中国作为发展中的大国，应该在社会主义现代化建

① 张勇．西方绿色政治理念对我国生态文明建设的启示［J］．北京林业大学学报（社会科学版），2010（2）：57－59.

设的过程中借鉴和吸收建设性后现代主义生态观，坚持人与自然的有机统一，保障生态文明建设的健康发展。

3. 全球环境治理和生态民主思想

随着全球化进程的不断深入，环境问题自20世纪中叶逐渐演变为一种全球性问题。全球环境问题日趋严重，影响并渗透到国际政治、经济、文化生活等各个领域，主权国家政府对环境治理能力的不足和国际社会的无政府松散状态日趋凸显，促使国际社会不得不将全球环境问题作为一个复杂性的整体加以治理，“全球环境治理”的概念随之兴起。美国密歇根大学的玛丽娅·卡门·莱莫斯（Maria Carmen Lemos）认为，环境治理指的是一整套管理程序和组织，并通过它影响环境治理的行动和结果。政治和经济关系、制度体现、国际协定、国家政策和立法以及地方决策结构、跨国机构和环境非政府组织这些都是需要考量的对象。① 全球环境治理的主体一般认为有以下四类：主权国家、国际政府间组织、国际环境非政府组织和跨国公司。在全球环境治理具体形式方面，学者们也认为，全球化和环境治理、分散式环境治理、市场和集中代理手段以及交叉尺度环境治理这四种表现形式可以反映目前全球环境治理发展趋势。

而要实现全球环境治理，首要任务就是不断促进生态民主建设。美国学者罗伊·莫里森（Roy Morrison）最早提出了生态民主（Ecological Democracy）的概念，他认为生态民主是构建生态文明的方法，也是工业社会向生态社会转变的过程。建设生态民主需要呼吁全人类积极行动起来，需要人们志愿相互合作，保护自然，构建人类生态文明。② 在全球环境治理的背景下，如何建设生态民主？在其看来，全球化环境治理应该打破传统国家界限，引入新的组织及互动进行跨国环境治理，提高不同背景参与者的热情，并为生态文明做出贡献。

全球生态民主协商制度提供了一个全民参与环境治理的平台，在这里，多元化的声音都可以被关注，人们的诉求可以进行民主协商。全球民主协商制度能够提升普罗大众参与生态文明建设的热情，并能促进形成全民节约意识、环保意识、生态意识以及合理消费的社会新风尚。通过生态知识和环保理念的良

---

① LEMOS M C，AGRAWAL A. Submitted to Annual Review of Environment and Resources［J］. Environmental Governance，2006：5.

② MORRISON R. Ecological Democracy［M］. Boston：South End Press，1995：3－15.

好传播，不同声音的互动和专家学者对生态政策的建言献策，人民大众才能从生态文明概念性理解发展到知识性掌握，从而内化为驱动力并最终体现在民众行动及公共共识上。

4. 生态马克思主义和生态社会主义

针对当前的环境问题，一些西方学者通过马克思主义来反思资本主义生产方式，致力于寻找解决生态危机和发展问题的科学方法，形成了生态马克思主义，成为当代国外马克思主义中最有影响的社会思潮之一。

本·阿格尔（Ben Agger）首次提出“生态马克思主义”这一概念，生态马克思主义运用马克思主义科学方法，以历史唯物主义为起点，分析和探索生态危机，他们主要从以下几个方面研究生态问题。第一，异化消费问题。威廉·莱斯（William Rice）、本·阿格尔等人从马克思的异化劳动理论角度分析当今资本主义人们的“消费异化”现象，他们认为人们在资本主义生产中难以找到和实现自身的价值，从而转向用消费商品来体现自身的虚假价值。资本主义为了延续其统治，需要不断制造各种虚假的繁荣，生产出各种满足人们虚假需求的商品，在不断满足这种需求下必然导致“自然萎缩”，即生态的破坏。① 第二，资本主义生产角度。詹姆斯·奥康纳（James O'Connor）从资本主义生产力与生产关系和资本主义生产的有条件性与生产的无限扩张性这两对矛盾出发分析生态危机的产生，他得出资本主义生态危机是这两对矛盾共同作用形成的结果，② 即资本主义生产方式是制造人与自然环境关系紧张的根源。第三，劳动价值论角度。伯克特（Burkett）和福斯特（Foster）认为只有社会主义才能消除资本主义生态危机，因为社会主义生产资料公有制下的生产强调的是产品的使用价值和价值的统一，只有这样才能实现人类对自然资源最大有效利用，才不至于出现资本主义“异化劳动”的现象。③

生态学马克思主义试图通过重新解读自然的观念，赋予自然以历史和文化的内涵，来重新理解自然、文化、社会劳动之间的关系，以此重构历史唯物主

① 王珊珊．生态学马克思主义探析［J］．云南师范大学学报，2001（7）：33.

② ［美］詹姆斯·奥康纳．自然的理由［M］．臧佩洪，译．南京：南京师范大学出版社，2003：199.

③ 仲素梅．国外生态马克思主义研究综述［J］．山西高等学校社会科学学报，2016（7）：28.

义，并提出了生态学马克思主义的制度理想——生态社会主义。全球化背景下，生态问题作为世界各国共同面临的问题，还涉及社会公正问题，例如发达国家凭借先发优势占有发展中国家的生态资源，并转嫁危机就有违社会公平的本质。以福斯特、马尔库塞（Marcuse）、奥康纳等学者为代表的生态社会主义理论者批判资本主义生产方式，试图构建生态社会主义理论。他们认为资本主义自由竞争的生产方式充满掠夺性和剥削性，破坏了社会秩序，给生态环境带来了巨大的伤害，造成全球生态危机，主张用生态社会主义社会替代资本主义社会。他们还主张与马克思主义工人运动相结合，逐步建立“稳态”“绿色”的新型社会主义模式，进而逐步消除造成生态危机的社会根源。只有这样，人类文明史上的一场质的变革——生态文明时代才会真正到来，这是生态马克思主义学者期待看到的。

结合当代生态危机背景，生态马克思主义和生态社会主义对资本主义生产方式进行批判，探寻绿色的生态文明社会的构想对我们今天建设中国特色社会主义社会具有一定启示价值，同时我们也要看到其存在很多空想成分，在应对全球生态危机中并没有提供切实可行的指导方案。但其研究也为我们应对和解决生态危机给予了诸多启示，为习近平生态文明思想的发展和成熟提供了一定的理论借鉴。

第三节　新时代生态文明建设思想的生态化变革内涵与基本特征

2018 年召开的全国生态环境保护大会确立了习近平生态文明思想。“习近平生态文明思想”是以习近平同志为代表的中国共产党人关于新时代生态文明建设的理论思考与政策实践，是习近平新时代中国特色社会主义思想的一部分，标志着对中国特色社会主义规律性认识的深化。“建设生态文明是一场涉及生产方式、生活方式、思维方式和价值观念的革命性变革。”① 习近平总书记所提到的建设生态文明带来的生产方式、生活方式、思维方式和价值观念的革命性变

① 中共中央宣传部．习近平总书记系列重要讲话读本［M］．北京：学习出版社，2014：238－239.

革既表明了以生态文明为方向的生态化变革性质，又为认识其生态变革的内涵提供了基本遵循。本节尝试从不同的角度进行分析，以求实现对习近平生态文明思想生态化变革的总体认识和把握。

一、习近平生态文明思想的生态化变革内涵

习近平生态文明思想所包含的生态化变革内涵体现在从理论到实践，从思维方式、价值观念到生产生活实践的方方面面。

（一）从理论基础上看习近平生态文明思想的生态化变革内涵

首先，马克思的辩证唯物主义和历史唯物主义是习近平生态文明思想的理论源泉。当代马克思主义研究者沿着唯物主义哲学和近代科学的发展两条路线解读马克思主义经典文本，发现并阐释了其中所蕴含的生态学思维和内涵。美国著名马克思主义理论家福斯特更是以“马克思的生态学”命名自己的研究成果，表明马克思作为生态学家的身份地位。其次，习近平生态文明思想还吸收了中国古代的生态智慧，其中包含着最朴素的生态学思想。再次，习近平生态文明思想直接继承了关于生态文明的理论成果，也是对我国生态文明建设实践的经验总结，是新时代的生态文明思想。而生态文明的内涵就是“保持人与自然的和谐关系”，是把人与自然关系作为物质和能量交换的生态系统做出的科学认识及处理二者关系的原则。基于此，卢风在其著作《人、环境与自然：环境哲学导论》一书中指出：“生态文明指用生态学指导建设的文明，指谋求人与自然和谐共生、协同进化的文明。”最后，当代西方的生态思想本身就是生态科学理念在各个学科领域扩张的结果，吸收了生态学的思维方法和基本原理。因此，习近平生态文明思想在理论基础上就具有了生态化的内涵。

（二）从理论内容上看习近平生态文明思想的生态化变革内涵

> 习近平生态文明思想是习近平新时代中国特色社会主义思想的重要组成部分，深刻回答了为什么建设生态文明、建设什么样的生态文明、怎样建设生态文明的重大理论和实践问题，集中体现为生态兴则文明兴、生态衰则文明衰的深邃历史观，人与自然和谐共生的科学自然观，绿水青山就是金山银山的绿色发展观，良好生态环境是最普惠的民生福祉的基本民生

观，山水林田湖草是生命共同体的整体系统观，用最严格制度保护生态环境的严密法治观，全社会共同建设美丽中国的全民行动观，共谋全球生态文明建设的共赢全球观。①

这段话是对习近平生态文明思想的总体概括，是习近平对生态文明的基本问题的整体认识。在这里本人认为除了应该用“人与自然是生命共同体的整体系统观”代替“山水林田湖草是生命共同体的整体系统观”之外，其他概括都表达了习近平生态文明思想对人与自然关系各个领域的认识成果，为我们描述了人与自然关系的纵横交错的网络图景。在这幅图景里我们看到人类文明兴衰与自然生态荣枯的互动过程，人与自然和谐共生的暖人画面，美好幸福生活与优美环境相得益彰的动人图画，以及世界人民为建设美丽家园的各种努力。这就是习近平对人类与其世界关系的世界观图景，这种世界观是人、自然、社会之间辩证互动的，是休戚与共的复合整体生态系统。它与旧的人与自然、社会相互对立，相互否定和征服的二元论世界观截然不同，而是把人置于自然之中，只有在自然之中才能生存，这种生存方式与自然的实践互动带来物质流和能量流在生命体之间的传递，是保持生态平衡的属人的生态世界。这种把人与自然界作为生存的同一个生态整体的认识就是生态化的世界观。

（三）从思维方式上看习近平生态文明思想的生态化变革内涵

思维方式简单地说就是思维主体反映、理解、加工客体对象的思维活动模式，是思维主体、思维对象、思维工具三者关系的一种稳定的、定型化的思维结构。任何一种理论的形成与发展都是一定的思维方式的产物，是理论的内在逻辑构架。对习近平生态文明思想思维方式与方法的研究是习近平生态文明思想研究的重要内容，学者一致认为战略思维、辩证思维、系统思维、底线思维和法治思维是其中最主要的思维方法。仔细思考会发现战略思维和底线思维都有其所指向的对应面，战略表示全局的、整体的、高度的思维方法，底线也表明整体或系统的最低的和限度的思维方法。法治思维则是从法律和制度上统筹兼顾各方面利益，维护社会整体或系统运行，以及对人与社会关系的调整。辩

---

① 李干杰. 深入贯彻习近平生态文明思想　以生态环境保护优异成绩迎接新中国成立70周年——在2019年全国生态环境保护工作会议上的讲话［N］. 中国环境报，2019-01-28.

证思维和系统思维虽然强调的重点不同但都是一种整体的、系统性的思维方式。具体表现在习近平生态文明思想中就是将生态文明建设与中华民族伟大复兴的中国梦和建成小康社会的目标相联系，与民生福祉相联系，与中华民族的永续发展相联系；将生态环境保护和治理与经济发展、政治体制改革、依法治国和日常废弃物处理相联系，强调以顶层设计和全国一盘棋为特征的整体规划、中央地方的联防联治，和自然修复与人工保护相结合。总之，习近平生态文明思想涉及历史传承与国家战略、国内建设与国际合作的内容，包含经济政治文化社会各个层面，这种复杂宏大的生态叙事正是整体和系统思维方式的结合和写照。因此可以说习近平生态文明思想中体现着观照人、自然与社会的系统性和整体性思维方式，有学者直接将其称为生态化的思维方式。①

（四）从价值观上看习近平生态文明思想的生态化变革内涵

对人、自然与社会复合整体性的认识和系统性整体性思维方式必然带来对主体行为的价值判断、选择和目标的和谐转向，以构建人类实践活动的应然目标和要求，形成和谐的价值观。这一价值观以是否有利于增进“自然—人—社会”的整体和谐作为评价的基本标尺，以在三者关系的良性互动、有机协调中实现系统整体和谐、稳定和持续发展为价值目标，实现人类实践活动合目的性与合规律性的统一。习近平生态文明思想强调尊重自然、顺应自然、保护自然的生态理念，倡导绿水青山就是金山银山的发展理念，提出建设美丽中国的目标追求，体现了对待自然的态度从人类中心主义和工具理性主义转变为把人类作为自然生态系统组成成员的生态意识，以实现人与自然关系的和谐。在人与人的关系上强调人类利益、文明发展和民族利益为代表的整体利益和长远利益，采取严格的制度和严密的法治，规范个人中心主义可能造成的为获得个人短期利益产生的损人利己的行为，以实现个体之间以及个体与社会之间的和谐关系。在人与自身关系上强调培养热爱自然、珍爱生命的生态意识，培养节约适度、绿色低碳、文明健康的生活方式和消费模式，注重避免物质享受和消费主义思潮带来的物欲横流和精神空虚，促进人的精神需求和全面发展，以实现人与自身关系的和谐。总之，习近平生态文明思想摆脱了狭隘的人类中心主义思想，

① 如刘建伟《习近平生态文明建设思想中蕴含的四大思维》、张森年《确立生态思维方式建设生态文明——习近平总书记关于大力推进生态文明建设讲话精神研究》等。

强调人类的实践活动的合规律性，追求人与自然、社会之间的关系和谐目标，是符合整体主义和谐价值观的理论体系，蕴含着生态化的价值意蕴。

（五）从生产生活方式实践变革上看习近平生态文明思想的生态化变革内涵

习近平生态文明思想的形成与发展与他在各地领导群众的实践经验密不可分。1969—1975 年，习近平在陕西省延川县文安驿公社梁家河度过了七年的知青生活，在此期间，习近平意识到梁家河黄沙满地的恶劣和脆弱的生态环境是妨碍经济发展导致贫困的重要因素。为解决当地缺煤缺柴问题，发挥沼气在资源循环利用中的作用，习近平在当地大办沼气池，不仅改善了当地的生活条件，同时也解决了环境卫生问题，保护了当地农村的生态环境。在河北正定工作期间，他开始理性地对生态环境进行反思，主张利用当地自然优势和历史名城的特点，因地制宜地提出了把正定打造成距石家庄最近的旅游窗口的思路，实施旅游兴县，把区域优势转化为经济优势，实现绿色减贫、可持续减贫的发展，开启“中国正定旅游模式”。担任宁德书记以后，他结合宁德山地多的特点，提出要大力发展林业，在实现将林业资源丰富的优势转化为经济优势的同时，开展生态建设，实现生态效益、经济效益和社会效益的统一。1992 年，他主持修订的《福州市 20 年经济社会发展战略设想》提出“城市生态建设”的构想，不仅针对如何治理大气、水、噪声污染等环境问题进行论证，还强调对福州的工农业等各方面进行规划设计时做好城乡绿化、环境保护工作，实现了工农业、旅游、环境等的综合治理，为福州市朝着生态化的方向发展迈出了坚实步伐。2002 年，习近平进一步提出“建设生态省”的战略构想，福建由此成为全国第一批生态建设试点省。习近平主政浙江以后，提出“绿色浙江”的战略目标，并主持制定了《浙江生态省建设规划纲要》，不仅要加大对陆地生态环境的治理，还增加了海洋环境治理的内容，浙江成了生态文明建设的先行地区和示范区。这些实践最终凝聚为“既要绿水青山，又要金山银山”的人与自然、经济与社会和谐发展的“两座山”思想。总之，无论习近平在哪里工作、处于何种岗位，始终结合本地生态环境开展工作，不仅是经济社会发展生态化实践的践行者，也为习近平生态文明思想奠定了坚实的实践基础。

（六）从学者研究视角上看习近平生态文明思想的生态化变革内涵

习近平生态文明思想的研究也是学术界研究的热点，虽然大部分研究成果都是对该思想的阐释和理解，但是还有部分学者注意到了它的生态化变革意义。北京大学郇庆治教授在研究国内外生态文化理论的基础上提出生态文化理论包含有“绿色文化升华”（新型生态文明的精神建构）和“绿色变革文化”（现存工业文明的精神解构）两方面内容，并要求在从二者相统一的维度把握、界定“生态文化理论”①，同时强调社会主义生态文明不仅具有生活方式和经济、政治、社会制度的根本性革新，还具有发展意识形态和个体价值革新的意蕴。此外，李彦文等从绿色变革的视角对生态现代化理论进行分析，指出在某种意义上当代中国的社会主义生态文明实践是生态现代化理论在中国的应用，从现代化发展的经济技术向度出发为社会的绿色变革提供现实的政策和路径。② 张云飞从话语体系建构视角指出习近平生态文明思想是以“社会主义生态文明”为核心，包括绿色化、绿色发展、坚持人与自然和谐共生等基本范畴建构起来的科学理论体系。这就从深层思想逻辑上表达了习近平生态文明思想的绿色变革意蕴。对习近平生态文明思想内在的生态化变革意蕴的探讨还散见于生态化城市或农村建设实践的典型案例中，比如《打造百里秀美邕江　建设生态宜居城市——习近平生态文明思想在南宁市的生动实践》等文章通过对城市绿化美化的讲述做了最直接明显的表达。总之，学者们对这一问题的探讨和关注也从另一个侧面表明了对习近平生态文明思想生态化变革意蕴的认识。

二、习近平生态文明思想的基本特征

从生态化变革的视角来看，习近平生态文明思想具有以下几个方面的突出特征。

（一）习近平生态文明思想具有全面变革特征

习近平生态文明思想内涵丰富，涉及人、自然和社会之间的关系，不仅要求在处理人与自然关系时坚持和谐共生的原则，而且要求个人和社会树立绿色的生产生活方式，形成尊重自然的社会风气。与西方深绿生态思想只注重价值维度变革、浅绿生态思想只注重技术维度变革和红绿生态思想只注重政治维度

---

① 郇庆治. 绿色变革视角下的生态文化理论及其研究［J］. 鄱阳湖学刊，2014（1）：21－34.

② 李彦文，李慧明. 绿色变革视角下的生态现代化理论：价值与局限［J］. 山东社会科学，2017（11）：188－192.

的变革相比，习近平生存文明思想要求实现生态化变革包括思想观念领域、社会利益关系领域和科学技术领域，在内容上涉及经济政治文化社会建设的方方面面，具有全面生态化变革的特征。在思想观念领域内强调转变征服自然、与自然做斗争的观念，坚持人与自然和谐共生，树立尊重自然、顺应自然、保护自然的生态文明理念，形成珍爱自然的生态价值观念。具体表现为实现经济增长观念向绿色发展转变，确立环境就是民生、关系党的使命宗旨的政治观念，人与自然是生命共同体的生态文化观和绿色低碳文明健康的生活观念。在社会关系领域，习近平生态文明思想强调树立大局观念，算好整体账、长远账，通过顶层设计，完善生态法律制度和法规，合理协调人与人之间的生态利益关系，统筹管理好国家和全人类生态资源。具体表现为树立人类命运共同体意识，积极参与全球生态环境保护和治理实践，维护全球生态安全；完善国家生态环境治理体系，建立系统完备、科学规范、运行有效的制度体系和严密的法治体系，当前我国已经构建起《中华人民共和国环境保护法》、自然资源资产产权制度、国土空间开发保护制度、生态文明绩效评估和责任追究制度等生态文明法律制度体系，来规范个人和社会经济政治社会行为，为生态文明建设提供制度保障。在科学技术领域，习近平生态文明思想要求“构建市场导向的绿色技术创新体系”①。与西方某些思潮将造成生态危机的原因简单归结于科学技术，进而反对科学技术的使用不同，习近平生态文明思想坚持科学技术在绿色发展和环境保护中的重要作用，推进绿色技术创新，鼓励发展绿色产业，壮大节能环保产业、清洁生产产业、清洁能源产业。具体表现在坚持科技进步和自主创新是打破资源环境约束，转变经济发展方式的根本和首要推动力量；在城乡规划建造中注重发挥生态科技的作用，建造适合人与自然和谐共生的生产生活环境；培养生态管理人才与科研人才，大力发展环保产业等。总之，习近平反复强调生态文明建设涉及生产方式、生活方式、管理方式、消费方式等的生态化变革，需要按照系统工程的思路，贯穿于经济建设、政治建设、文化建设和社会建设的全过程。

---

① 习近平．决胜全面建成小康社会 夺取新时代中国特色社会主义伟大胜利——在中国共产党第十九次全国代表大会上的报告［M］．北京：人民出版社，2017：30.

（二）习近平生态文明思想具有科学辩证的生态思维特征

全球生态危机促使生态学理论和方法被引入并用来处理人、自然、社会之间的关系，并在实践过程中不断得到提炼与升华，成为新的思维方式。这种思维方式被称为“生态思维”“生态学思维”或“生态化思维”，虽然名称不同，但是其含义和特征相同，表明它还处在形成阶段，但已经得到普遍的关注。生态思维一般被定义为，用生态学的观念和方法审视和思考人、社会和自然之间的关系，并以人与生态环境的协同进化与和谐发展为价值取向的思维方式。这种思维方式强调人类与外部环境的整体性，突出人类及其活动与生态环境的相互联系、相互斗争，并在动态平衡、协调发展的过程中实现共生，因此具有系统性、整体性、辩证性的思维特征，被称为是辩证思维方式的当代典型形态。① 习近平生态文明思想的形成运用了生态思维方式，具体表现在以下几个方面。第一，将生态文明及其建设作为一个涉及多领域和多方面内容的系统工程来认识和规划。习近平生态文明思想强调生态文明建设涉及生产方式、生活方式、消费方式、社会制度和思想观念等方方面面的变革，把生态文明建设的理念和原则贯穿社会主义经济建设、政治建设、文化建设和社会建设的整个过程，要按照系统工程的思路，统筹经济社会发展和生态环境保护，全方位、全地域、全过程开展生态环境保护和建设工作。第二，在对待人与自然的关系时强调生命共同体的思想是生态思维的又一重要表现。习近平总书记指出：

> 人与自然是生命共同体，人类必须尊重自然、顺应自然、保护自然。人类只有遵循自然规律才能有效防止在开发利用自然上走弯路，人类对大自然的伤害最终会伤及人类自身，这是无法抗拒的规律。②

> 我们要认识到，山水林田湖是一个生命共同体，人的命脉在田，田的命脉在水，水的命脉在山，山的命脉在土，土的命脉在树。用途管制和生

---

① 彭新沙，田大伦．生态学思维方式：辩证思维方式的当代典型形态［J］．湘潭大学学报（哲学社会科学版），2012（2）：139－144，148.

② 习近平．决胜全面建成小康社会 夺取新时代中国特色社会主义伟大胜利——在中国共产党第十九次全国代表大会上的报告［M］．北京：人民出版社，2017：30.

> 态修复必须遵循自然规律，如果种树的只管种树、治水的只管治水、护田的单纯护田，很容易顾此失彼，最终造成生态的系统性破坏。由一个部门负责领土范围内所有国土空间用途管制职责，对山水林田湖进行统一保护、统一修复是十分必要的。①

人与自然以及自然界各物种之间是生命共同体思想将世界看作是一个具有内在关联、相互作用而组成的生态系统，内在地包含将自然界作为一个有机整体来认识的有机整体观，人与自然和谐共生的辩证思维和生态环境治理中的系统思维等内容。第三，习近平总书记的生态思维还表现在工作中的统筹兼顾的方法论。习近平总书记指出统筹兼顾是中国共产党的一个科学方法论。统筹兼顾，把各项工作联系起来去认识，贯通起来共同推进，做到纲举目张。在治理水时强调不能就水论水，要统筹山水林田湖，统筹治水与治山、治林、治田。在经济社会发展中坚持“五个统筹”。统筹兼顾就是坚持系统论和有机统一的观点，通过统筹兼顾、综合平衡，带动全局，实现整体发展。

（三）习近平生态文明思想具有深厚的生态情怀特征

思想是思维的产物，也是情感的产物，是思维与情感共同的结晶。情感是思想的温度，也表征着思想的深度和高度，深厚的生态情怀是习近平生态文明思想形成的情感因素。习近平生态文明思想包含的丰富生态情怀，首先表现为对生态环境的珍惜之情。“像保护眼睛一样保护生态环境，像对待生命一样对待生态环境”集中体现了这种珍惜之情，否定了将生态环境看作是取之不尽用之不竭的资源的旧观念，树立生态环境承载能力有限、珍惜节约利用资源的新观念。习近平总书记反复强调“要清醒认识保护生态环境、治理环境污染的紧迫性和艰巨性，清醒认识加强生态文明建设的重要性和必要性，下决心把环境污染治理好，把生态环境建设好，为人民创造良好的生产生活环境”②。他积极参加义务植树、对生态环境保护区进行考察，对破坏环境的事件多次批示，用一

① 习近平．习近平关于社会主义生态文明建设论述摘编［M］．北京：中央文献出版社，2017：47.

② 习近平．习近平关于社会主义生态文明建设论述摘编［M］．北京：中央文献出版社，2017：7.

次次行动诠释生态情怀。其次表现为对人与自然和谐的生态追求。习近平的生态情怀与人民情怀密不可分，生态情怀根植于人民情怀，保护生态环境与让人民过上好日子密不可分，发展和保护、治理相辅相成。破除先污染后治理，消除发展与保护相矛盾和割裂开来的旧观念，树立开发与保护、发展与治理并重的新思想，坚持协调经济发展与环境保护，使二者相得益彰是习近平生态文明思想的主题。“在发展中保护，在保护中发展”“绿水青山就是金山银山”“冰天雪地也是金山银山”“保护生态环境就是保护生产力、改善生态环境就是发展生产力”都是集中的写照。人与自然和谐的生态追求最终表现为“环境就是民生、青山就是美丽、蓝天也是幸福”，建设天蓝、地绿、水清的美好家园。最后表现为对生态文明建设理论与实践的不懈探索。习近平生态文明思想内在的生态情怀外化为对生态文明建设理论与实践的行动和探索。习近平站在全局高度把握全国的生态环境现状，针对突出的环境问题强调顶层设计，提出建立绿色循环低碳发展的经济体系，用严格的制度和严密的法治保护生态环境、强化公民生态环境意识、建设美丽中国等思想观点；破除生态环境资源开发随意性和地方性旧观念，树立整体谋划、科学布局、严格管理、可持续利用的新观念；形成了主体功能区构建、产业结构生态化调整、建立自然资源和资产产权制度、推行生态资源有偿使用和补偿制度、落实生态红线制度等系统的生态环境保护与治理的政策制度；开展生态农业、生态工业、生态旅游和生态脱贫等一系列富有成效的生态文明建设实践。总之，习近平生态文明思想中包含的珍惜热爱生态环境之情、对人与自然和谐相处的追求和理论与实践探索体现出它所具有的深厚的生态情怀特征。

参考文献：

[1] 欧阳志远．生态化——第三次产业革命的实质与方向 [J]．科技导报，2009 (9)：26－29.

[2] 李庆瑞，张杰，张文娟．以习近平生态文明思想为指导　加快推进法律生态化 [J]．中国生态文明，2018 (4)：12－15.

[3] 徐冉冉．绿色化概念及其实质内涵分析 [D]．北京：中共中央党校，2016.

［4］黎祖交．准确把握“绿色化”的科学涵义［N］．北京：中国绿色时报，2015－04－16（A03）．

［5］于晓雷，等．中国特色社会主义生态文明建设［M］．北京：中共中央党校出版社，2013.

［6］习近平．在庆祝改革开放40周年大会上的讲话［N］．人民日报，2018－12－19（001）．

［7］张秋蕾．环境保护部发布《2013年中国环境状况公报》李干杰出席新闻发布会并答记者问［N］．北京：中国环境报，2014－06－05（001）．

［8］中华人民共和国生态环境部．2017中国生态环境状况公报［R］．2018－05－22.

［9］李军．走向生态文明新时代的科学指南——学习习近平同志生态文明建设重要论述［M］．北京：中国人民大学出版社，2015.

［10］习近平．习近平关于社会主义生态文明建设论述摘编［M］．北京：中央文献出版社，2017.

［11］何爱国．当代中国生态文明之路［M］．北京：科学出版社，2012.

［12］侯文慧．征服的挽歌——美国环境意识的变迁［M］．北京：东方出版社，1996.

［13］［美］蕾切尔·卡逊．寂静的春天［M］．吕瑞兰，李长生，译．长春：吉林人民出版社，1997.

［14］中国共产党第十六届中央委员会第三次全体会议公报［J］．党建，2003（11）：4－6.

［15］胡锦涛．高举中国特色社会主义伟大旗帜为夺取全面建设小康社会新胜利而奋斗——在中国共产党第十七次全国代表大会上的报告［DB/OL］．人民网，2007－10－25.

［16］王红旗．灾祸也是生存［M］．北京：中国广播出版社，1996.

［17］马克思，恩格斯．马克思恩格斯选集：第3卷［M］．北京：人民出版社，2012.

［18］马克思，恩格斯．马克思恩格斯选集：第4卷［M］．北京：人民出版社，2012.

[19] 马克思，恩格斯．马克思恩格斯选集：第 1 卷 [M]．北京：人民出版社，1995.

[20] 马克思，恩格斯．马克思恩格斯文集：第 1 卷 [M]．北京：人民出版社，2009.

[21] 马克思，恩格斯．马克思恩格斯全集：第 31 卷 [M]．北京，人民出版社，1972.

[22] 李耳，李广宁译注．道德经 [M]．北京：中国纺织出版社，2007.

[23] 李全喜．习近平生态文明建设思想的内涵体系、理论创新与现实践履 [J]．河海大学学报（哲学社会科学版），2015（3）：9－13，85.

[24] 习近平．生态兴则文明兴，生态衰则文明衰 [J]．求是，2013（13）：3.

[25] 王弼注，楼宇烈校释．老子道德经注 [M]．北京：中华书局，2011.

[26] [晋] 皇甫谧．帝王世纪·山海经·逸周书 [M]．辽宁：辽宁教育出版社，1997.

[27] 习近平．绿水青山就是金山银山 [N]．人民日报，2014－07－11（12）.

[28] 毛泽东．毛泽东文集：第 4 卷 [M]．北京：人民出版社，1991.

[29] 中共中央文献研究室，国家林业局．毛泽东论林业 [M]．北京：中央文献出版社，2003.

[30] 毛泽东．毛泽东选集：第 1 卷 [M]．北京：人民出版社，1991.

[31] 中共中央文献研究室．建国以来重要文献选编：第 8 册 [M]．中央文献出版社，1994.

[32] 邓小平．邓小平文选：第 3 卷 [M]．北京：人民出版社，1993.

[33] 陆波，方世南．绿色发展理念的演进轨迹 [J]．重庆社会学，2016（9）：24－30.

[34] 张勇．西方绿色政治理念对我国生态文明建设的启示 [J]．北京林业大学学报（社会科学版），2010（2）：57－59.

[35] LEMOS M C，AGRAWAL A. Submitted to Annual Review of Environment and Resources [J]. Environmental Governace，2006.

[36] MORRISON R. Ecological Democracy [M]. Boston：South End Press，1995：3－15.

[37] DRYZEK J S, STEVENSON H. Global democracy and Earth System Governance [J]. Ecological Economics, 2011, 70: 1865-1871.

[38] 王珊珊. 生态学马克思主义探析 [J]. 云南师范大学学报, 2001 (7): 33.

[39] [美] 詹姆斯·奥康纳. 自然的理由 [M]. 臧佩洪, 译. 南京: 南京师范大学出版社, 2003: 199.

[40] 仲素梅. 国外生态马克思主义研究综述 [J]. 山西高等学校社会科学学报, 2016 (7): 28.

[41] 中共中央宣传部. 习近平总书记系列重要讲话读本 [M]. 北京: 学习出版社, 2014.

[42] 李干杰. 深入贯彻习近平生态文明思想 以生态环境保护优异成绩迎接新中国成立70周年——在2019年全国生态环境保护工作会议上的讲话 [N]. 中国环境报, 2019-01-28 (001).

[43] 刘建伟. 习近平生态文明建设思想中蕴含的四大思维 [J]. 求实, 2015 (4): 14-20.

[44] 张森年. 确立生态思维方式 建设生态文明 ——习近平总书记关于大力推进生态文明建设讲话精神研究 [J]. 探索, 2015, (1): 5-11.

[45] 郇庆治. 绿色变革视角下的生态文化理论及其研究 [J]. 鄱阳湖学刊, 2014 (1): 21-34.

[46] 李彦文, 李慧明. 绿色变革视角下的生态现代化理论: 价值与局限 [J]. 山东社会科学, 2017 (11): 188-192.

[47] 王雨辰, 陈富国. 习近平的生态文明思想及其重要意义 [J]. 武汉大学学报 (人文科学版), 2017 (4): 48-55.

[48] 王雨辰. 论西方绿色思潮的生态文明观 [J]. 北京大学学报 (哲学社会科学版), 2016 (4): 17-26.

[49] 彭新沙, 田大伦. 生态学思维方式: 辩证思维方式的当代典型形态 [J]. 湘潭大学学报 (哲学社会科学版), 2012 (2): 139-144, 148.

[50] 曹前发. 习近平同志一路走来的生态情怀 [J]. 毛泽东思想研究, 2019 (2): 51-66.

第三章

经济的生态化变革：绿水青山就是金山银山

经济的生态化变革就是将生态环境纳入经济发展领域，重新认识生态环境在经济发展中的地位和作用，并通过变革经济发展理念、发展方式和经济发展制度实现经济发展和生态环境的和谐双赢目标。“绿水青山就是金山银山”是习近平生态文明思想中最深得人心、最广为传播的理论命题，辩证理性地回答了生态环境保护与经济发展之间的关系，指出优美的生态环境就是最宝贵的物质财富，生动形象地表达了“生态环境就是生产力”的思想，是新时代绿色发展思想的理论基础，是我国经济生态化变革的旗帜。

第一节 “生态环境就是生产力”思想

一、习近平“生态环境就是生产力”的思想

（一）习近平“生态环境就是生产力”思想的提出过程

1. 习近平“生态环境就是生产力”思想的初步萌芽

习近平知青时期是“生态环境就是生产力”思想的萌芽时期。习近平1969—1975年在陕西省延川县文安驿公社梁家河的农村大队插队期间，当地恶劣的生态环境，使他逐步意识到脆弱的生态环境严重阻碍了当地经济的发展，而当地群众为了烧火做饭砍伐草木，造成水土流失，又影响经济发展。引入沼气技术后，实现了“煮饭不烧柴和炭，点灯不用油和电”，不仅解决了农村能源问题，解放生产力，还能对厕所粪便进行处理，提高农村公共卫生水平，更能解决农业肥料问题，提高粮食产量。沼气技术是当时解决农村生产生活问题，减轻生态环境压力，实现经济发展与摆脱贫困双赢的一把钥匙。此时，习近平

已经意识到生态环境与经济发展相互影响，也认识到科学技术在二者关系中起到的作用。

2. 习近平“生态环境就是生产力”思想的逐渐形成

习近平主政地方期间是“生态环境就是生产力”思想的形成时期。这一时期历时较长，从1982年到2007年，他先后在河北、福建、浙江、上海工作，在实际工作中大胆闯大胆试，提出并形成了对经济发展与生态环境关系的新认识。1982—1985年在河北正定工作期间，他开始理性地反思生态环境与经济发展的关系，提出“保护环境，消除污染，治理开发利用资源，保持生态平衡，是现代化建设的重要任务，也是人民生产、生活的迫切要求”①。在实践中因地制宜开展生态环境建设，通过开发、绿化河滩荒滩发展林业，利用区位优势和历史文化资源发展旅游及相关产业，推动经济发展。1985年到厦门工作，他主持编制《1985年—2000年厦门经济社会发展战略》，强调在经济特区发展经济的同时保护自然环境、文化遗产，打造城景交融、自然人文有机统一的“海上花园”。1988年到宁德工作以后，提出因地制宜脱贫致富，要“靠山吃山唱山歌，靠海吃海念海经”，把山海变成致富的银行。1992年福州工作期间，习近平将生态环境列入经济社会发展战略的高度，主持修订了《福州市20年经济社会发展战略设想》，不仅使用了“生态环境”概念，还提出“城市生态建设”和综合治理的思想。世纪之交，习近平又率先提出“建设生态省”的战略构想，积极探索“生产发展、生活富裕、生态良好”的文明发展道路。2002—2007年主政浙江期间，习近平提出的建设“绿色浙江”和“浙江生态省”的战略目标，蕴含着经济生态化与生态经济化的辩证统一。2005年习近平在浙江安吉县考察首次提出“绿水青山就是金山银山”的论断。习近平“生态环境就是生产力”思想在22年地方工作实践中逐渐形成。

3. 习近平“生态环境就是生产力”思想走向成熟

2007年习近平担任国家领导人之后，更多地从国家发展的全局出发，对“生态环境就是生产力”思想进行理论总结和补充完善。2013年4月习近平在海南考察时强调“保护生态环境就是保护生产力，改善生态环境就是发展生产

① 正定县委．正定县经济、技术、社会发展总体规划．//曹前发．习近平同志一路走来的生态情怀［J］．毛泽东思想研究，2019（2）：51－66.

力。青山绿水、碧海蓝天是建设国际旅游岛的最大本钱，必须倍加珍爱、精心呵护”①。将生态环境与生产力和发展的最大本钱联系起来，强调生态环境的生产力性质和经济发展价值，明确提出生态环境就是生产力思想。同年5月在主持十八届中央政治局第六次集体学习的讲话中再次重申“要正确处理好经济发展同生态环境保护的关系，牢固树立保护生态环境就是保护生产力、改善生态环境就是发展生产力的理念”②。2016年3月7日习近平在参加十二届全国人大四次会议黑龙江代表团审议时还指出，“绿水青山是金山银山，黑龙江的冰天雪地也是金山银山”“冰天雪地也是金山银山”与“绿水青山就是金山银山”相得益彰，是对“生态环境就是生产力”思想的补充和完善。习近平“生态环境就是生产力”思想进一步走向成熟。

（二）习近平“生态环境就是生产力”思想提出的基本依据

习近平“生态环境就是生产力”思想从理论渊源上来说首先来自马克思主义创始人的自然生产力思想。马克思关于生产力的理论是历史唯物主义思想的基础。他从人与自然的辩证关系入手指出，为了生存下去人类必须与外界进行物质能量交换，从事的第一个活动就是物质生产活动。物质生产活动本身既包括人的生产能力也就是体力、智力及社会组织力，还包括自然界本身的生产力，由劳动者、劳动对象和劳动工具三个主要因素构成。自然生产力与社会生产力相结合并贯穿于物质生产活动的全过程，不仅为生产活动提供自然物质与能量，还在再生产过程中通过自然物质自身的物理、化学和生物过程发挥作用。③ 所以马克思认为自然生产力是生产力的基础，没有自然生产力人类无法进行生产活动，也就无法生存。习近平总书记非常重视学习历史唯物主义基本原理和方法论，以便更好地认识社会发展规律，更加能动地推进各项工作。他在《青海省考察工作结束时的讲话》中说：

党的十八大以来，我反复强调生态环境保护和生态文明建设，就是因

---

① 习近平在海南考察强调：谱写美丽中国海南篇［N］．人民日报，2013－04－11.

② 习近平．习近平谈治国理政［M］．北京：外文出版社，2014：209.

③ 黎祖交．对生产力理论的重大发展——学习习近平总书记关于保护和改善生态环境就是保护和发展生产力的论述［J］．绿色中国，2019（11）：36－41.

为生态环境是人类生存最为基础的条件，是我国持续发展最为重要的基础。“天育物有时，地生财有限。”生态环境没有替代品，用之不觉，失之难存。①

这段话一方面反映了对生态环境作用和价值的认识，另一方面反映了对生态环境生产力的有限性和承载能力的认识。他还反复引用马克思在研究这一问题时列举的波斯、美索不达米亚平原、希腊等由于生态环境破坏导致土地荒芜的事例作为警示。因此可以说习近平对“生态环境就是生产力”的思想直接来源于马克思自然生产力思想。

其次来源于生态学理论对人与自然、社会系统的科学认识。长期以来人们对自然生产力的认识主要强调它的资源利用价值，从自然界获取自己所需的原材料。工业革命大大提升了人类的生产力水平，加大对资源环境的掠夺能力，而忽视生态系统的承载力，导致环境污染、资源枯竭和生态环境退化等各种生态环境问题和危机，威胁到人类呼吸、饮水、食物安全等最基本的生存需求。习近平总书记在中央财经领导小组第五次会议上讲话时，针对水安全问题，一针见血地指出：

形成今天水安全严峻形势的因素很多，根子上是长期以来对经济规律、自然规律、生态规律认识不够，把握失当。把水当作取之不尽用之不竭、无限供给的资源，把水看作是服从于增长的无价资源，只考虑增长，不考虑水约束，没有认识到水是生态要素，没有看到水资源、水生态、水环境的承载能力是有限的，是不可抗拒的物理极限。②

可见，习近平总书记把自然资源作为生态要素来看待，注重从自然规律、生态规律的视角认识问题，坚持系统思维。生态系统的观念被引入人类生产生活领域，形成了人类生态环境是以人类为主体的整个外部世界的总体，是人类

① 习近平．习近平关于社会主义生态文明建设论述摘编［M］．北京：中央文献出版社，2017：13.

② 习近平．习近平关于社会主义生态文明建设论述摘编［M］．北京：中央文献出版社，2017：54.

赖以生存和发展的物质基础、能量基础、生存空间基础和社会经济活动基础的综合体的新认识。生态环境的生存价值和系统价值得到承认，提升环境质量、扩大环境生态容量、保持系统生态平衡的能力等观点被习近平“生态环境就是生产力”思想接纳吸收。

最后，中华人民共和国成立以来处理环境与发展关系的经验教训是习近平“生态环境就是生产力”思想的直接依据。1958 年到 1960 年“大跃进”期间，为快速、片面地增加生产，违背了自然规律和经济发展规律，造成环境污染和自然生态破坏，工农业生产难以为继，国民经济遭受重大挫折。70 年代以后随着世界范围内对环境问题的关注不断增强，我国环境污染尤其是水污染影响了人民的生活和身体健康，环境保护成为我国的基本国策，生态经济也如火如荼地发展起来，为经济的快速发展提供支撑。90 年代以后可持续发展和科学发展观的提出，使全面协调可持续的发展观念获得普遍认同，经济生态化，协调人与自然的关系，实现经济效益、社会效益、生态效益相统一等新观点被提了出来。这些思想观点和实践经验教训为习近平“生态环境就是生产力”思想提供了直接的思想前提和经验支持。

（三）习近平“生态环境就是生产力”思想的内涵

习近平“生态环境就是生产力”思想从思想理论高度揭示了生态环境与生产力之间的关系，是对马克思主义生产力理论的继承与发展，具体包括以下两层含义。第一层含义是把保护和改善生态环境纳入生产力的内容。长期以来，人们从人与自然矛盾对立方面，将生产力作为人类认识自然、利用自然、改造自然，从自然界获得物质资料的能力，体现了人类对自然界的征服力。习近平总书记提出“保护生态环境就是保护生产力，改善生态环境就是发展生产力”这一论断，从人与自然和谐统一方面，将“保护和改善生态环境”纳入生产力的范围，是对传统生产力内容的补充和完善，深化和丰富了生产力的内涵。第二层含义在于进一步指出生态环境生产力的本质是复合生态系统的力量。马克思主义话语体系当中自然是属人的、人化的自然，人与自然不可分割。人类生态学创立后人类被纳入自然生态系统之内，既包含了人类又包含了人类赖以生存、从事生产和生活活动的包括山水林田湖及其生物和非生物资源在内的属人生态系统。“在人类社会发展的任何一个水平上，社会物质生产过程不仅包括人的生产活动而且包括自然界本身的生产力。”① 人类只有在把握了系统规律之后才能在实践活动中运用规律达到自由，而不会由于对自然界的盲目的征服受到自然界的报复。因此生态环境生产力是一种包含人类在内的系统力量。总之，习近平“生态环境就是生产力”的思想包含着将生态环境整体系统视为生产力的内在变量，蕴含着尊重自然、顺应自然、保护自然，追求人与自然和谐发展的生态文明理念和价值诉求。生产力理论生态化变革是经济理论的生态化变革的标志。

二、旧的经济与生态环境关系的解构

解构是后现代主义认识事物的一种方法或手段，是对“形而上学”二元对立、非此即彼的认识方法的批判，因此它更强调二元的统一或多元中心。解构方法认为现存的所有概念、观点和理论都是历史发展着的，处于不断生成之中，因此是可以被否定、拆分和不断重新定义的。当然解构也不全部是完全否定或彻底摧毁传统，也可以是对传统的概念、观点和理论的重新解读、补充和发展。因此，它是建立在新的世界观之上的历史的辩证的考察方法。“生态环境就是生产力”思想对旧的经济与生态环境关系的解构首先是对经济与生态环境对立关系思想的解构，同时伴随着对生产力概念、经济发展观念和经济增长方式的解构。

（一）对生态环境与经济发展相对立观念的解构

长期以来，我国面临着保护环境与发展经济的两难选择，存在要实现经济发展不可避免地要破坏生态环境，为了发展必须付出生态环境代价的现实，反过来要面对保护生态环境必然牺牲经济发展的问题，目前生态环境问题的集聚效应就是经济高速增长的副产品。环境保护与经济发展二者之间是矛盾对立的。对这一观念的解构首先从对经济发展内涵的拷问开始。什么是经济发展？经济发展就是用 GDP 加以衡量的物质或服务数量的快速增长吗？在认识这些问题的过程中，经济发展质量作为经济发展数量的对立面被提了出来。经济发展不等于经济增长，还包含经济结构、社会结构和收入分配的变化，是质量和数量的

① 马克思，恩格斯．马克思恩格斯全集：第 26 卷［M］．北京：人民出版社，1972：500.

统一。其次是对经济增长与环境质量关系的解构。面对经济增长和生态环境质量的直接冲突和尖锐对立，人们不禁要问：随着经济的不断增长，环境质量如何变化？对于这些问题的回答存在两种截然不同的观点，一种认为经济和人口不断增长会加剧资源短缺、环境破坏，导致大自然失衡，最终导致经济下滑，增长停滞。另一种则强调人类社会经济的发展可通过技术创新、控制人口、保护地球等方式实现持续的增长。而且随着经济的增长，人类干预环境和经济的技术和能力不断增强，环境质量也会向好的方向发展，“环境库兹涅茨曲线理论”通过倒 U 曲线对此做了形象的描述。最后是对经济与环境矛盾关系的作用要素和机理分析。环境和经济的矛盾不是简单的线性关系，只有通过对作用要素和机理分析才能最终解构这一思想观念。对于这一问题的认识也存在不同的观点，比较有影响力的观点有“人类需求变化说”和“规模、技术、结构效应说”等。这些观点都认为生态环境与经济发展的关系是在人类实践活动中介影响下的复杂关系作用合力的结果，它对将生态环境与经济发展关系简单归结为冲突与矛盾的认识批驳具有很强的说服力，从更加微观的层面上解构了原有的经济环境关系说。《在参加十二届全国人大二次会议贵州代表团审议时的讲话》中习近平总书记以贵州为例对这一观点进行批判。

> 有人说，贵州生态环境基础脆弱，发展不可避免会破坏生态环境，因此发展要宁慢勿快，否则得不偿失；也有人说，贵州为了摆脱贫困必须加快发展，付出一些生态环境代价也是难免的、必须的。这两种观点都把生态环境保护和发展对立起来，都是不全面的。①
>
> 绿水青山和金山银山决不是对立的，关键在人，关键在思路。②

由此可见，习近平总书记认为将生态环境和经济发展简单对立起来的观念是不全面的，造成这种错误关键在于人的思路出了问题，必须转变思路，更加全面地认识经济发展与生态环境的关系。

---

① 习近平．习近平关于社会主义生态文明建设论述摘编［M］．北京：中央文献出版社，2017：22.

② 习近平．习近平关于社会主义生态文明建设论述摘编［M］．北京：中央文献出版社，2017：23.

（二）对传统生产力概念的解构

长期以来，传统生产力被定义为人类认识、利用和改造自然，从自然界获得物质资料的能力的生产力概念，是旧的生态环境与经济发展关系的概念基础。因此，对传统生态环境与经济关系理论的解构必然从对旧的生产力概念的质疑与解构开始。当前对生产力概念的质疑和解构体现在三个方面。第一，对传统生产力概念认识的来源提出质疑。马克思、恩格斯虽然对生产力理论做了丰富的阐释，但是没有明确界定生产力概念，原有的马克思主义的生产力概念源于斯大林1938年提出的“人们同自然界作斗争以及利用自然界来生产物质资料”，此概念没有准确把握马克思生产力理论的本质内涵，因此，要通过对马克思生产力理论的重新解读和再认识来重新界定和把握生产力概念。第二，对传统生产力概念产生的时代精神的剖析。传统生产力概念是在以人为中心代替以神为中心的人文意识觉醒和机械力学为主导机械论世界观处于统治地位的时代背景下形成的。它强调人的主动性和能动性，把自然看作被动的、死的、可操纵的对象，把人与自然割裂开来，张扬人的中心地位。这种为追求物质利益的满足，形成的征服和控制自然的生产力概念，必将随着人类认识和社会发展而被修改和补充。第三，对传统生产力概念形成的经济基础认识。传统生产力概念是建立在近代工业革命带来的工业化和资本主义制度对物质利益的永无休止的追求之上形成的。工业革命带来生产工具的大革命，资本积累带来社会力量的集聚，极大地增强了人类改造自然的能力，在创造出巨大的物质财富的同时也带来对自然的无视和无限掠夺。这些成果同时也为“生态环境就是生产力”思想的提出奠定了基础，其中蕴含的关于生产力概念的新认识是对建立在人与自然这一矛盾统一体不全面认识基础之上旧的生产力概念的否定，是随着生态危机、经济发展实践和对马克思主义经典作家思想的进一步认识而产生的，是对旧的狭隘的生产力概念的超越。

（三）对将经济增长作为经济发展目的观念与实践的解构

对生态环境和经济发展关系的再认识表明二者之间具有非常复杂的关系，以往对两者关系的简单化处理和认识与对经济扩张与增长的盲目追求密不可分，并带来了对经济增长动机和目的的解构。在我国经济发展中长期存在将经济增长速度作为评价经济发展成效根本标准的“唯GDP”论。然而，首先，经济的快速增长和物质财富的增多不仅没有减轻贫富差距、带来社会公平反而导致高消费高浪费现象和社会阶层的分化，财富越来越集中到部分人的手中，经济增长过程中的效率和公平问题被尖锐地提了出来。其次，经济的增长和物质财富的增长虽然在一定程度上提高了物质生活水平，同时也带来了享乐主义和精神生活的空虚，形成了畸形片面的生活满足，广大人民群众的总体生活质量没有提高。再次，片面追求经济增长和物质财富导致了生态环境的急剧破坏，使人类整体利益和长远发展面临危机。经济增长需要新的原材料的投入，为了谋求快速增长必然加大对自然物质资源的开发与开采，再加上技术条件的限制和对生态环境破坏的无视，导致资源约束趋紧、生态系统退化和环境污染严重的发展困境。最后从更深层次上来看以物质财富的多寡来评价人的价值，在一定程度上导致对人的价值的片面认识，不利于人的全面发展的社会发展目标的实现。仅仅把个人当作谋求财富的手段，主张经济个人主义和片面的物质享受，导致人本身需要满足的异化和物欲膨胀，鲜明地体现了人对物的依赖性，也从根本上否定了以人的独立性为基础的自由而全面的发展。“生态环境就是生产力”思想表明了生态环境对经济发展的重要意义，将生态环境纳入经济发展体系当中，坚持了人与自然关系和谐，使经济发展与生态环境保护相得益彰。“不简单以国内生产总值增长率论英雄”，强调绿色发展和生态环境质量对经济发展的贡献是对物本经济发展观和生产实践的批判与否定。

（四）对粗放型经济增长方式的解构

经济增长方式，就是指推动经济增长的各种生产要素投入及其组合的方式，其实质是依赖什么要素，借助什么手段，通过什么途径，怎样实现经济增长。长期以来我国经济增长采取的是以生产要素投入为主的粗放型经济增长方式。这种增长方式与追求经济快速增长的目标密不可分，因为加大生产要素的投入是获得更多产出的最简单和有效的办法。对这种经济增长方式的解构首先从与其他国家单位 GDP 能耗的国际比较切入。国际能源署统计，近年来尽管中国单位 GDP 能耗有所下降，但仍是日本的 7 倍左右，相当于世界均值的 2 倍。2011 年，我国 GDP 占全球的 10.48%，却消耗了世界 60% 的水泥、49% 的钢铁和 20.3%

的能源。① 长期以来中国能源资源高消耗已经成为一个不争的事实，也表明中国降低能源资源消耗有着很大的空间。其次，能源资源高消耗增长面临困境。中国幅员辽阔，资源丰富，是世界上为数不多的大型资源国之一，但是中国的基本国情是人口众多，资源分布相对不均，环境承载能力弱。长期粗放式的增长方式导致资源环境能力接近极限，支撑经济增长的生产要素低成本优势逐渐减弱，粗放型增长方式依靠低成本高消耗带动的增长面临挑战，增长的困境是对该增长方式最直接、最根本的否定。最后，从经济增长方式转变到经济发展方式转变。经济粗放型增长问题长期受到质疑然而却从未改变，不仅经济增长的环境压力越来越大，而且形势严峻的生态环境影响到了人民日常生产生活，其中的原因是什么？“生态环境就是生产力”的提出对这一问题做出了回答和响应，经济发展不仅包括富足的物质还应包括提供优美生态环境在内的人民生活各个方面的改善。为此，必须转变原有的粗放型经济增长方式。

三、“生态环境就是生产力”思想对生态环境与经济发展关系的重构

（一）对生态环境与经济发展关系思维方式的重构

“生态环境就是生产力”思想运用生态系统思维考察生态环境与经济发展的关系，实现了思维方式的重构。长期以来生态环境保护和治理被看作是经济发展的外部制约因素，是被迫承担的额外成本。“生态环境就是生产力”思想则将生态环境看作是促进经济发展的驱动力量，与土地、劳动、资本和技术等生产要素一起组成经济发展的生产力要素系统。保护和改善生态环境就是保护和改善生产力，是经济发展的重要内容。地区经济发展必须结合生态环境的特点和优势，实现相互促进和良性互动。习近平总书记将其形象地表达为“绿水青山就是金山银山，冰天雪地也是金山银山”。生态环境保护和治理也不再是头疼治头脚疼治脚的被迫行为，而是为了获得更好效益的长远可持续的经济投资。生态环境和经济发展都不是孤立运行的系统，而是相互作用的复合生态系统，经济发展规律和自然生态规律成为其必须遵循的内在规律，为根本解决生态环境和经济发展之间的矛盾，推动经济社会持续发展提供全新的思路和途径。总之，“生态环境就是生产力”思

---

① 任仲平．生态文明的中国觉醒［N］．人民日报，2013－07－22（001）．

想运用生态系统思维方式，是将人类社会经济系统与生态环境系统作为有机整体进行思考和认识的成果，进而将生态环境保护与经济发展统一起来，成为经济发展的内容、目标和动力，揭示了生态环境与经济协调发展的内在统一性，成为构建生态文明理论和指导生态文明建设实践的思想基础。

（二）对生产力概念的重构

生产力是用来表征人与自然关系的范畴，也是构建经济理论的核心概念之一。长期以来生产力被定义为人类征服自然、改造自然，创造物质财富的能力。然而，实践过程中生态环境破坏带来生产力的破坏甚至毁灭的现象比比皆是。污染的土地即使生产出食物也因其有毒不能食用。污染的水不仅不能饮用，还会消灭了水生动植物。污染的空气直接带给人类疾病甚至危及生命。“生态环境就是生产力”以一种对现行生产力否定的形式展现出来，体现出对生产力概念新内涵的认识。“生态环境就是生产力”对生产力概念内涵的重构体现在两个方面。首先是对人与自然关系的完善。人与其生态环境是一个系统整体，二者相互影响相互制约，为了保持系统整体相对稳定的动态平衡，人类改造自然和保护自然的行为都是生产力的内容，保护和改善生态环境就是保护和发展生产力。其次是对生产力内容的重构。以往创造物质财富，数量多寡是生产力的主要甚至是唯一内容和衡量标准。“生态环境就是生产力”的提出增加了生态环境质量提升的维度，生产力的内容不仅仅是指物质财富的多寡，还包括生态系统整体协调平衡运行的优化，这样生产力概念就具有了量和质的双重维度。生产力不仅仅是人与自然实现物质交换的力量，更重要的是良性、可持续的物质交换的力量，归根到底是人的认识和能力的全面提升，具有了人与自然和解的生态化变革意义。

（三）对经济发展理念的重构

“生态环境就是生产力”思想还带来了经济发展观念的一系列变革。首先是对财富观的重构，建立绿色（环境）财富观。“生态环境就是生产力”“绿水青山就是金山银山”指出自然资源、生态环境也是财富，而且是比金钱和人造资产更具基础性和本源性的财富，是财富的源泉之一。[①] 良好的生态环境对人类的

① 黎祖交．“两山理论”蕴涵的绿色新观念［J］．绿色中国，2016（5）：64－67.

健康生活甚至生存都具有重要的价值，一旦遭到破坏，对人类生存造成的毁灭性打击是再多财富也无法弥补的，“生态环境没有替代品，用之不觉，失之难存”。“先污染后治理”不仅不能带来财富，还会失去曾经创造的财富，更进一步地失去创造财富的根基。相反，在一定条件下“生态优势可以转化为经济优势”，带来源源不断的财富，关乎长远发展的大计。其次是对发展观念的重构，树立绿色发展观。“生态环境就是生产力”坚持生态环境保护和经济发展的统一，要求在经济发展的同时保护环境，在保护环境的前提下发展经济，是实现生态环境和经济发展双赢的发展观。习近平总书记提出追求人与自然和谐的绿色发展理念、不谋求 GDP 快速增长的经济发展新常态和“小康全面不全面，生态环境质量是关键”等思想论断，从不同的角度展现了发展观念的革新，阐释了绿色发展的内涵和意义。最后是对幸福观的重构，提出生态幸福观。幸福观是人们的需要得到满足后的内心状态，与经济发展观相互联系、相互支撑，在不同的历史阶段，人们对幸福的认定是不同的，具有鲜明的时代性。习近平总书记提出建设美丽中国的号召迅速得到全社会的认可，也体现了新时代中国人民所追求的幸福是什么，体现在人民群众对天蓝、地绿、水清等人类赖以生存繁衍的良好生态环境和生态产品需求的满足，体现在富与美、人与自然、人与人、人与自身的和谐。生态幸福观本质上就是坚持系统的、整体的、共生互动的和面向未来的生产生活观念的综合。

（四）对经济发展方式的重构

“生态环境就是生产力”思想把生态环境转化为促进经济内在增长的驱动力量，将生态环境问题和经济发展问题融为一体来思考，为经济发展方式的绿色转型提供了前景。首先就经济发展动力来看，节能环保的能源和产业不断兴起。保护和改善生态环境最重要的是源头治理，破坏生态因素的减少或消失是根本，低碳环保的生产方式是从源头进行保护的方式。党的十九大报告提出“建立健全绿色低碳循环发展的经济体系”“壮大节能环保产业、清洁生产产业、清洁能源产业”“构建清洁低碳、安全高效的能源体系”“推进资源全面节约和循环利用”都是“生态环境就是生产力”思想指导下经济发展方式生态化的有力表达。其次从“生态环境就是生产力”思想最根本的要求来看，是将环境潜能转化为经济发展的持久力量。充分发挥生态环境的生产力作用才能长远地或根本上实现环境保护和经济发展的双赢，实现绿色发展思想的最终目的。关键点就是要在尊重自然规律的前提下因地制宜地开发生态环境资源，发挥生态环境的再生能力和综合潜能，在为人们提供更多的生态产品供给的同时带来更多的经济效益。总之，“生态环境就是生产力”思想将生态环境与经济发展体系作为整体系统考察，为转变经济发展方式提供了新的可能性和新的思路，也将经济发展纳入人与自然的生态大系统当中，为经济发展综合协调提供更广阔的空间。

四、“生态环境就是生产力”思想与生态文明的经济基础

“生态环境就是生产力”思想的重要意义体现为它在生态文明经济建设中的基础地位上。首先，“生态环境就是生产力”思想为生态文明建设提供理论基础和实践指引。根据马克思历史唯物主义观点，人类文明是建立在一定生产力发展的基础之上的，生产力的发展与变革是文明进步与变革的最重要标志。农业技术的发展带来农业文明，人类告别直接消费自然的茹毛饮血时代，工业技术的发展带领人类进入工业文明时代，工业文明通过开采和加工不可再生资源，积累起来巨大财富，但是这种对资源的掠夺性开采和对生态环境的破坏不断摧毁人类生存的根基，也导致了人类自身的崩溃和生态文明的兴起。生态文明是对工业文明的辩证否定与超越，是人类文明精神的发展与经验的升华，是人类主观能动地建构自身命运，追求人与自然、社会和谐统一的文明形态，代表了人类文明发展进步的方向。生产力是人类文明进步的根本动力，也是维护文明的基本力量，“生态环境就是生产力”思想重新建构了生产力概念，拓展了生产力内容，带来了经济发展理念和发展方式的质变，引导社会生产技术体系变革的方向，为生态文明提供了理论支持，引领生态文明实践变革生产力的方向，是生态文明建设的明显标志。其次，“生态环境就是生产力”思想决定着人类生产关系质变的方向。生产力决定生产关系这是历史唯物主义的基本原理，生产力代表了人与自然的关系，是人类获取生活资料的方式，获取生活资料的方式决定着社会人的组织形式，因此，生产力的变革必然带来生产关系的变革与重组。“生态环境就是生产力”所引起的生产力变革表现了人与自然关系的变革，也必然引起人与人之间关系的变革，追求人与人、人与社会关系和谐的社会主

义生产关系获得最有力的支撑。人类在生产方式上实现了“两个和解”，构成了新生态文明的经济基础，对旧文明而言所发生的是质的变革。最后，生态文明的经济基础是建立在生态环境生产力基础上的生态经济。生态经济是经济发展过程中，由经济体系的内生力量来实现生态效应、经济效应和社会效应的协调统一，推动自然—人—社会复合生态系统的持续、协调、全面发展的新兴经济系统。① 生态文明经济不仅理论上立足于自然—人—社会复合生态系统，强调系统内部的持续、协调发展，而且要求在生产生活实践活动中全面贯彻执行，推动形成绿色发展方式和生活方式，“让良好生态环境成为人民生活的增长点、成为经济社会持续健康发展的支撑点”②。

第二节 建立健全绿色低碳循环发展的经济体系

一、绿色发展与经济生态化和生态经济化

“生态环境就是生产力”思想不仅带来经济发展新理念，而且带来经济发展方式的转型升级。习近平总书记在不同的场合强调“生态环境问题归根到底是经济发展方式问题”“生态环境保护的成败，归根结底取决于经济结构和经济发展方式”“必须加快构建绿色生产体系”等观点。这些观点体现了经济发展方式对生态环境的重要意义和绿色发展在生态文明建设中的根本地位。因此，建设生态文明的关键在于在实践中坚持绿色发展理念，不断创新和完善绿色发展方式，实现经济效益、社会效益和生态效益的统一。习近平总书记用“绿水青山”和“金山银山”形象地讲述实践中经济发展与生态环境关系发展的阶段历程。

第一个阶段是用绿水青山去换金山银山，不考虑或者很少考虑环境的

① 郑国诜，廖福霖．生态文明经济的发展特征［J］．内蒙古社会科学（汉文版），2012（3）：102－107.

② 央视网．习近平在中共中央政治局第四十一次集体学习时强调：推动形成绿色发展方式和生活方式，为人民群众创造良好生产生活环境［A/OL］．央视网，2017－05－27.

承载能力，一味索取资源。第二个阶段是既要金山银山，但是也要保住绿水青山，这时候经济发展和资源匮乏、环境恶化之间的矛盾开始凸显出来，人们意识到环境是我们生存发展的根本，要留得青山在，才能有柴烧。第三个阶段是认识到绿水青山可以源源不断地带来金山银山，绿水青山本身就是金山银山，我们种的常青树就是摇钱树，生态优势变成经济优势，形成了一种浑然一体、和谐统一的关系，这一阶段是一种更高的境界，体现了科学发展观的要求，体现了发展循环经济、建设资源节约型和环境友好型社会的理念。以上这三个阶段，是经济增长方式转变的过程，是发展观念不断进步的过程，也是人和自然关系不断调整、趋向和谐的过程。①

习近平总书记简洁形象地勾画出我国经济发展的历程和方向。目前我国的经济发展已经走出了第一个阶段，总体处于第二个阶段，但是由于经济发展的不平衡性特征，有些地区已经迈入第三个阶段。在第二阶段人们已经认识到绿水青山的重要性，追求“两座山”之间关系的协调发展，实现经济发展的生态化变革。经济发展的生态化变革是针对第一阶段一味追求金山银山带来的“黑色”发展恶果提出的，是绿色发展的一种表现形式，即综合考虑生态效益和经济效益，在保护环境、节约资源的基础上，将经济发展限制在生态环境的承载范围之内。第三阶段即将保护生态环境内化为经济发展的动力，在保护中发展在发展中保护，生态优势和经济优势相得益彰，和谐统一，实现生态经济化。生态经济化是绿色发展更高的表现形式，充分展示了生态环境的生产力价值。党的十九大报告对绿色发展做了如下表述：

加快建立绿色生产和消费的法律制度和政策导向，建立健全绿色低碳循环发展的经济体系。构建市场导向的绿色技术创新体系，发展绿色金融，壮大节能环保产业、清洁生产产业、清洁能源产业。推进能源生产和消费革命，构建清洁低碳、安全高效的能源体系。推进资源全面节约和循环利用，实施国家节水行动，降低能耗、物耗，实现生产系统和生活系统循环

① 刘融，等. 中国为什么提“绿水青山就是金山银山”？［A/OL］. 人民网，2019－09－09.

链接。倡导简约适度、绿色低碳的生活方式，反对奢侈浪费和不合理消费，开展创建节约型机关、绿色家庭、绿色学校、绿色社区和绿色出行等行动。①

这段话表明当前我国绿色发展的主要内容和重点任务包括建立绿色生产和消费的法律制度和政策、绿色低碳循环发展的经济体系，市场导向的绿色技术创新体系，绿色金融体系，节能环保清洁生产，清洁低碳安全高效的能源体系，低碳循环生产体系，简约适度绿色低碳的生活方式等内容，概括来说就是绿色发展要求推进经济领域的全面生态化转型。其中建立绿色低碳循环发展的经济体系是关键，也就是要求建立节能环保清洁又集约高效可持续的经济发展方式，实现经济生态化和生态经济化。

经济生态化和生态经济化的共同之处在于无论经济发展还是生态环境保护都要尊重生态规律和经济规律。但是两者的侧重点不同，经济生态化强调经济发展不仅要尊重经济规律，还要尊重生态规律。生态经济化则强调生态环境保护和改善无法摆脱特定社会条件的制约，在尊重生态规律的同时也要遵守社会发展规律和法则，在当前市场经济主导的框架下生态保护与建设要遵守市场经济规律，通过生态环境资本化转化为经济效益，实现经济发展与生态环境的双赢。目前经济生态化主要包括低碳经济和循环经济两种形式，生态经济化主要包括提供生态旅游、绿色商品以及相关联的生态服务业等生态经济形式。

二、建立健全绿色低碳循环经济体系

根据十九大的要求建立健全绿色低碳循环发展的经济体系，必须以低碳循环发展为基石，以生态化经济产业为关键，加快形成节约资源和保护环境的产业结构和生产方式，实现经济发展与生态环境保护协同共进。2018 年 5 月，习近平总书记在全国生态环境保护大会上将“以产业生态化和生态产业化为主体的生态经济体系”作为加快构建生态文明体系的五大内容之一。产业生态化的主要形式是低碳经济和循环经济，生态产业化主要强调发展生态产业。

---

① 习近平．决胜全面建成小康社会 夺取新时代中国特色社会主义伟大胜利——在中国共产党第十九次全国代表大会上的报告［M］．北京：人民出版社，2017：30.

（一）低碳经济

低碳经济是通过提高化石能源的使用效率或者充分利用清洁可再生的新能源，以减少碳排放带来的环境污染为目的的经济发展体系。其本质是通过高效利用能源、改善能源结构和开发清洁能源，缓和或解决经济发展与环境保护的矛盾关系，实现二者双赢。低碳经济体系主要包括低碳技术开发与利用、建立低碳能源系统和发展低碳产业体系等内容。低碳技术开发与利用是通过清洁、净化和捕捉等技术手段，减少或消除高碳能源在使用过程中的碳排放量而形成的技术系统。目前主要技术包括清洁煤技术、尾气处理以及二氧化碳捕捉与存储技术等。建立低碳能源系统是指清洁可再生能源开发，主要包括增加风能、太阳能及地热等自然能源，以核能为代表的清洁新能源和以生物乙醇、沼气为代表的生物能源等的使用，以替代传统化石能源，实现能源结构的根本转变，从源头上实现低碳发展。发展低碳产业体系是从产业结构调整优化升级的角度来说的，通过支持新能源汽车、核电设施建设、智慧能源装备等高效节能储能产业和可再生能源产业发展，淘汰落后、高污染产业。衡量和评价低碳经济的核心指标是碳生产力，也就是单位二氧化碳排放所产出的GDP。碳消耗与产出的比率，直观表现了碳利用效率，是低碳技术、能源系统和产业结构综合水平的体现，从整体上反映低碳经济综合水平的高低。建立低碳经济体系的意义非常重大，首先它涉及的范围很广。不仅涉及最根本的能源开发与利用，还涉及工业结构调整和产业升级，以及低碳技术与服务，关系到国家经济发展的方向。其次，它是当前实现经济发展与生态环境保护双赢的最实际的途径。在现有生产力发展水平上，有效地解决经济发展和生态环境保护实践中的困境，实现双赢，节能减排是最直接有效的基本途径、最直接的手段。最后，它为后发地区继续发展提供了借鉴。面对低碳经济发展的趋势，欠发达地区不能再走高污染高消耗、先污染后治理的老路，充分利用先进技术和本地清洁可再生能源发展低碳经济，实现经济发展方式的低耗能、低污染、低排放，走清洁可持续的生态文明发展道路。

（二）循环经济

习近平总书记指导下指定的“十三五”规划明确提出“实施循环发展引领计划，推行企业循环式生产、产业循环式组合、园区循环式改造，减少单位产出物质消耗”，表明发展循环经济是实现经济发展与生态环境保护协调发展的重要途径，也是实现产业结构调整与优化，促进资源永续利用的重大战略措施。循环经济的提出是对人类经济活动的反思。传统观点认为经济过程实质上就是将各种资源转化为人类可利用的产品供自己消费，消费完成后产生废弃物的过程，简单地描述为“资源—产品—废弃物”的单向线性经济。然而生态学却告诉我们，自然生态系统是一个物质能量相互转化和守恒的系统，生物界和非生物界通过物质能量交换构成一个循环系统。经济生产过程也可以仿照生态系统循环过程实现物质和能量的循环利用，构成“资源—产品—废物再利用—产品”的循环经济模式。循环经济就是以减量化、再利用、资源化为特征的资源回收循环再利用。循环经济在我国工农生产实践中得到了较快发展，形成了不同的模式。在农业经济发展中主要有种养加工复合模式、立体复合循环模式及物质再利用模式。种养加工复合模式依托并整合当地优质的农业资源，大力发展“种植—养殖—农产品深加工”的循环经济，该模式是以种植业、养殖业、加工业为核心实现三者之间循环利用。比如豆类、果品加工废料用于养殖，产生的动物粪便用作种植肥料等。立体复合循环模式是根据不同产业空间要求的不同实现对空间的综合利用，常见的是林业为主的丘陵山地形成的林业和林下经济复合循环，比如，南方的桑蚕业，在桑树林中套种大豆、花生等经济作物或者养殖鸡鸭猪等，在充分利用空间的同时，还能增强土壤肥力，实现良性循环。北方的林果经济，在果树林中发展养殖业或者种植菌类、蔬菜等也能达到同样的效果。此外还有稻田养殖等也是立体循环农业的典型。物质再利用模式也就是农业废弃物的循环利用。比如农作物的秸秆、牲畜粪便等可以放入沼气池产生沼气用来照明煮饭，或者养殖、还田，达到农业废弃物的能源化、饲料化、肥料化，不仅有利于环境清洁，还能达到节约资源能源的效果。在工业经济发展中主要是生态工业园区模式，这是通过建立工业园吸引较多企业入驻，利用企业之间的物质能量循环实现再利用，达到节约资源，减少废物排放的效果，提高生产效益和生态效益。这种循环主要通过上下游企业之间，不同产业之间，生产过程相互连接，相互融合，形成多产业并举的循环经济体系。也可以是以某一核心企业或产业为中心，其他企业或产业围绕在它周围，利用其剩余资源开展生产加工的聚集性经济模式。

（三）生态产业经济

无论是党的十八大提出“要增强生态产品生产能力”，还是十九大提出“要提供更多优质生态产品”都是党为满足人民的新需要做出的积极回应。发展生态产业经济，增强生态产品生产能力，提高生态产品供给能力和水平对我国经济发展至关重要。生态产业经济是以提供优质生态产品和服务为中心，以生态产品生产和再生产为主线，在保证生态环境系统良好的前提下，将生态环境优势转化为经济发展优势，形成“生态+”产业经济体系。生态产业经济主要包括生态产品开发利用和生态旅游两个部分。生态产品开发利用是指直接利用生态环境资源开发生产出的绿色环保产品，再通过市场交换将生态资源转化经济效益。生态产品主要包括地理标志产品、绿色水果和蔬菜、特色资源产品加工等。比如辽宁鞍山的南果梨、浙江安吉的竹饮料、竹家具、竹板材等。生态旅游是以生态学原则为指针，以生态环境和自然环境为基础开展的一种既能获得社会经济效益，又能促进生态环境保护的边缘性生态工程和旅游活动。生态旅游是特色自然生态资源和人文资源的融合，是当前旅游业发展的龙头，主要包括自然风景区、地质公园、沙漠旅游、草原旅游、温泉养生旅游等内容。生态旅游还会带动餐饮服务和特色产品加工等产业的发展，对生态产业综合开发具有很强的带动性。生态产业经济以生态环境为前提和依托，因此必须保证将生态环境的开发利用限制在其生态承载力的范围内，否则就会导致生态系统和产业经济的破坏。生态承载力是生态环境系统自我调节、自我修复和自我维持的能力范围，是生态环境开发利用所能容纳的强度，常用“阈值”来表示。生态产业经济良性发展必须保证经济活动带来的生态压力在“阈值”范围内，坚持立足生态资源、合理开发利用，更好地发挥其推动产业融合发展，盘活生态资源，增强服务功能，将“绿水青山”转化为“金山银山”，用“金山银山”建设更加美丽的“绿水青山”，实现跨越式发展。

（四）绿色金融体系

构建绿色低碳循环经济体系少不了资金支持，为了更好地实现经济和环境协调发展，建设社会主义生态文明，我国“十三五”规划部署了构建绿色金融体系、发展绿色金融的重大战略决策。绿色金融就是“对环保、节能、清洁能源、绿色交通、绿色建筑等领域的项目投融资、项目运营、风险管理等所提供的金融服务”①。绿色金融体系包括在绿色信贷、绿色债券、绿色股票、绿色基

① 中国人民银行，财政部等七部委．关于构建绿色金融体系的指导意见［Z］．银发〔2016〕228号．

金、绿色保险与碳金融等方面。绿色信贷是指金融机构利用贷款融资手段支持企业降低能耗，减少污染，发展环保产业和新能源产业。绿色债券和绿色股票是指上市公司在经由环保部门进行环保审核后上市融资和再上市融资时所发行的债券、股票和基金。绿色保险又叫生态保险或环境责任险，是以企业发生污染事故对第三者造成的损害依法应承担的赔偿责任为标的的保险，为企业迅速应对生态环境事故，及时补偿有效保护企业和受害者权益提供社会支持，是市场经济条件下环境风险管理的一项基本手段。碳金融是基于碳资产和碳交易市场，通过买卖碳期货、碳期权等碳金融产品形成的金融交易活动。可见，绿色金融的实质是利用现代金融工具支持新能源开发、鼓励低碳发展、促进生态产业发展。绿色金融的特点在于利用社会经济规律通过市场交换为实现生态环境保护和经济发展协调统一提供动力和资金支持，因此产品与市场开发是绿色金融发挥作用的关键环节和评价标准。当前我国绿色金融产品和市场开发已经取得一些成绩，但总的来说还处于起步阶段，有待加强和完善。同时应该看到在生态文明建设成为时代发展的潮流，我国注重开放发展的背景下，我国要积极参与国际绿色金融合作，形成国际国内市场协同发展的互动效应，为更好地动员社会力量开展绿色投资、降低企业生态成本、促进产业转型升级和经济结构优化、推动经济可持续发展和维护社会和自然和谐方面发挥积极作用。

（五）发挥绿色低碳循环经济体系的整体作用

低碳经济、循环经济、生态产业和绿色金融是建立健全绿色低碳循环经济体系的重要内容，它们都具有自身特性和优势，比如，虽然低碳经济和循环经济都具有注重保护环境节约资源的特点，但是低碳经济更侧重于生产领域能源消耗具有环境倒逼性和外在成本性，而循环经济则更强调不同产业融合综合，具有自发性和共生性质。生态产业经济本身具有低碳性特点，可以整合接纳循环经济，具有社会性和综合性特点。绿色金融具有工具性质，可以为任何一种绿色经济模式提供资金和动力支持。因此学者们指出这些经济模式之间并不矛盾，可以相互融合，发挥整体综合作用。绿色低碳循环经济体系本身强调的就是将绿色发展、低碳发展和循环发展理念融入经济发展全过程，融入企业生产的具体行为中，指导各类产业发展的方向。虽然在不同的经济发展阶段它们的地位不同，作用大小不同，但是四者之间是紧密相连的，最终将有机融合在一起代表经济发展的方向。

三、绿色低碳循环经济体系的评价系统

建构一个科学系统的评价指标体系也是建立健全绿色低碳循环经济体系的重要内容。绿色低碳循环经济评价体系是以实现经济发展与生态环境保护协调双赢为指导原则，结合低碳经济、循环经济和生态产业的特点，能够评价某一区域或国家经济发展过程中生态效益、经济效益和社会效益状况的综合指标体系。绿色低碳循环经济评价系统的建立既是绿色低碳循环经济体系建设自身应有的基本内容，也为能否客观准确地评判达到经济发展与生态环境共赢的目标提供主要依据，具有非常重要的意义。首先，一套科学严密客观完整的评价体系能够描述出特定时期社会、经济、生态环境发展的现实状况，为实时监测经济社会环境发展状况提供科学有效的方法和途径。其次，绿色低碳循环经济评价体系通过对其所反应的现实经济社会环境发展状况进行分析，为科学分析经济社会环境协调状况、优势与不足、发展趋势与走向提供依据，做出合理解释，利于找准下一步工作的重点和任务，完善决策部署，调整目标规划。最后，绿色低碳循环经济评价体系通过对某一地区经济社会环境发展水平的把握和评估，再与国际国内标准进行比较，能够认识到该地区的经济社会发展水平和质量，为快速找到适合自身发展状况的绿色发展模式提供帮助。总之，绿色低碳循环经济评价体系具有描述、解释、分析和评价等信息功能，能为我们提供绿色低碳循环经济体系发展方面的众多信息和深入发展的决策依据。

建立绿色低碳循环经济评价指标体系是评价体系的基础和核心内容。绿色低碳循环经济体系的综合性决定了其评价体系的复杂性和综合性，需要构建多层级的评价指标，并依据指标的重要程度设定不同的权重，才能从整体上做出准确评价。然而目前关于指标体系的设立多种多样，有很大差异，这在一定程度上表明了这一研究处在起步阶段，取得了一定成果，但有待深入。下面简单介绍两种有代表性的评价指标体系，第一是赵慧卿和郭晨阳在《地区间绿色低碳循环经济发展水平综合评价》一文中构建的包括 4 个准则层，10 个子准则层，共 38 个指标的评价指标体系，具体如表 3－1 所示。①

---

① 赵慧卿，郭晨阳．地区间绿色低碳循环经济发展水平综合评价［J］．河北地质大学学报，2019（4）：74－81，93.

表3-1 绿色低碳循环经济发展评价指标体系

目标	准则层	子准则层	指标层	指标类别
绿色低碳循环经济发展评价指标体系	经济社会发展水平	经济发展水平	人均GDP（元） 第三产业比重（%） 人均财政收入（元） 人均R&D经费（元） 城镇居民人均可支配收入（元）农村居民人均收入（元）	正向
		社会发展水平	医疗卫生机构床位数（张） 人均拥有公共图书馆藏量（册） 私人汽车拥有量（万辆） 城镇登记失业率（%）	正向
	绿色发展水平	能源消费	单位GDP能耗（万吨/亿元） 人均能耗（吨/人）XG12 人均煤炭消费量（吨/人）	逆向
		生态环境	森林覆盖率（%） 人均水资源量（立方米/人） 人均草原面积（公顷/人）正向 人均森林面积（公顷/人）	正向
		生态保护	城市绿地面积（公顷） 造林总面积（公顷） 自然保护区个数（个）	正向
	低碳发展水平	碳排放	人均碳排放（吨/人） 碳排放强度（万吨/亿元） 工业碳排放比重（%） 碳排放增长率（%）	逆向
		环境污染	废水排放量（万吨） 二氧化硫排放量（万吨） 烟（粉）尘排放量（万吨） 一般工业固体废物产生量（万吨）	逆向
		环境治理	工业污染治理完成投资 城市生活垃圾清运量（万吨） 城市建成区绿化覆盖率（%） 节能环保支出（亿元）	正向

续表

目标	准则层	子准则层	指标层	指标类别
绿色低碳循环经济发展评价指标体系	循环发展水平	循环利用	一般工业固体废物综合利用量（万吨） 危险废物综合利用量（万吨） 工业用水重复利用率	正向
		循环能力	城市污水日处理能力（万立方米） 城市生活垃圾无害化处理能力（吨／日） 城市生活垃圾无害化处理率（%）	正向

第二是朱海玲在《绿色经济评价指标体系的构建》一文中设立的4个一级指标，14个二级指标和99个三级指标体系，具体如表3－2所示。①

图3－2　中国绿色经济评价体系

目标	一级指标	二级指标	三级指标
中国绿色经济评价体系	循环经济	智慧能源	能源系统；信息系统；市场系统
		可持续城市化	经济可持续性；社会可持续性；环境可持续性；住宅可持续体系；工作可持续体系；生态可持续体系；资源消耗体系；垃圾排放；财务可持续体系
		智慧城市	基础设施；信息化建设；智慧政务；智慧生活；智慧养老；智慧城镇社区；智慧城市；绿地与公园；康复花园；建筑环境；支持性绿色城市环境
		循环城市	生存支持系统；发展支持系统；环境支持系统；社会支持系统；智力支持系统
	绿色金融	可持续金融市场准备度指数	社会因素；政府治理；公司治理；资本市场
		碳金融体系	碳远期；碳掉期；碳期货；碳期权；商品期权；商品指数；碳排放权；碳基金；碳租赁；碳债券；碳资产托管；碳抵押；碳质押；碳保理；碳回购；借碳；碳信托；碳授信；碳资产证券化
		绿色金融工具体系	绿色信贷；绿色债券；绿色股票产品；绿色基金；绿色保险；绿色资产证券化；碳资产管理；环境风险评估

① 朱海玲．绿色经济评价指标体系的构建［J］．统计与决策，2017（5）：27－30.

续表

目标	一级指标	二级指标	三级指标
中国绿色经济评价体系	节能排放	二氧化碳 CO_2 气体排放许可	统一行业分配标准；差异地区配额总量；预留配额柔性调整
		节能服务	绿色金融/融资租赁服务；咨询服务；信息技术服务；检验检测认证服务；研发设计服务；碳交易/节能量交易服务；节能品牌建设服务；政策指导服务
		碳市场框架	碳交易平台设置；配额分配及使用规则；交易主体准入；核证自愿减排量抵消机制
	工业绿色发展	标准制度建设	绿色制造标准体系；绿色设计与评价；工业能效；水效；排放和资源综合利用标准；资源能源利用效率
		绿色制造工程	绿色工艺技术及装备；绿色电动汽车及太阳能；风电能源技术装备制造水平；绿色工厂；绿色园区；绿色供应链
		能源利用效率	100%再生能源的实现；工业能源消耗；六大高耗能行业占工业增加值比重；部分重化工业能源消耗；主要行业单位产品能耗；部分工业行业碳排放量；绿色低碳能源占工业能源消费量
		资源利用水平	单位工业增加值用水量；大宗工业固体废物综合利用率；主要再生资源回收利用率等指标
		清洁生产水平	钢铁、水泥、造纸等重点行业清洁生产水平；工业二氧化硫、氮氧化物、化学需氧量和氨氮排放量；高风险污染物排放量

通过对比可以发现，总体来看，赵慧卿等设立的指标体系相对简单明了，各级指标的客观性较强，朱海玲设立的指标体系在数量上较多，尤其是三级指标达99个，而且指标的客观性较弱，有些指标很难量化。就一级指标来看，赵慧卿等设立的一级指标体系以经济社会发展水平作为综合指标，没有设立绿色金融的内容，这显然是不全面的。朱海玲设立的一级指标体系包括绿色、低碳、循环和金融四个方面，没有设立经济社会综合指标，显然也缺少对经济社会的

总体把握。就二、三级指标来看，二者设立的指标侧重点不同，赵慧卿等更注重数据的客观性，关于社会指标体系的设立客观数据化也比较强，朱海玲相对来说更侧重对城市的研究，社会性指标较多，比如智慧城市、智慧生活以及公司治理等内容很难找到有说服力的客观量化数据。因此，赵慧卿等在文中能够做到数据化展示，并对各省绿色低碳循环经济体系进行比较，朱海玲虽然也强调数据化和权重比例的设置，但是却不能给出计算数据，说服力较弱。基于以上对比，本人认为绿色循环低碳发展经济评价体系的建构必须遵循以下原则。第一是目的性原则。评价体系的设计服务于建立该体系的特定目的，能够反映出经济和生态环境的发展状况，表现两者之间的关系，尤其是变化趋势之间的关系。各级指标的设计必须围绕目的展开，而不能是与某类指标相关内容面面俱到的简单堆积，应该做到突出重点有所舍弃，以求整体清晰呈现预期目标。第二是系统性原则。评价指标体系需要包含经济社会水平、资源生态环境状况以及二者之间的关联，涉及社会发展水平、经济发展数量与质量、能源消耗、资源节约、生态产业开发多项内容，从不同侧面、不同层次展现生态环境效益、经济效益和社会效益。众多评价指标根据内容和层级不同组合成层次分明且有机联系的多样性的多层次的分级系统。处理好系统内各指标的算法和权重分配对于考察目的和系统科学性都至关重要。第三是可量化原则。评价体系要直观、准确地反映客观状况，为此需要对收集和统计的材料进行量化处理，转化为可比较的数据，为分析和区分优劣与差异提供支持。相反不可量化的指标难以转化为清晰简洁的数据，也就失去了指标体系设立的意义，因此对指标体系客观可量化处理是设立指标体系的基本原则之一。

第三节 建立健全生态文明经济制度体系

一、加强生态文明制度建设

制度建设是事关根本性和全局性的重大问题，在走向生态文明新时代，建设生态文明的征程中，习近平总书记反复强调并积极推进生态文明制度建设，体现出制度生态化的时代要求和实践进程。

> 保护生态环境必须依靠制度、依靠法治。只有实行最严格的制度、最严密的法治，才能为生态文明建设提供可靠保障。①
>
> 要深化生态文明体制改革，尽快把生态文明制度的“四梁八柱”建立起来，把生态文明建设纳入制度化、法治化轨道。②

我们要加强生态文明制度建设，实行最严格的生态环境保护制度。我们要坚决破除一切妨碍发展的体制机制障碍和利益固化藩篱，加快形成系统完备、科学规范、运行有效的制度体系，推动中国特色社会主义制度更加成熟更加定型。

习近平提出生态文明制度建设的任务要求具有客观必然性。首先是将生态文明建设融入经济政治文化社会各个方面的建设和全过程的必然要求。制度是可操作性的行为规范，起到导向和激励作用，在现代法治社会，制度在日常行为中起到更加基础的作用。生态文明建设要融入人类实践活动的各个方面和全过程，必然要求将其融入各类制度中去，用生态文明思想理念规范经济政治文化社会中的各种行为，成为思考和行为的习惯，这正是生态文明建设的本质，也是生态文明建设的标志性成果。其次是为生态文明构筑制度基础和保障的必然要求。生态文明建设是一项事关中华民族永续发展的千秋大业，也是一项复杂庞大的系统工程，生态文明建设过程中取得的实践经验和理论成果需要通过制度化才能得到很好的积累与检验，只有借助于制度与政策体系转化，人们的行为习惯才能一步步地转变为现实生活，制度化才能起到指引方向与激励前进的作用。因此生态文明制度建设是推动生态文明建设的根本保证。最后是不断完善中国特色社会主义制度的必然要求。21 世纪是生态文明的世纪，生态化是人类文明的新印记，中国特色社会主义制度也必将吸收生态文明精神的精华，随着时代的发展不断完善，随着实践的发展更加成熟。生态文明制度作为中国

---

① 习近平．习近平关于社会主义生态文明建设论述摘编［M］．北京：中央文献出版社，2017：99.

② 习近平．习近平关于社会主义生态文明建设论述摘编［M］．北京：中央文献出版社，2017：109.

特色社会主义制度的一项重要内容和不可分割的组成部分必须具有中国的特点和中国气派。

二、建立生态文明经济制度

（一）生态文明经济制度的含义

“生态环境问题归根到底是经济发展方式问题”，若要从根本上抑制生态环境恶化，尽快补上生态环境这块突出短板，必须从经济建设入手，“把资源消耗、环境损害、生态效益等体现生态文明建设状况的指标纳入经济社会发展评价体系”，将生态价值融入经济制度和政策之中，加快健全相关的法律法规，建立起生态文明经济制度。生态文明经济制度是生态文明制度最重要的组成部分。顾名思义，生态文明经济制度就是将生态文明的原则和精神融入或化为规范经济关系和经济行为的各项制度，来解决现实经济活动中因经济发展与生态环境之间的矛盾引发的生态环境问题。就其内容来看，包括生态环境保护制度、资源环境产权及交易制度、绿色产业及开发制度、绿色金融财政制度和评价监督制度等。就其实质来看就是通过规范经济关系和经济行为实现经济发展与生态环境保护相互协调，共同发展。就其性质来看，就是顺应生态文明新时代的要求，对现有经济制度的改革和完善。因此，建立生态文明经济制度必须坚持以下原则。首先必须贯彻生态环境就是生产力的原则，树立绿水青山就是金山银山的理念，将生态环境的生存价值和资本价值在经济发展的过程中得到保护和体现。其次，必须坚持社会主义基本经济制度。坚持公有制为主体的原则，坚持生态环境和自然资源的公有性质，落实所有权，保证全体人民的根本利益。最后，必须坚持社会主义市场经济的原则。社会主义市场经济是为了增强社会主义的活力采取的生产要素配置方式，有效解放和发展了社会主义生产力，是现阶段最为有效的资源配置方式，生态文明经济制度的建立也要坚持社会主义市场经济的改革方向，利用市场机制实现经济发展与生态环境保护的双赢。

（二）生态文明经济制度的主要内容

党的十八大以来，建立生态文明制度体系成为生态文明建设的迫切要求，党中央、国务院联合下发的《生态文明体制改革总体方案》提出了八项生态文明制度，从生态环境源头保护、自然资源开发管理、损害赔偿、治理修复和责任追究等几个方面，构建起生态文明经济制度的主要内容。

> 到2020年，构建起由自然资源资产产权制度、国土空间开发保护制度、空间规划体系、资源总量管理和全面节约制度、资源有偿使用和生态补偿制度、环境治理体系、环境治理和生态保护市场体系、生态文明绩效评价考核和责任追究制度等八项制度构成的产权清晰、多元参与、激励约束并重、系统完整的生态文明制度体系，推进生态文明领域国家治理体系和治理能力现代化，努力走向社会主义生态文明新时代。①

1. 自然资源资产产权制度。

产权制度简单地说就是以特定生产资料所有制为基础，以产权为依托，对财产关系进行合理有效组合和调节的制度安排，具体表现为财产所有权、支配权、使用权、收益权和处置权。产权制度是社会主义市场经济的基石，建立归属清晰、权责明确、保护严格、流转顺利的现代产权制度是社会主义市场经济的必然要求。建立和完善自然资源资产产权制度的关键就是处理好所有权与使用权的关系，着力解决自然资源所有者不到位、所有权边界模糊的问题，以便更好地实现自然资源资产的合理开发与利用，更好地进行生态环境保护与修复工作。根据《生态文明体制改革总体方案》自然资源资产产权制度包括统一的确权登记系统、权责明确的自然资源产权体系、健全的国家自然资源资产管理体制、分级行使所有权的体制和开展水流和湿地产权确权试点等几项内容。坚持资源公有、物权法定，清晰界定所有国土空间各类自然资源资产的产权主体，通过制定权利清单，明确各自然资源产权主体权利。对全民所有自然资源建立统一行使所有权的机构行使所有者职责，并按照不同资源种类和在生态、经济、国防等方面的重要程度，研究实行中央和地方政府分级代理行使所有权职责的体制，实现效率和公平相统一。流域广的水生态系统应遵循系统性、整体性原则，在开展试点的基础上，分清水资源所有权、使用权及使用量。可见，自然资源资产产权制度关系到环境、生态、空间等诸多方面，贯穿源头保护、过程

---

① 新华网．中共中央国务院印发《生态文明体制改革总体方案》［EB/OL］．新华网，2015－09－21.

节约和末端修复的全过程，涉及全民或集体的长远利益，是生态文明经济制度的基石，也是其他相关制度能否发挥作用的前提和基础。

2. 国土空间开发保护制度

空间条件对不同地区的人口与生产集中度有决定性意义，进而在很大程度上影响着资源开发的强度和广度。国土是人民生活的场所和环境的总称，是人们赖以生活的空间载体，根据空间条件和功能差异，一般分为城市空间、农业空间、生态空间和其他空间。面对我国目前存在的“因无序开发、过度开发、分散开发导致的优质耕地和生态空间占用过多、生态破坏、环境污染等问题”①必须建立国土空间保护制度。国土空间开发保护制度是按照人口资源环境相均衡、经济社会生态效益相统一的原则，以空间规划为基础，以用途管制为主要手段的国土开发与保护制度，包括主体功能区制度、国土空间用途管制制度、国家公园体制、自然资源监管体制等在内的制度体系。建立国土开发保护制度的目的在于统一行使国土空间用途管制职责，统筹规划国土主体功能，在对不同空间主要功能和用途进行定位基础上，制定相关开发保护政策措施；扩大用途管制，严格控制开发强度，加强动态监测，防止不合理开发；以国家公园体制为依托，保护重要生态系统。总之，就是要建立生产空间集约高效、生活空间宜居适度、生态空间和谐多样的美丽家园。

3. 空间规划体系

空间规划是优化国土空间开发保护的指南和依据，是实现永续发展的空间蓝图，科学合理、统一规范的空间规划是有条不紊地进行国土空间开发与保护工作的基础。然而空间性规划涉及经济政治文化社会生态等方方面面，具有跨领域综合性的特点，同时又面临规划部门职责交叉重复、内容重叠冲突及其导致朝令夕改等问题。空间规划体系是以空间治理和空间结构优化为目标，按照全国统一、相互衔接、分级管理的要求，建立起来的包括空间规划编制机制、空间规划编制指引和技术规范、空间规划编制程序在内的规划体系。我国空间规划体系的主要职能首先是编制空间规划。整合各层级各部门分头编制的各级各类空间规划，形成统一规范全面合理的空间编制规划。其次推进市县“多规

① 新华网．中共中央国务院印发《生态文明体制改革总体方案》［EB/OL］．新华网，2015－09－21.

合一”。“多规”包括主体功能区规划、经济社会发展规划、城乡规划、土地利用规划和生态环境保护规划等内容，“合一”就是整合统一。所谓“多规合一”就是要通过整合统一市县各类规划，形成与本市县经济社会发展相适应的一个规划、一张蓝图，解决当前出现的规划混乱和冲突问题。最后创新空间规划编制方法，探索规范化的空间规划编制执行程序。空间规划的复杂性要求建立以专业人员为主，多方参与，部门负责的方法。同时要求按照编制前进行资源环境承载能力评价、编制过程中公布规划草案广泛征求各方意见、空间规划要经过法定程序形成公布备案、空间规划执行过程中的监督举报定期汇报及问责等具体程序，确保空间规划编制科学有效和执行有力。构建国土规划体系对推进生态文明建设、统筹经济社会发展和环境保护，实现国家治理体系治理能力现代化有着重要意义。

4. 资源总量管理和全面节约制度

资源总量管理和全面节约制度是为了保护资源环境，解决资源使用浪费、利用率不高等问题采取的制度措施。资源总量管理就是对资源使用或成果产出总量进行控制，不允许超出总量规定范围，比如，建设用地总量控制和海洋年捕捞总量限定。资源全面节约体现在要覆盖所有资源能源，在使用过程中要提高效率不断减少使用数量，一个生产周期完成后要加强废物收集利用和循环利用。资源总量管理和全面节约制度包括耕地保护制度和土地节约集约利用制度、水资源管理制度、能源消费总量管理和节约制度、天然林保护制度、草原保护制度、湿地保护制度、沙化土地封禁保护制度、海洋资源开发保护制度、矿产资源开发利用管理制度、资源循环利用制度等十项制度。耕地保护和土地节约利用制度主要是针对当前良田耕地被建设用地占用的问题，为保护耕地确保粮食生产安全采取的制度。对耕地的保护不仅包括保护耕地数量，划定永久基本农田红线的内容，还包括保证耕地质量不下降。另一方面要限制建设用地，采取对建设用地总量进行控制和减量化管理，年度规划等措施，建立节约集约用地激励和约束机制，确保用地效率。水资源管理制度是节水和用水的相关制度，节水优先，总量控制，保障水安全，对于江河流域水资源要合理分配，保持均衡，联合治理，统筹开发。同时运用价格、税收等手段限制水量消费，限制高耗水企业发展。建立水生动植物保护机制，加强水质保护和修复，完善水功能监督管理。能源消费总量管理和节约制度是围绕节约能源，控制能耗强度为目标的制度，包括节能目标责任和奖励机制、能源统计制度、节能标准体系、节能管理和自愿承诺制度，节能低碳产品和技术装备推广机制、节能评估生产和监察制度、再生能源扶持制度、碳排放总量控制制度和分解落实机制，增加森林、草原、湿地、海洋等碳汇机制以及气候变化国际合作机制。天然林保护制度是由国家用材林储备制度、国有林场公益林管护机制、集体林权制度等构成。草原保护制度包括草原承包经营制度、基本草原保护制度、草原生态保护补奖机制、禁牧休牧划区轮牧和草畜平衡制度、草原征用使用审核审批监管机制等内容。湿地保护制度将所有湿地纳入保护范围，建立湿地自然保护区和湿地生态修复机制。沙化土地封禁保护制度包括沙化土地封禁保护区制度、沙化土地治理、开发和管护机制。海洋资源开发保护制度由海洋主体功能区制度、围填海总量控制制度、自然岸线保有率控制制度、海洋渔业资源总量管理制度、休渔禁渔制度、近海捕捞养殖限额管理制度和海洋督察制度等组成。矿产资源开发利用管理制度则由矿产资源开发利用水平调查评估制度、矿产资源集约开发机制、矿山企业高效和综合利用信息公示制度、矿业权人“黑名单”制度、矿产资源回收利用的产业化扶持机制、矿山地质环境保护和土地复垦制度等组成。资源循环利用制度包括资源产出率统计体系、生产者责任延伸制度、种养业废弃物资源化利用制度、垃圾分类制度、低值废弃物强制回收制度、资源再生产品和原料推广使用制度、一次性用品使用制度、资源综合利用和循环经济发展税收政策等内容。资源总量管理和全面节约制度具有丰富的内容，涉及所有开发空间领域，是保护生态环境，节约能源资源最有针对性和效用的制度体系。

5. 资源有偿使用和生态补偿制度

资源有偿使用和生态补偿制度是在现有市场经济体制下保护生态环境，节约资源，提高使用效率效益的市场调节制度，包括反映市场供求、资源稀缺程度的有偿使用制度和体现自然价值与代际补偿的生态补偿制度。资源有偿使用和生态补偿制度是针对当前自然资源及其产品价格偏低、生产开发成本低于社会成本、保护生态得不到合理回报等问题的制度解决方案。加快自然资源及其产品价格改革，建立自然资源开发使用成本评估机制、定价成本监审制度和价格调整机制、完善价格决策程序和信息公开制度和阶梯价格制度是建立资源有偿使用和生态补偿制度的基础和关键环节。按照成本和收益相统一的原则，建立和完善土地、矿产资源、海岛有偿使用制度。按照市场经济要求和土地矿产海岛的资源特点，扩大有偿使用范围，完善地价形成机制和评估制度，健全土地等级价格体系，建立有效调节工业用地和居住用地合理比价制度，完善矿业权出让制度，建立矿产资源国家权益金制度，建设全国统一的矿业权交易平台，和海域无居民海岛使用金征收标准调整机制和使用权招拍挂出让制度。生态补偿是对生态系统和自然资源保护所获得效益的奖励或破坏生态系统和自然资源所造成损失的赔偿。加快资源环境税费改革，逐步将资源税扩展到占用各种自然生态空间，加快推进环境保护税立法是生态补偿的最重要方法。完善生态补偿机制，探索建立多元化补偿机制，尤其是对重点生态功能区转移支付机制是平衡经济发展和生态环境保护的重点和难点。完善生态保护修复资金使用机制和相关资金使用管理办法是保证生态安全和保护修复的直接经济手段。完善耕地草原河湖休养生息制度，建立退耕还林还草、退牧还草成果长效机制，开展退田还湖还湿试点等对自然修复具有根本意义。

6. 环境治理制度体系

环境治理制度体系是以改善环境质量，解决污染防治能力弱，违法成本过低的问题为导向的监管执法制度体系，主要包括污染物排放许可证制度、污染防治区域联动机制、农村环境治理体制机制、环境信息公开制度、生态环境损害赔偿制度和环境保护管理制度。污染物排放许可证制度是环境保护部门依照法律规范给固定污染源的企事业单位核发排污许可证。污染防治区域联动机制是在对污染问题的认识从区域性和企业自身的问题转向跨领域跨区域的复合型公共问题的认识基础之上，要求对污染的治理需要多学科、多实践部门横向合作和协调管理，尤其是大气污染和水污染。目前我国污染防治区域联动机制主要包括区域大气污染防治联防联控协作机制、流域水环境保护协作机制和风险预警防控体系、陆海统筹的污染防治机制和重点海域污染物排海总量控制制度和突发环境事件应急机制。农村环境治理体制机制是坚持绿色发展，建设美丽乡村的重要内容，首先要建立以绿色生态为导向的农业补贴制度，推进化肥、农药、农膜减量化以及畜禽养殖废弃物资源化和无害化，增强农业综合生产能力和防治农村污染。其次完善农作物秸秆综合利用制度，发展低碳循环农业。

最后采取财政和村集体补贴、住户付费、社会资本参与的投入运营机制，强化政府环境保护职责和监管能力建设，建立农村污染治理和垃圾处理等长效环保体制和机制。健全环境信息公开制度，加大信息公开广度和力度，增强人民群众环境保护意识和参与积极性，包括大气、水等各类环境信息公开、排污企事业环境信息公开、监管部门信息公开和建设项目环境影响评价信息公开等机制，环境新闻发言人制度，公众参与环境监督制度，环境保护网络举报平台和举报制度和举报、听证、舆论监督制度等。生态环境损害赔偿制度是强化生产者环境保护意识和责任，对造成生态环境损害的，依照损害程度进行赔偿，造成严重后果的依法追究刑事责任的制度，主要包括环境赔偿法律制度、评估方法和实施机制。环境保护管理制度，是增强环境执法能力的必要条件，主要包括建立和完善污染物排放的环境保护管理制度，统一和加强环境执法体制，完善行政执法和环境司法的衔接机制等内容。

7. 环境治理和生态保护市场体系

环境治理和生态保护市场体系的构建是为了更多地运用经济杠杆进行环境治理和生态保护，促进市场主体和市场体系发育，提高社会参与的动力。环境治理和生态保护市场体系的建立首先要培育市场主体，采取发展节能环保产业的体制机制和政策措施，加大国有资本投资组建运营公司参与环境治理和保护，积极吸引社会资本参与合作开展环境治理和生态保护事务，通过购买服务加大第三方支持环境污染治理力度，加快推进污水垃圾处理与运营管理单位实行混合所有制改革，或向独立核算和自主经营的企业转变等形成各种独立经营，更好地激发市场活力。其次是推行节能和污染治理交易制度。当前主要有用能权和碳排放权交易制度、排污权交易制度和水权交易制度。用能权和碳排放权交易制度主要包含用能权交易系统、测量与核准体系，合同能源管理办法，各级碳排放权交易市场体系，碳交易注册登记系统和碳排放权交易市场监管体系等内容。排污权交易制度包括企业排污总量控制制度、初始排污权核定规定、跨行政区排污权交易制度、排污权交易平台建设以及排污权核定、使用费收取使用和交易价格等各项规定。水权交易制度是结合水生态补偿机制建立的水权界定、分配及交易管理办法，涉及可交易水权的范围和类型、交易主体和期限、交易方式、交易价格形成机制、交易平台运作规则等。最后是建立绿色金融和绿色产品体系。绿色金融体系是资本市场为支持绿色发展建立的相关制度，包括绿色信贷体系、绿色投资产品、节能低碳生态环保项目担保机制、环境污染强制责任保险制度、绿色贫瘠体系及公益性的环境成本核算和影响评估体系、上市公司环保信息强制披露机制以及国际绿色金融领域合作等内容。绿色产品的内涵比较广，是所有环保、节能、节水、循环、低碳、再生、有机等产品的统称。绿色产品体系包括绿色产品标准、认证、标识等体系，绿色产品研发生产、运输配送、购买使用的财税金融支持和政府采购等政策。

8. 生态文明绩效评价考核和责任追究制度

随着经济发展方式的转变，生态环境和自然资源等成为经济社会发展的重要因素，这就要求改变以 GDP 为衡量指标的绩效评价与考核体系，建立生态文明绩效评价考核和责任追究制度。第一建立生态文明绩效评价考核和责任追究制度必须建立生态文明目标体系。根据不同区域主体功能区定位进行差异化考核评价，建立可操作可视化的绿色发展指标体系和生态文明建设目标评价考核办法。第二建立资源环境承载能力监测预警机制，对资源环境承载能力和资源消耗进行监测，对超过或接近承载能力的地区，实行预警提醒和限制性措施。资源环境承载能力监测预警机制包括资源环境承载能力监测预警指标体系和技术方法，以及资源环境监测预警数据库和信息技术平台。第三编制自然资源资产负债表。自然资源负债表可以从实物量角度反映自然资源利用情况和环境质量变化情况，是落实领导干部实行自然资源资产离任审计制度的前置条件。主要包括构建水、土地、森林资源等资产的负债核算方法，建立实物量核算账户、制定分类标准和统计规范、自然资源资产变化状况定期评估制度和开展编制试点等内容。第四领导干部自然资源资产离任审计制度。领导干部自然资源资产离任审计制度是在编制自然资源资产负债表与合理考虑客观自然因素基础上，建立的领导干部自然资源资产离任审计的目标、内容、方法和评价指标体系。以便通过审计领导干部任期内辖区的自然资源资产变化状况，客观评价他们履行自然资源资产管理责任状况和应当承担的责任。第五，生态环境损害责任终身追究制。生态环境损害责任终身追究制度是为了解决生态环境损害和污染后责任追究缺失等问题，实行的地方党委和政府领导成员对生态文明建设“党政同责”“一岗双责”制度、责任认定程序、区分情节轻重采取的处理办法、重大生态环境损害终身追责制度和国家环境保护督察制度。

参考文献：

[1] 习近平. 习近平关于社会主义生态文明建设论述摘编 [M]. 北京：中央文献出版社，2017.

[2] 黎祖交. 对生产力理论的重大发展——学习习近平总书记关于保护和改善生态环境就是保护和发展生产力的论述 [J]. 绿色中国，2019 (11)：36-41.

[3] 周跃辉. 如何理解生态环境就是生产力 [J]. 党课参考，2018 (14)：42-57.

[4] 周珂. 保护生态环境就是保护生产力 [J]. 北京人大，2015 (11)：47-49.

[5] 秦光荣. 改善生态环境就是发展生产力——深入学习贯彻习近平同志关于生态文明建设的重要论述 [N]. 人民日报，2014-01-16 (007).

[6] 王志禄. "环境就是生产力"的哲学诠释 [J]. 中国石油大学学报（社会科学版），2006 (1)：33-35.

[7] 曹前发. 习近平同志一路走来的生态情怀 [J]. 毛泽东思想研究，2019 (2)：51-66.

[8] 习近平. 习近平谈治国理政 [M]. 北京：外文出版社，2014.

[9] 马克思，恩格斯. 马克思恩格斯全集：第26卷 [M]. 北京：人民出版社，1972.

[10] 焦坤. 传统生产力概念的解构与建构 [J]. 思想理论教育导刊，2004 (3)：46-50.

[11] 任仲平. 生态文明的中国觉醒 [N]. 人民日报，2013-07-22 (001).

[12] 李劲，李文飞. 生产力概念的历史嬗变、现实困境与理论重构 [J]. 大连干部学刊，2017 (10)：47-52.

[13] 刘强. 以人为本：生产力发展的起始点和归宿点 [J]. 学术探索，2004 (4)：9-13.

[14] 张朋光. 生产力解读的四种范式和三重境界——棱镜中的马克思生产

力理论研究评析［J］．学术论坛，2016（1）：6－11.

［15］黎祖交．“两山理论”蕴涵的绿色新观念［J］．绿色中国，2016（5）：64－67.

［16］徐海红．马克思生产力概念的辩证诠释及生态价值［J］．中国地质大学学报（社会科学版），2018（1）：68－74.

［17］张凤仪．生态生产力研究［D］．长春：吉林大学，2018.

［18］王毅．实施绿色发展转变经济发展方式［J］．绿色经济与创新，2010（2）：121－126.

［19］郑国诜，廖福霖．生态文明经济的发展特征［J］．内蒙古社会科学（汉文版），2012（3）：102－107.

［20］央视网．习近平在中共中央政治局第四十一次集体学习时强调：推动形成绿色发展方式和生活方式，为人民群众创造良好生产生活环境［A/OL］．央视网，2017－05－27.

［21］程恩富，柴巧燕．现代化经济体系：基本框架与实现战略——学习习近平关于建设现代化经济体系思想［J］．经济研究参考，2018（7）：3－14.

［22］邹博清．绿色发展、生态经济、低碳经济、循环经济关系探究［J］．当代经济，2018（23）：88－91.

［23］尹锋．绿色低碳循环发展经济体系的构建路径探讨［J］．苏州教育学院学报，2019（6）：18－20，27.

［24］汪明月，张琪琦，史文强．低碳循环经济的内涵及发展策略研究［J］．东北农业大学学报（社会科学版），2017（5）：46－52.

［25］吕海霞，张丽娜，贾高丽．发展绿色生态产业助推果业转型升级——灵宝市发展果菌肥循环经济案例剖析［J］．果农之友，2019（1）：50－52.

［26］张玉军．生态文化视角下安吉竹产业发展对策研究［D］．杭州：浙江农林大学，2013.

［27］熊鹰．生态旅游承载力研究进展及其展望［J］．经济地理，2013（5）：174－181.

［28］中国人民银行，财政部等七部委．关于构建绿色金融体系的指导意见［Z］．银发〔2016〕228 号。

[29] 赵慧卿，郭晨阳．地区间绿色低碳循环经济发展水平综合评价 [J]．河北地质大学学报，2019 (4)：74 - 81，93.

[30] 朱海玲．绿色经济评价指标体系的构建 [J]．统计与决策，2017 (5)：27 - 30.

[31] 李志青．推动生态环境经济制度体系的建设 [A/OL]．中国智库网，2018 - 02 - 07.

[32] 新华网．中共中央国务院印发《生态文明体制改革总体方案》[EB/OL]．新华网，2015 - 09 - 21.

第四章

政治的生态化变革：生态环境关系党的使命宗旨

从对“生态环境问题既是重大的经济问题，也是重大的政治问题”，到“良好的生态环境是最普惠的民生福祉”，再到“生态环境是关系党的使命宗旨的重大政治问题”，习近平总书记不断从政治高度上讲生态环境，揭示生态文明建设对以人为本、执政为民的重大意义，不仅体现了习近平生态文明思想最鲜明的特征，也标志着政治的生态化变革意蕴。政治的生态化变革就是将生态环境问题纳入政治视域，从党中央治国理政的顶层设计、完成党的“两个一百年”奋斗目标和推动社会主义现代化强国建设的政治高度上看待生态环境问题和生态文明建设的重要意义，并通过政治理念的变革、中国特色社会主义发展方略的制定、政策主张的选择和制度机制的完善解决生态环境问题，改善和保护生态环境，促进社会主义生态文明建设。政治的生态化变革是党对社会主义发展规律和中国特色社会主义建设规律认识进一步深化的必然结果。

第一节 “环境就是民生”的生态政治思想

一、习近平以人民为中心的政治思想

（一）以人民为中心是习近平政治思想的核心

“人民”是习近平总书记系列讲话中使用频率最高的词语，“以人民为中心”是习近平政治思想的核心。习近平“以人民为中心”的政治思想主要包括以人民为中心的根本立场，立党为公、执政为民的执政思想，发展为了人民的发展思想，环境就是民生的生态政治思想和加强国际合作，造福世界人民等内容。习近平“以人民为中心”的政治思想不是抽象的政治口号，而是深深根植

在中国共产党的认识论、价值观和实际工作作风之中，是党的一切政治工作的核心和总依据。“以人民为中心”的政治思想建立在“历史是人民群众的活动”的群众史观的基础之上，强调人民是历史的创造者，必须全心全意依靠人民。习近平说：“老百姓是天，老百姓是地。忘记了人民，脱离了人民，我们就会成为无源之水无本之木，就会一事无成。”① 今天，要开创中华民族伟大复兴新局面，我们党必须始终把全心全意为人民服务作为根本宗旨，始终把人民拥护和支持作为力量源泉。“以人民为中心”的政治思想传承“一切为了人民”的价值血脉，把为人民谋幸福作为奋斗目标。用习近平同志的话说就是，“为人民服务是共产党人的天职”“全党同志要始终把人民放在心中最高的位置，任何时候都必须把人民利益放在第一位”“我将无我，不负人民”。“以人民为中心”的政治思想最直接地体现为党对人民群众的真挚感情，与人民群众的血肉联系。习近平总书记强调“保持党同人民群众的血肉联系是一个永恒课题”，必须坚持“苍蝇老虎一起打”，宁可“得罪千百人，不负十三亿”，紧紧围绕保持党与人民群众的血肉联系，坚定不移开展群众路线教育和反腐倡廉工作，加强党的作风建设。“以人民为中心”的政治思想坚持“从群众中来到群众中去”的群众工作路线，强调“把群众路线贯彻到治国理政全部活动之中”，并针对当前信息时代的特点，要求党员和领导干部“要学会通过网络走群众路线，经常上网看看，潜潜水、聊聊天、发发声，了解群众所思所愿，收集好想法好建议，积极回应网民关切，及时为老百姓解疑释惑”。总之，“以人民为中心”的政治思想深刻回答了“我是谁”“为了谁”“依靠谁”的基本政治问题，彰显了中国共产党的初心和使命，是新时代坚持和发展中国特色社会主义的根本政治立场。

（二）以人民为中心是习近平生态政治思想形成发展的主线

“以人民为中心”是新时代坚持和发展中国特色社会主义的根本立场，是贯穿习近平新时代中国特色社会主义思想的主线，也是习近平生态政治思想形成和发展的主线。“对于各种不同的思想体系来说，区别不在于有没有立场，而在于持有什么样的立场，以及是否勇于承认与公开自己的立场。”② 思想把握的关键就在于抓住其立场。习近平生态政治思想正是在国内外生态环境问题日益严

---

① 习近平．习近平谈治国理政（第二卷）［M］．北京：外文出版社，2017：53.

② 林剑．马克思主义究竟是在为谁代言［J］．学术月刊，2013（1）：13－18.

峻，人民群众生产生活遭到影响的形势下，立足以人民为中心的根本立场，作出一系列重大政治论断的基础上形成和发展起来的。这一系列重要论断包括："良好的生态环境是最公平的公共产品，是最普惠的民生福祉""良好的生态环境是人类生存与健康的基础""绿水青山不仅是金山银山，也是人民群众健康的重要保障""建设生态文明，关系人民福祉""环境就是民生"和"生态环境关系党的使命宗旨"等。这些重要论断在实践中得到检验，在理论上不断得到论证、完善和丰富，形成了以"环境就是民生"为立论基础，以"生态环境关系党的使命宗旨"为重要标志，以"五位一体"总体布局为发展战略和以社会主义生态文明观为理论成果的生态政治思想体系。

二、习近平生态政治思想

（一）"环境就是民生"的思想

1."环境就是民生"思想形成的依据

（1）"人与自然是生命共同体"是"环境就是民生"思想的理论依据

"人与自然是生命共同体"是习近平总书记在继承马克思主义和中华传统优秀文化关于人与自然关系理论基础上形成的理念。自然的不是纯粹的与人无关的自然，而是人类生存其中并通过实践活动与其相互作用的自然，从这个意义上来看，自然的实质就是人类生活的自然环境。"人与自然是生命共同体"理念包含以下几层含义。首先，人离不开自然，自然是人类生存和发展的前提与基础。其次，人对自然界的伤害最终会伤及自身。最后，人必须尊重自然、顺应自然、保护自然，自觉认识和运用自然规律。人对自然环境的依赖性和共生性必然致使"生态兴则文明兴，生态衰则文明衰"，生态环境质量的好坏关系人类自身生存质量的好坏，关乎民众的生命安全与健康，严重的环境问题必然给人类自身带来生存危机。

（2）生态环境安全形势严峻是"环境就是民生"思想形成的现实依据

改革开放以来，我国经济增长显著，取得了值得骄傲的成绩，解决了全体人民的温饱问题，然而也积累了大量的环境问题。生态环境不仅直接威胁到人民的生命健康，还威胁到人民的生存和发展。近年来，雾霾天气、饮用水安全和土壤安全问题成为影响人民生命安全的重大问题，让我们实实在在地感受到

"生态环境没有替代品，用之不觉，失之难存"。我国三江源地区有的县过度放牧、开山挖矿导致水草丰美的富饶之地退化、沙化严重。此外，严峻的生态环境还导致严重的食品危机，被污染的农副产品成为有毒食品，通过食物链再次威胁到人体健康。更有甚者，一些地区因为生态环境污染问题产生了严重的矛盾和社会对立，甚至发生群体性事件，成为引发社会不稳定的主要因素。生态环境问题严重影响了人民群众的正常生产生活和社会发展稳定，成为普遍关注的问题。

（3）新时代社会主要矛盾变化是"环境就是民生"思想形成的社会条件

> 中国特色社会主义进入新时代，我国社会主要矛盾已经转化为人民日益增长的美好生活需要和不平衡不充分的发展之间的矛盾。我国稳定解决了十几亿人的温饱问题，总体上实现小康，不久将全面建成小康社会，人民美好生活需要日益广泛，不仅对物质文化生活提出了更高要求，而且在民主、法治、公平、正义、安全、环境等方面的要求日益增长。①

这是党的十九大报告对改革开放以来我国国情阶段性变化的基本判断，也为我国经济社会发展指明了方向。改革开放大大解放了生产力，2010 年以来我国国内生产总值稳居世界第二，迈出了社会生产落后的阶段，物质生产富足多样，进入买方市场阶段，人民的生活水平获得很大提升，对美好生活的向往也更加强烈。人民群众的期盼包含了更多的新内容，其中生态环境是最受关注的问题，良好的生态环境成为人民美好生活中的期愿，人民群众从过去的"盼温饱""求生存"转变为"盼环保""求生态"。"人民对美好生活的向往，就是我们的奋斗目标"，切实满足人民的生态需求，建设天蓝地绿水清的生态环境成为党和人民努力实现的目标。

2. "环境就是民生"思想的内涵

"环境就是民生"思想的提出是对我国民生思想的丰富和发展，主要包含以下几层含义。第一，生态环境质量本身就是民生的内容。民生简单地说就是人

---

① 习近平．决胜全面建成小康社会 夺取新时代中国特色社会主义伟大胜利——在中国共产党第十九次全国代表大会上的报告［M］．北京：人民出版社，2017：10.

民的生计，是指特定生产力条件下人的生存和发展所需要的基本条件，包括基本的生存条件和相应地改善生活质量的普遍需求。“环境就是民生”思想有其提出的时代条件：当环境污染、生态退化威胁到人类的生产和生活时，人们认识到“生态环境没有替代品，用之不觉，失之难存”。作为民生的内容，习近平总书记更进一步地指出，“良好的生态环境是最公平的公共产品，是最普惠的民生福祉”。这就明确了生态环境的社会属性。公共产品这一概念是随着商品经济的出现产生的，是一个历史概念。生态环境虽然能够为生活其中的所有人提供生产生活的空间和物质精神需要的满足，然而并不是天然就具有公共产品的属性，这种社会属性只有在市场经济关系中才能获得。在市场经济条件下，资本无休止地追逐利润，对自然界的开发利用超过了其所能承受的范围，导致生态危机，人类也因此受到惩罚。为此，必须通过政治法律手段调节人与人之间、个人与社会之间的利益关系，规范人们的行为。生态环境问题进入政治领域，提供和保护良好的生态环境成为执政党和政府必须履行的政治责任。第二，解决民生问题是保护和改善生态环境的出发点和归宿。坚持生态惠民、生态利民、生态为民的价值取向，加强生态文明建设必须从人民群众最关心、最直接、最现实的生态环境问题入手，着力解决好空气、水和土壤污染问题，全面加强优美的生产生活环境建设，把发展和增加绿色优质农副产品的生产和供给放在最突出的位置，切实保护人民群众的身心健康。第三，生态环境权是人民的基本权利。“环境就是民生”思想还包含着保护人民不受生态环境污染损害和获得赔偿的权利和义务。目前我国的环境保护法规定“公民、法人和其他组织依法享有获取环境信息、参与和监督环境保护的权利”，同时规定“一切单位和个人都有保护环境的义务”，当然，正如很多学者提出的，这些规定还远远不够，需要不断完善。不过在这个过程中，我们看到《中华人民共和国侵权责任法》（2009）、《最高人民法院关于审理生态环境损害赔偿案件的若干规定（试行）》（2019）明确指出污染环境造成个人或集体生命权、健康权等受到损害或者造成公共环境安全损害或突发环境公共事件的污染者，应当承担民事责任。这些规定在一定程度上保证了公民追求良好生态环境的权利。第四，保护并提供良好的生态环境是党和政府的政治责任。李干杰认为对于党和政府来说，“生态环境保护既是业务性很强的政治工作，也是政治性很强的业务工作”，因此其既要增强政治意识，又要苦练本领，提高能力。党和政府必须采取切实管理监督措施保护和改善环境，防治生态环境污染和其他公害，保障公众健康。党和政府还要通过多种途径增强提供良好生态环境的能力，增加区域内的绿化面积，建设公园城市、美丽乡村，从而切实保障人民群众的生活质量，不断满足人民群众对美好生活的向往。总之，环境就是民生思想将生态文明建设纳入民生视域，既是对民生思想的补充和完善，又为切实保护生态环境，保障公民权利，提升全民生态环境保护意识，开辟出一条政治通道。

3. “环境就是民生”思想的意义

首先，“环境就是民生”思想奠定了习近平生态政治思想的理论基础。“环境就是民生”思想把生态环境问题与民生问题结合起来，从提升人民群众的获得感、幸福感和安全感的高度来认识，突出其“以人民为中心”的价值导向和民意基础，回答了生态环境问题为什么成为政治问题和怎样被纳入中国政治领域的问题。这一立论基础通过习近平总书记论及生态环境是政治问题时的理论逻辑表现出来。

> 今年以来，我国雾霾天气、一些地区饮水安全和土壤重金属含量过高等严重污染问题集中暴露，社会反映强烈。经过三十多年快速发展积累下来的环境问题进入了高强度频发阶段。这既是重大经济问题，也是重大社会和政治问题。①
>
> 经济上去了，老百姓的幸福感大打折扣，甚至强烈的不满情绪上来了，那是什么形势？所以，我们不能把加强生态文明建设、加强生态环境保护、提倡绿色低碳生活方式等仅仅作为经济问题。这里面有很大的政治。②

其次，“环境就是民生”思想是习近平生态文明思想的重要组成部分，与“生态环境就是生产力”思想一起构成了习近平生态文明思想的两大理论基石。习近平生态文明思想是习近平新时代中国特色社会主义思想中最具有时代特色

---

① 习近平．习近平关于社会主义生态文明建设论述摘编［M］．北京：中央文献出版社，2017：4.

② 习近平．习近平关于社会主义生态文明建设论述摘编［M］．北京：中央文献出版社，2017：5.

的理论创新成果，也是对严重的生态环境问题提出的新论断。

最后，“环境就是民生”思想为生态文明建设实践提供了工作抓手、价值引领和目标导向，推动了政治解决生态环境问题的历史进程。“环境就是民生”思想要求生态文明建设实践必须从人民群众的生活需要出发，以改善群众反映最为强烈的民生问题为重要抓手，切实解决老百姓身边的生态环境问题。将人民群众的生态获得感、生态幸福感和生态安全感作为检验党和政府生态文明建设成效的价值引领和评价标准，也为中国特色社会主义生态文明建设实践找到了主阵地和突破口。生态文明建设的地位和意义得以上升到政治高度，为采取政治途径解决生态环境问题提供了理论指南和实践要求。

（二）生态环境关系党的使命宗旨

> 不忘初心，方得始终。中国共产党人的初心和使命，就是为中国人民谋幸福，为中华民族谋复兴。这个初心和使命是激励中国共产党人不断前进的根本动力。全党同志一定要永远与人民同呼吸、共命运、心连心，永远把人民对美好生活的向往作为奋斗目标，以永不懈怠的精神状态和一往无前的奋斗姿态，继续朝着实现中华民族伟大复兴的宏伟目标奋勇前进。①
>
> 建设生态文明，关系人民福祉、关乎民族未来。党的十八大把生态文明建设纳入中国特色社会主义事业五位一体总体布局，明确提出大力推进生态文明建设，努力建设美丽中国，实现中华民族永续发展。这标志着我们对中国特色社会主义规律认识的进一步深化，表明了我们加强生态文明建设的坚定意志和坚强决心。②

中国共产党始终把人民幸福、民族复兴作为自己的使命宗旨，作为党不断前进的动力和责任。习近平从整体和长远的高度上看待我国所面临的生态退化、环境污染、资源约束趋紧的问题，对于中华民族能否永续发展和人民的幸福安

---

① 习近平．决胜全面建成小康社会 夺取新时代中国特色社会主义伟大胜利——在中国共产党第十九次全国代表大会上的讲话［M］．北京：人民出版社，2017：1.

② 习近平．习近平关于社会主义生态文明建设论述摘编［M］．北京：中央文献出版社，2017：5.

康表现出强烈的政治意识、忧患意识和解决问题的责任意识，在2018年全国生态环境保护大会上深刻指出“生态环境是关系党的使命宗旨的重大政治问题”。

1. 建设生态文明关系人民福祉体现以人民为中心的根本立场

“人民立场是中国共产党的根本政治立场，是马克思主义政党区别于其他政党的显著标志。”① 中国共产党以人民为中心的根本立场的确立是真理尺度和价值尺度的相结合，是合规律性与合目的性的统一。首先，以人民为中心的根本立场来源于并表现为“人民是历史创造者”的历史唯物主义认识立场，坚持以人民为中心的根本立场首先就是要坚持群众史观的认识立场。马克思主义创始人坚持“历史是人民群众的活动”，人民是创造历史的主体，党以人民为根基，以人民为力量之源，强调把实现人民幸福作为发展的目的和归宿，充分发挥广大人民群众的积极性、主动性、创造性创造历史伟业。其次，以人民为中心的根本立场最集中地表现为中国共产党的一切为了人民的价值立场。任何一个政党都有自己的价值追求，为谁立命、为谁谋利是一个价值立场问题。“全心全意为人民服务”是中国共产党最庄严的政治承诺。习近平同志指出任何时候都必须把人民放在最高的位置、人民利益放在第一位。以人民为中心的根本立场坚持把中国共产党作为人民的先锋队，把为人民谋幸福作为自己的宗旨使命，把人民对美好生活的向往作为自己的奋斗目标。

“时代是出卷人，我们是答卷人，人民是阅卷人。”② 只有牢牢把握新时代我国发展的阶段性特征，牢牢把握人民群众对美好生活向往的变化，才能真正保障人民利益，得到人民群众的拥护。然而，环境污染、生态破坏、雾霾、污水、重金属超标和疾病等威胁着人的生存，更不用说生活质量了，人民希望呼吸清新的空气、吃到健康的食物、住所绿色环保，需要更多优质生态产品和更加优美的生态环境。习近平总书记积极回应人民群众所想、所盼、所急，要求大力推进生态文明建设，增强提供更多优质生态产品的能力，不断满足人民群众日益增长的优美生态环境需要。把重点解决损害群众健康的突出环境问题作为工作的重中之重，坚持生态惠民、生态利民、生态为民，满足人民群众对良

① 习近平．习近平谈治国理政（第二卷）［M］．北京：外文出版社，2017：40.

② 中共中央宣传部．习近平新时代中国特色社会主义思想学习纲要［M］．北京：学习出版社，2019：43.

好生态环境的新期待，把提升人民群众获得感和幸福感作为评价党和政府工作的标准。总之，习近平总书记坚持以人民为中心的根本立场，顺应时代要求和民情民意，把生态文明建设放到谋求人民福祉的高度，当作民心向背的工程，只有这样才能获得不竭的动力，积极引领人民将其转化为自觉行动，集中体现党执政为民的初心。

2. 建设生态文明关系中华民族伟大复兴体现中国共产党的历史使命

众所周知，中国共产党因民族危亡而生，民族复兴从成立之日起就是其肩负的历史责任。中华民族在面临亡国灭种的紧要关头，在马克思主义思想指导下进行反帝反封建的斗争，实现了中华民族的独立和解放，取得了民族复兴的第一个伟大成就，掌握了自己的命运。中华人民共和国成立后，民族复兴的任务就是把一个积贫积弱的中国建设成富强民主文明的中国，这使得在党的领导下开启了改革开放的新征程，发展成为执政兴国的第一要务。随着中国经济的快速发展，中国经济生产总量逐渐位居世界首位，成为经济大国，取得复兴路上的经济奇迹。然而，伴随着经济的巨大成就而来的还有生态环境问题，长期粗放型的增长方式造成水、空气、土壤等环境污染、生态退化严重、资源约束趋紧问题，新时代的中国面临复兴路上的生态环境危机。习近平总书记沉痛地指出：

> 我国水安全已全面亮起红灯，高分贝的警讯已经发出，部分区域已出现水危机。河川之危、水源之危是生存环境之危、民族存续之危。水已经成为我国严重短缺的产品，成了制约环境质量的主要因素，成了经济社会发展面临的严重安全问题。一则广告词说“地球上最后一滴水，就是人的眼泪”，我们绝对不能让这种现象发生。全党要大力增强水忧患意识、水危机意识，从全面建成小康社会、实现中华民族永续发展的战略高度，重视解决好水安全问题。①

这段话以水安全为例，形象具体地说明了生态环境问题威胁人的基本生存，

① 中央文献研究室．习近平关于社会主义生态文明建设论述摘编［M］．北京：中央文献出版社，2017：53.

事关中华民族危亡，必须从民族复兴的战略高度来认识和对待。自然是人的无机身体，良好的生态环境是实现生存发展的前提，也是人类存在的最基本条件，中国特色社会主义新时代必须把建设社会主义生态文明，实现中华民族永续发展放在最重要的位置，它贯穿于经济政治文化社会建设的方方面面。从保持中华民族永续发展的目标看，建设生态文明就是要保证可持续发展，在发展和保护的问题上从大局和长远出发，注重代际公平，将“绿水青山”世世代代传承下去，让子子孙孙都能享受天蓝地绿水清的美好家园。因此生态文明建设是中华民族永续发展的千年大计，功在当代利在千秋，是实现新时代中华民族伟大复兴之路上的关键环节。

（三）生态文明是中国特色社会主义现代化建设的内容和战略目标

1. 生态文明建设是我国“五位一体”总体布局的重要内容

自从邓小平在党的十二大提出“走自己的路，建设有中国特色的社会主义”以来，怎样建设社会主义、建设有中国特色的社会主义的理论思考随着实践的深入不断深化。邓小平在总结经验的基础上提出物质文明建设和精神文明建设“两手抓，两手都要硬”的号召。1997 年，党的十五大提出建设有中国特色社会主义经济、政治和文化的基本目标，标志着中国特色社会主义建设开始朝着系统化方向发展。2007 年，党的十七大针对社会经济发展过程中社会问题尖锐化的倾向，将社会建设写入中国特色社会主义现代化建设总体布局，中国特色社会主义建设内容更加丰富。随着经济长期高速发展而来的资源约束趋紧和生态环境恶化，中国特色社会主义现代化建设面临严峻挑战，如何实现人与自然、经济发展与环境保护相协调的问题被提了出来。党的十八大把生态文明建设纳入社会主义现代化建设总布局，成为我国“五位一体”总布局之一。生态文明建设被写入社会主义现代化建设总布局，表明了我国社会主义现代化建设内容的不断丰富，呈现系统化、整体化的特征和趋向，有助于中国特色社会主义事业的整体推进；表明了我国社会主义现代化建设质量的不断提升，不仅要实现人与人、社会之间关系的和谐还要实现人与自然之间关系的和谐；表明了生态环境问题被纳入社会主义现代化建设的战略高度，标志着党对中国特色社会主义建设规律的探索过程和认识都步入一个新台阶。

2. 生态环境关系“两个一百年”奋斗目标的实现

“两个一百年”奋斗目标是党根据自己的历史责任和时代特点确立的阶段性和接续性的战略目标，也是新时代中国特色社会主义发展的战略安排。第一个百年奋斗目标是在中国共产党成立一百年时全面建成小康社会，第二个百年奋斗目标是在中华人民共和国成立一百年时把我国建成富强民主文明和谐美丽的社会主义现代化强国。全面建成小康社会的第一个百年奋斗目标是实现第二个百年奋斗目标的前提和基础，第二个百年奋斗目标的实现标志着中华民族伟大复兴中国梦的实现。“两个一百年”奋斗目标都设立了生态环境的目标内容。就第一个百年奋斗目标来看，生态环境关系全面建成小康社会目标的实现。首先，生态环境建设是全面建成小康社会的重要内容。“全面”是关系全面建成小康社会成败的重点，是包括“五位一体”的所有领域的全面进步。2014 年，习近平在参加十二届全国人大二次会议贵州代表团审议时说“小康全面不全面，生态环境质量很关键”①，讲明了生态环境在目前全面建成小康社会中的地位和重要意义。其次，生态环境建设是全面建成小康社会的重点和难点。2017 年，习近平在十九大报告中指出，决胜全面建成小康社会要“突出抓重点、补短板、强弱项，特别是要坚决打好防范化解重大风险、精准脱贫、污染防治的攻坚战”②。可见，习近平总书记认为生态环境建设是全面建成小康社会的短板和弱项之一，是必须做好的重点工作，要注重防范生态环境领域的重大风险，着力提高生态环保扶贫能力，进一步增强绿色发展的主动性和自觉性，注重生态环境保护和污染防治。最后，生态环境建设成效体现全面建成小康社会的高度。21 世纪初我国国民生产总值已经达到人均 800 美元，进入小康社会。但是那时的小康还是低水平的小康，之所以这样说的一个重要的原因就是生态环境问题依然非常严峻，影响了小康社会的成色。全面建成小康社会要在解决生态环境问题上下功夫，建成经得起历史检验，人民认可的小康社会。就第二个一百年的奋斗目标来看，党的十九大提出在完成第一个百年目标建成小康社会的基础上，要乘势而上向第二个百年奋斗目标进军，并结合国际国内条件分两个阶段

① 习近平．习近平关于社会主义生态文明建设论述摘编［M］．北京：中央文献出版社，2017：8.

② 习近平．决胜全面建成小康社会 夺取新时代中国特色社会主义伟大胜利［M］．北京：人民出版社，2017：18.

安排，每个阶段都包含生态环境建设目标。第一个阶段要求生态环境根本好转，美丽中国目标基本实现，绿色发展的生产范式和生活方式基本形成，在应对全球气候变化、促进绿色发展中发挥重要作用。第二个阶段要求把我国建设成富强民族文明和谐美丽的社会主义现代化强国，要求建设高度的生态文明，天蓝地绿水清的优美生态环境成为普遍常态，开创人与自然和谐共生的新境界。生态环境全面提升，人民享有更加幸福安康的生活。美丽安康是社会主义现代化强国的标签，人与自然和谐是我国社会主义现代化建设追求的奋斗目标，生态文明建设是实现社会主义现代化强国的内在要求和内生动力。

（四）社会主义生态文明观

习近平总书记在十九大报告中提出并强调要牢固树立社会主义生态文明观。社会主义与生态文明直接相联系，既是对社会主义内涵的丰富和发展，也是对生态文明认识的深化。社会主义生态文明观是习近平生态政治思想的重大理论成果。首先，社会主义生态文明观的提出是中国特色社会主义建设实践中形成的必然认识。随着我国社会主义建设实践的发展，生产力水平的不断提高和人民群众日益增长的新需要，生态文明建设自然而然地被纳入中国特色社会主义建设战略发展目标和建设布局之中。其次，社会主义生态文明观的提出是对社会主义认识深化的成果。马克思主义经典作家对人与自然的关系做过详细探讨，指出人的社会存在影响着人与自然之间的关系，只有在人与人、人与自然的双重和解中才能实现社会主义。习近平总书记在总结实践经验和教训的过程中，深刻地指出生态环境对于人民群众的重要性不断突出，对党的执政地位和执政能力的考验增强，必须从事关社会主义建设成败的高度去认识和思考。最后，社会主义生态文明观也是在与资本主义解决生态问题的对比中形成的。生态环境问题最初出现在发达资本主义国家，可是在应对的实践中，资本主义社会面临诸多难以克服的制度问题，应对措施也捉襟见肘。西方资本主义国家在探讨解决生态环境问题的过程中也形成了各种各样的生态思想，对生态环境问题的产生、发展和解决途径进行理论研究，其中，生态马克思主义和生态社会主义通过理论逻辑批判资本主义制度与生态文明的不相容性，展示了生态文明的社会属性。社会主义生态文明观的内容概括就目前来看由于出发点和视角的不同也多种多样，从政治生态化的视角来看，社会主义生态文明观就是关于生态文明与社会主义关系认识的新成果，强调社会制度对于建设生态文明的现实性和重要性。其主要理论内容有实现人与人、人与自然的双重和解是社会主义追求的价值目标，生态文明是社会主义的本质属性，社会主义是生态文明建设的制度依托；社会主义要想战胜资本主义，必须建立在新的生产发展方式之上显示和发挥其制度优势，建设社会主义生态文明是一条新道路；生态文明建设不仅仅是生态环境保护和发展模式的变革，而且是政治经济文化社会各领域生态化变革的统一，为最终走向共产主义提供社会条件等①。

第二节 完善生态环境治理体系

20世纪70年代早期，全世界对生态环境问题的关注和国内环境污染事件的发生，推动中国开始保护环境，治理污染的历程。经过近半个世纪的努力，中国的生态环境治理总体上经历了从末端治理、控制污染到清洁生产、保护生态，再到如今的绿色发展、建设生态文明的演变过程。生态环境管理方式也经历了从行政命令主导到市场政策激励，再到基于公众参与的信息公开和综合运用多种政策工具的转变过程。这一系列转变体现了生态环境治理体系的生态化。习近平总书记顺应历史发展趋势，强调用最严格的制度、最严密的法治，为生态文明建设提供可靠保障。从提高党和政府治理体系和治理能力现代化的高度出发，不断完善以维护人、自然和社会之间的关系和谐，满足人民美好生活需要为根本目标，明确保护生态环境权益和责任为主要内容的党和国家的政策、党内法规和国家法律三类制度规范体系。

一、生态环境政策体系

习近平总书记指出："党的政策和国家法律都是人民根本意志的反映，在本质上是一致的。"②"党的政策是国家法律的先导和指引，是立法的依据和执法

① 张华丽．社会主义生态文明话语体系研究［D］．北京：中共中央党校，2018.

② 人民网．坚持严格执法公正司法深化改革 促进社会公平正义保障人民安居乐业——习近平出席中央政法工作会议并发表重要讲话 刘云山张高丽出席［A/OL］．人民网，2014-01-09.

司法的重要指导。”① 习近平从党的政策和国家法律关系的角度来论述党的政策，首先指出党的政策在本质上是人民根本利益的反映。其次从发生学的角度指出，党的政策具有先导性和指引性。这种先导性体现在中国共产党在取得政权之前的革命时期，依靠正确的政策指引取得了胜利，党的政策的权威性和重要地位已经被确立。在取得政权之后，党的政策仍然发挥纲领性作用。即便在社会主义市场经济的条件下，提出依法治国的基本方略，法律也不能完全满足社会实践的要求，政策性文件仍然发挥着重要作用。政策对法律的指引性体现在法律就是通过法定程序成为国家意志的政策，立法和执法过程必须遵循党的基本政策，国家法律的强制性保障党的政策的贯彻执行。党和国家制定政策是管理国家的重要方式，是国家治理体系的重要组成部分。生态环境政策是党和国家治国理政思想在环境保护领域内的延伸和具体化，是实现人与自然、社会和谐发展，发展与资源环境相互协调的重要手段，也是我国开展生态环境保护工作的重要依据。

> 环境政策的含义是指党和国家为了解决环境问题，达到环境保护目的而采取的各种措施和行动，具体包括党和国家制定的专门环境保护战略、规划、规定、决定、计划、指示以及国民经济计划，国民经济与社会发展计划，党的报告，政府工作报告中体现环境保护的内容。②

生态环境政策的内容比较广，是党制定的路线方针政策中关于保护与改善生态环境内容所构成的体系。这一政策体系可以分为宏观、中观和微观三个层次。宏观环境政策是特定历史时期内稳定的指导环境工作的总纲领。党的十八大以来的宏观层次的生态环境政策主要是指党的十八大、十九大报告内提出的党的基本路线、基本方针、基本方略及目标举措，即党的基本路线中“五位一体”总布局、“节约优先、保护优先、自然恢复为主”的基本方针、“坚持人与自然和谐共生”的基本方略。党的十八大、十九大报告将生态文明建设和美丽

---

① 人民网．党领导全面依法治国 习近平强调这十六个字［A/OL］．人民网，2019－02－17.

② 尹如法．1970 年代以来中国环境政策演进的法理学研究［D］．西安：西安建筑科技大学，2014.

写入党的基本路线，并对生态文明建设的目标和举措做出阐释，体现了人民对良好生态环境方面的迫切要求和全面建成小康社会的紧迫任务，是新时代社会主义生态文明建设实践的总纲领，也是生态环境政策体系的统领。中观环境政策是围绕宏观环境政策制定的，用以指导生态环境保护工作的基本政策。党的十八大以来中观层面的生态环境政策是关于生态文明建设的意见和方案，主要包括 2015 年制定的《关于加快推进生态文明建设的意见》和《生态文明体制改革总体方案》，2016 年的《生态文明建设目标评价考核办法》和《生态文明体制改革实施方案》，2017 年的《建立国家公园体制总体方案》《中华人民共和国环境保护税法实施条例》《生态环境损害赔偿制度改革方案》《领导干部自然资源资产离任审计规定（试行）》《关于深化环境监测改革提高环境监测数据质量的意见》《关于建立资源环境承载能力监测预警长效机制的若干意见》，2018 年的《关于全面加强生态环境保护、坚决打好污染防治攻坚战的意见》《中共中央、国务院关于实施乡村振兴战略的意见》，2019 年的《关于建立以国家公园为主体的自然保护地体系的指导意见》《中央生态环境保护督察工作规定》《中共中央国务院关于建立国土空间规划体系并监督实施的若干意见》《关于统筹推进自然资源资产产权制度改革的指导意见》，2020 年的《关于构建现代环境治理体系的指导意见》等，针对生态文明建设作出具体部署，是生态文明建设实践的根本遵循。微观环境政策是旨在解决特定环境问题的具体政策措施。党的十八大以来的微观层面的生态环境政策主要是针对具体生态环境问题所制定的具体办法和举措，主要有 2013 年的《企业环境信用评价办法（试行）》《关于深化限制生产销售使用塑料购物袋实施工作的通知》《大气污染防治行动计划》《关于印发实行最严格水资源管理制度考核办法的通知》和《关于加快发展节能环保产业的意见》，2014 年的《关于加强环境监管执法的通知》《关于进一步推进排污权有偿使用和交易试点工作的指导意见》《大气污染防治行动计划实施情况考核办法（试行）》《关于加快新能源汽车推广应用的指导意见》《突发环境事件调查处理办法》《环境保护主管部门实施查封、扣押办法》和《企业事业单位环境信息公开办法》，2015 年的《党政领导干部生态环境损害责任追究办法（试行）》《水污染防治行动计划》《生态环境监测网络建设方案》《关于推行环境污染第三方治理的意见》《环境保护公众参与办法》《环境保护主管部门实施按日连续处罚办法》《环境保护主管部门实施限制生产、停产整治办法》《建设项目环境影响后评价管理办法（试行）》和《突发环境事件应急管理办法》，2016 年的《关于全面推行河长制的意见》，2017 年的《关于划定并严守生态保护红线的若干意见》，2018 年的《农村人居环境整治三年行动方案》，2019 年的《天然林保护修复制度方案》，2020 年的《国务院办公厅关于生态环境保护综合行政执法有关事项的通知》《国务院办公厅关于在防疫条件下积极有序推进春季造林绿化工作的通知》等。总之，我国已经形成了一系列关于生态环境保护的政策文件，为生态文明建设实践提供了相应领域的体制机制改革的制度框架，是调整人与自然、社会之间的关系，党和国家与公民之间的关系，引导经济发展与生态环境保护和谐发展的基本遵循。

二、党内法规体系的生态化变革

"东西南中党是领导一切的"，习近平生态文明思想坚持生态文明建设必须在党的领导下进行。为了保护和改善生态环境，建设社会主义生态文明，党修订了党章，制定了相关的以准则、条例、规则、规定、办法和细则为主要内容的党内法规体系，各领域各层级党内规章制度逐步开始生态化变革。首先，党的十八大会议通过的关于《中国共产党章程（修正案）》的决议将生态文明建设写入党章并在总纲中做出阐述，以党内根本大法的形式确立了党领导生态文明建设的责任和主张。

> 中国共产党领导人民建设社会主义生态文明。树立尊重自然、顺应自然、保护自然的生态文明理念，增强绿水青山就是金山银山的意识，坚持节约资源和保护环境的基本国策，坚持节约优先、保护优先、自然恢复为主的方针，坚持生产发展、生活富裕、生态良好的文明发展道路。着力建设资源节约型、环境友好型社会，实行最严格的生态环境保护制度，形成节约资源和保护环境的空间格局、产业结构、生产方式、生活方式，为人民创造良好生产生活环境，实现中华民族永续发展。①

---

① 人民网．中国共产党章程［A/OL］．人民网，2012－11－19.

党章中做这样的修改，使中国特色社会主义事业总体布局更加完善，使生态文明建设的战略地位更加明确，有利于动员全党全国各族人民更好全面推进中国特色社会主义事业，是我们党对自然规律及人与自然关系再认识的重要成果。党的十八大以来，党领导人民开展了轰轰烈烈的生态文明建设实践，在实践中逐步形成习近平生态文明思想。习近平生态文明思想是习近平新时代中国特色社会主义最重要的组成部分。随着习近平新时代中国特色社会主义思想被写入2017年党的十九大会议修订的党章，确立为党的指导思想，习近平生态文明思想也成为保护生态环境、建设生态文明的指导思想，在全面推进中国特色社会主义现代化建设事业中的地位和作用更加明确，也有利于动员全党带领全国各族人民更好地开展生态文明建设实践。

其次，新的党内生态环境法规不断得到丰富和完善。党的十八大以来党所制定公布的党内法规是2015年的《党政领导干部生态环境损害责任追究办法（试行）》、2016年的《生态文明建设目标评价考核办法》和2019年的《中央生态环境保护督察工作规定》等。《党政领导干部生态环境损害责任追究办法（试行）》是贯彻落实党的十八大和十八届三中、四中全会有关部署，习近平总书记系列重要讲话精神的重要举措，也是针对党政领导干部在生态环境领域政策规定落实中起到关键作用，而现行法律法规缺少相应的责任规定的问题制定的。《党政领导干部生态环境损害责任追究办法（试行）》提出环境保护“党政同责、一岗双责、失职追责”的要求，强调地方党委和政府的协同监管职责，改变了以前的环境保护国家权力运行格局要求，对追责对象、追责原则、考核评价和追责程序等内容做了具体详细的规定，构成了对各级党政领导干部进行环保问责的主要规范依据，是目前实施最为彻底、社会影响最大的党内生态环境法规。《生态文明建设目标评价考核办法》是为了破除以往“简单以GDP论英雄”的政绩观，将生态环境建设目标任务落到实处，采取评价与考核相结合的方式，主要评估资源利用、环境治理、环境质量、生态保护、增长质量、绿色生活、公众满意程度等方面的变化趋势和动态进展，生成各地区绿色发展指数，主要考核国民经济和社会发展规划纲要中确定的资源环境约束性指标，以引导社会树立良好生态环境就是最普惠的民生福祉的新理念。《中央生态环境保护督察工作规定》是党中央国务院深入贯彻落实习近平生态文明思想和党中央、国务院决策部署，坚持以人民为中心，以解决突出生态环境问题、改善生态环境质量、推动高质量发展为重点，夯实生态文明建设和生态环境保护政治责任，强化督察问责、形成警示震慑、推进工作落实的需要制定的。该规定强调督察工作的顶层设计，明确要求设立中央生态环境保护督察机构，实行生态环境督察制度，采取例行督察、专项督察和“回头看”三种督察方式，遵循督察准备、督察进驻、督察报告、督察反馈、移交移送、整改落实和立卷归档等程序环节，直接推动解决群众反映强烈的重点区域、重点领域、重点行业内存在的生态环境问题。总之，党内法规的生态化变革是党加强生态文明建设，推进体制机制改革规范化的表现，在实践中对各级党政领导干部构成了强有力的约束，对充分发挥党的领导作用，形成生态环境治理的政党法治，加大力度推进生态文明建设解决生态环境问题具有重要意义。

三、法律制度的生态化变革

依法治国是党领导人民治理国家的基本方略，改革开放以来，我国形成了以宪法为核心的中国特色社会主义法律体系。中国法律制度的生态化变革是随着国际社会对生态环境问题的关注产生的，尤其是1972年召开的联合国人类环境会议对党和政府起到了生态环境预警的作用。法律制度的生态化变革首先表现为处于母法地位的《宪法》的生态化变革。1978年首次将“国家保护环境和自然资源，防治污染和其他公害”写入宪法，保护环境和自然资源成为国家的一项基本职责，开启了宪法生态化的变革历程，拉开了中国法律制度体系生态化变革的序幕。其次表现在环境保护专门法的制定和不断丰富发展。1979年颁布了《中华人民共和国环境保护法（试行)》，这是依据宪法制定的针对环境保护的专门法，它的制定在中国法律制度体系生态化变革过程中具有里程碑的作用。随后相关保护环境和自然资源的法律法规相继出台，如1982年的《中华人民共和国海洋环境保护法》、1984年的《中华人民共和国水污染防治法》、1985年的《中华人民共和国草原法》、1987年的《中华人民共和国大气污染防治法》、1988年的《中华人民共和国野生动物保护法》、1995年的《中华人民共和国固体废物污染环境防治法》、1997年的《中华人民共和国节约能源法》、2002年的《中华人民共和国清洁生产促进法》和《中华人民共和国环境影响评价法》等，初步建立了中国特色的环境法律体系。最后表现在民法、刑法、诉讼法等法律也增加了生态环境保护相关条文。比如，1979 年《中华人民共和国刑法》增加了环境资源犯罪的内容，1997 年修订后又增加了“破坏环境资源保护罪”和“环境监管失职罪”的内容；1986 年《中华人民共和国民法通则》增加了“违反国家保护环境防止污染的规定，污染环境造成他人损害的，应当依法承担民事责任”的内容。2012 年《中华人民共和国民事诉讼法》作出新规定，“对污染环境、侵害众多消费者合法权益等损害社会公共利益的行为，法律规定的机关和有关组织可以向人民法院提起诉讼”。

2012 年党的十八大以来，生态文明建设被纳入“五位一体”总体布局，战略地位显著加强，我国法律制度生态化变革进入全面发展新阶段。首先生态文明被写入宪法。2018 年十三届全国人大一次会议第三次全体会议通过《宪法修正案》将生态文明写入宪法。建设生态文明，建设美丽中国被写入宪法，使生态文明建设作为“五位一体”总体布局之一发挥总揽全局的作用得到法律保障，进入法治化阶段。其次制定了新的生态环境保护法律。2016 年制定了《中华人民共和国环境保护税法》和《中华人民共和国深海海底区域资源勘探开发法》，分别为保护和改善环境，减少污染物排放，规范开发活动，促进资源可持续利用，推进生态文明建设，提供了新的法律依据。再次依据我国生态环境现状和生态文明建设要求修订了一部分生态环境法律。比如，《中华人民共和国环境保护法》《中华人民共和国草原法》《中华人民共和国渔业法》《中华人民共和国煤炭法》《中华人民共和国海洋环境保护法》《中华人民共和国固体废物污染环境防治法》和《中华人民共和国大气污染防治法》等得到修订，一系列重大的环境保护法制改革措施被写入法律条文。最后地方生态环境法规体系的不断丰富与发展。我国疆域辽阔，不同区域的自然环境、历史文化、风俗习惯和社会人口等因素差异较大，产生了地方问题的特殊性和地方治理区域的差异性问题。地方生态环境立法为协调当地自然环境和经济发展提供支持，具有客观和现实意义。《中华人民共和国宪法》和《中华人民共和国立法法》都规定在“不抵触、有特色、可操作”的原则下，可以针对特定的地方性事务、地方实际情况立法。因此，各地方均尝试根据国家生态环境相关法律制定本地区的实施方案、办法和条例等，构成地方生态环境法规体系，为推进地方生态文明建设起到法律保障和规范作用。

四、构建中国特色社会主义生态环境治理体系

自党的十八大以来生态文明制度建设步伐加快，在我国治国理政中的地位不断提高，到目前已经建立起包括党和政府的政策体系和法治体系在内的比较系统完整的生态环境治理体系。从覆盖范围来看，我国的生态环境治理体系囊括了生态环境保护的全过程和各个环节，实现了从源头严防到过程严管，再到后果严惩全覆盖；从内容上看，我国生态环境治理体系涵盖从宏观到微观生态环境建设的各个方面，既体现了原则的灵活性又注重制度的执行性和可操作性；从党治国理政的方式看，我国的生态环境治理体系更好地发挥了党和政府的领导作用，在注重依靠行政手段发挥党的政策的正确性和前瞻性的同时，还注重依靠法律手段发挥法治在经济和社会生活中的作用，规范协调调动市场各类主体的积极性主动性；从主体责任上来看，不仅仅强调企业和公民的责任与义务，更强调压实压紧党和政府的责任，实施监督和审查，更有利于引领广大人民群众发挥更大的积极性。总之，在党的坚强领导下，在转变执政方式、增强执政能力的要求下，解决实践中面临的日益严峻的资源约束和生态环境退化问题的过程中，中国特色社会主义生态环境治理体系已经形成，并且随着实践的发展不断发展完善。

虽然生态文明理念已经得到全社会的认可，生态文明建设实践也如火如荼地开展起来，并取得很大成就，但是我国的环境问题依然严重，这也表明我国的生态环境治理体系还存在一些问题，需要不断改革和完善。首先，我国生态环境治理体系在很大程度上还处于解决问题的被动阶段。大部分环境政策和法律法规都是在实践中已经出现较为严重的环境问题并引起社会的广泛关注或舆论施压后才发布出台的，重在事后补救。尤其是对地方党委和政府来说具体的实施细则和方法往往滞后于形势的发展，即使能够在一定程度上弥补之前造成的生态环境不良后果，但是需要付出更多的生态环境成本，造成更大的经济社会损失甚至是难以补救的损失。其次，生态环境治理体系需要结合生态环境的特点建立区域性生态环境保护政策和法律法规。“山水林田湖是生命共同体”，生态环境具有整体性、系统性和区域性的特点，然而人类的思维方式却不得不

把它们分类切割为不同的部分来认识，比如特定区域水、大气、土壤、森林等被分开来，这造成生态环境治理体系中生态整体性、系统性缺失。虽然目前生态环境治理体系中有国家森林公园、自然保护区等相关内容，但是远远不够，需要进一步加强。最后，生态环境政策法律法规制定的民主性有待提高。生态环境治理体系要发挥作用，必须保证制定的科学性，目前在政策法律法规制定过程中存在政治民主发扬不足、公众参与积极性不高和程序不严格导致的政策法律法规存在某些领域立法空白，而另一些领域重复立法等问题。未来我国生态环境治理体系的发展和完善需要做好以下几方面的工作。第一，坚持科学性原则，主动开展生态环境调查工作，增强立法、执法制度体系的前瞻性。科学的治理体系建立在调查研究的基础之上，而不是头疼医头脚疼医脚。如火如荼的生态文明建设对生态环境政策法律法规提出迫切要求，党和政府各部门都行动起来，加强政策制定和立法工作。因此今后一段时期仍然是生态环境治理体系建设的关键时期，在已有成绩的基础上需要总结经验，增强把握生态环境发展趋势和消除隐患的能力。第二，增强区域性系统性生态环境治理体系建设。生态环境的系统性决定了特定区域内各环境要素之间相互影响相互作用，出现"城门失火殃及池鱼"或产生蝴蝶效应的现象。为此，无论是对于制定政策法律法规还是处理生态环境退化污染问题都需要增强生态系统认识，也必然要求扩大视野，从整体性出发，增强生态环境治理体系的系统性配套性。第三，增强生态环境政策法律法规建设的民主性。生态环境是最公平的公共产品，关系到所有人的生存与发展利益，因此需要发动最大多数人表达立场观点和看法，只有这样才能在调节各方面关系时做到胸有成竹，避免顾此失彼，出现领域空白和关注盲点。

第三节　共谋全球生态文明建设

"没有哪个国家能够独自应对人类面临的各种挑战，也没有哪个国家能够退回到自我封闭的孤岛。"① 习近平总书记从世界历史高度和人类生态文明发展的宏大视野出发，提出"建设生态文明关乎人类未来。国际社会应该携手同行，共谋全球生态文明建设之路"②。共谋全球生态文明建设的全球生态观是习近平生态文明思想的政治生态化变革意蕴在国际政治领域的表现。党的十八大以来，习近平倡导共谋全球生态文明建设，深度参与全球环境治理的国际生态政治思想，从国内生态政治与国际生态政治融合化、互动化的视野出发，提出了中国作为生态治理负责任的大国要在大力推进本国生态治理的同时，积极参与国际生态合作治理，肩负起与世界各国携手共建生态良好的地球美好家园的生态政治任务。到党的十九大召开之时，我国已经成为"全球生态文明建设的重要参与者、贡献者、引领者"③。

一、建设清洁美丽世界

（一）建设清洁美丽世界是人类命运共同体的生态向度

人类命运共同体思想是习近平总书记提出的国际关系新思想，与霸权主义、单边主义和美国优先主义形成鲜明对比，自从提出以来逐步成为国际社会的共识，发挥越来越大的影响力。人类命运共同体思想是对世界经济科技发展时代潮流的深刻认识，经济全球化带来世界经济的大融合，科技进步缩短了地球的空间距离，提供了人与人精神交流的多种方式。同时，人类也面临着经济增长动能不足，贫富分化日益严重，地区热点问题此起彼伏，恐怖主义、网络安全、重大传染性疾病、气候变化④等许多共同的挑战，"这个世界，各国相互联系、相互依存的程度空前加深，人类生活在同一个地球村，生活在历史和现实交汇的同一个时空里，越来越成为你中有我、我中有你的命运共同体"⑤。建设清洁

① 习近平．决胜全面建成小康社会 夺取新时代中国特色社会主义伟大胜利——在中国共产党第十九次全国代表大会上的报告［M］．北京：人民出版社，2017：34.

② 十八大以来重要文献选编（中）［M］．北京：中央文献出版社，2016：697－698.

③ 习近平．决胜全面建成小康社会 夺取新时代中国特色社会主义伟大胜利——在中国共产党第十九次全国代表大会上的报告［EB/OL］．中华人民共和国中央人民政府，2017－10－27.

④ 习近平．决胜全面建成小康社会 夺取新时代中国特色社会主义伟大胜利——在中国共产党第十九次全国代表大会上的报告［M］．北京：人民出版社，2017：34.

⑤ 习近平．习近平谈治国理政［M］．北京：外文出版社，2014：272.

美丽的世界是对人类面临的全球气候变暖、水资源污染、臭氧层破坏、酸雨蔓延、生物多样性减少等全球生态环境恶化问题提出的中国方案，是对人类未来发展方向的一个愿景，旨在寻求构建一种人与自然的命运共同体。在这个意义上，建设清洁美丽世界，实现人与自然的和解必然被置于实现人类各个国家和民族关系的合作共赢，构建人类命运共同体的框架之内。习近平总书记在中共十九大报告中从人—社会—自然和谐互动的视角，明确了人类命运共同体建设的五个方面的内容，即持久和平、普遍安全、共同繁荣、开放包容和清洁美丽，从政治、安全、经济、人文、生态五大领域给出了中国方案。建设清洁美丽的世界植根于现实社会，顺应时代发展，科学回答了“建设什么样的世界，怎样建设世界”的时代课题，是构建人类命运共同体的重要内容，也是建设相互尊重、公平正义、合作共赢的新型国际关系在生态环境领域的具体体现，推动国际关系理论与实践生态化变革的深入发展。

（二）建设清洁美丽世界的基本含义

建设清洁美丽世界是对“建设什么样的世界，怎样建设世界”问题的回答，是构建人类命运共同体的重要内容，因此对其内涵的理解也不能仅仅限于字面意义，而应该上升到对人类未来的愿景及实现愿景的途径两个方面做出探讨。首先，清洁美丽世界是对构筑尊重自然、尊重生命、绿色发展全球生态体系的人类美好愿景。美好愿景是对现实批判和反思的结果。当今世界并不是处处清洁美丽，还是可以看到又脏又乱的景象，这种景象是人类不恰当行为造成的后果，包括对自然资源的掠夺，对他人和公共利益的无视，甚至为了自身利益发动战争等。千疮百孔的世界呼唤清洁美丽的生产生活环境，呼唤相互尊重、合作共赢的国际关系，还自然生态和社会生态以和谐公正。其次，建设清洁美丽世界的本质是实现人类与自然界和谐相处。工业文明引起的人与自然尖锐的矛盾冲突带来对人与自然关系的深刻反思，人类离不开自然、人是自然界的一部分、人与自然要和谐相处、建设生态文明等思想已经成为共识，这一共识具体形象地表现为建设清洁美丽世界的朴素愿景，对人类美好未来和对地球家园的规划设想。最后，从怎样建设清洁美丽世界的途径上来看，要发挥国际社会主体的合作共赢精神，走绿色低碳循环可持续发展道路。这就有以下几点要求。第一，要实现人与人、人与社会关系的和谐和人类思想的共识、行动的协调统一，否则人与自然的和谐关系就成为无源之水、无本之木。因此，建设清洁美丽世界必须首先实现建设新型国际关系，遵循团结合作共赢的行为准则，实现奋斗目标。第二，要坚持走全球绿色低碳循环可持续的生态文明发展道路。方向决定前途，道路决定命运。绿色低碳循环可持续的发展道路是全世界人民在总结历史经验教训的基础上寻找到的实现保护地球家园，维护当代人之间及他们与后代之间公平发展的道路。尤其是某些国家为维护自己的短期利益采取生态移民，不惜毁坏污染其他国家和地区的环境安全，然而从长远来看，这些国家也不能独善其身。因此，在相互尊重的基础上，坚持公平正义的原则，团结合作走向绿色发展道路，是走向生态文明光明未来的重要保障。

（三）建设清洁美丽世界的意义

首先，习近平总书记提出建设清洁美丽世界首先是着眼于全球生态安全，构建人类命运共同体的视角，因此对维护全球生态安全，开展国际生态环境保护，实现人类社会可持续发展具有重要意义，为人类生态环境建设提供了目标方向，是推动构建人类命运共同体和引领全球生态环境治理体系变革的理论指南。其次，建设清洁美丽世界是习近平生态文明思想在全球范围内、国际合作领域的发展，构成了习近平生态文明思想的重要内容，对丰富和发展习近平生态文明思想具有重要理论意义。最后，从实践上看，建设清洁美丽世界为后发国家提供了新的发展方案。清洁美丽世界既是对现实世界生态环境的否定，也是对现代工业生产生活方式的否定，要求改变工业文明时代对待自然的粗暴方式，转变发展方式，走生态文明道路，从而为后发国家坚持绿色低碳循环发展，在人与自然和谐的基础上，尊重自然规律，合理开发利用生态环境生产力提供了新思路、新途径。

二、维护全球生态安全

（一）习近平的总体国家安全观

当前我国国家安全内涵和外延比历史上任何时候都要丰富，时空领域比历史上任何时候都要宽广，内外因素比历史上任何时候都要复杂，必须坚持总体国家安全观，以人民安全为宗旨，以政治安全为根本，以经济安全为基础，以军事、文化、社会安全为保障，以促进国际安全为依托，走出一条中国特色国家安全道路。贯彻落实总体国家安全观，必须既重视外部安全，又重视内部安全，对内求发展、求变革、求稳定、建设平安中国，对外求和平、求合作、求共赢、建设和谐世界；既重视国土安全，又重视国民安全，坚持以民为本、以人为本，坚持国家安全一切为了人民、一切依靠人民，真正夯实国家安全的群众基础；既重视传统安全，又重视非传统安全，构建集政治安全、国土安全、军事安全、经济安全、文化安全、社会安全、科技安全、信息安全、生态安全、资源安全、核安全等于一体的国家安全体系；既重视发展问题，又重视安全问题，发展是安全的基础，安全是发展的条件，富国才能强兵，强兵才能卫国；既重视自身安全，又重视共同安全，打造命运共同体，推动各方朝着互利互惠、共同安全的目标相向而行。①

这段话凝练了习近平总书记对新时代国家安全的认识，概括了总体国家安全观的主要内涵。当今世界国家安全的内涵和外延最为丰富，兼具跨越时空和国界地区的特征，内外因素相互交织极为复杂。这种安全形势要求在治国理政的实践中坚持辩证思维、系统思维、战略思维，实现对安全观的创新认识。首先，总体国家安全观提出人民安全宗旨，强调以民为本、以人为本的国民安全。人民安全宗旨既表现了党的宗旨和以人民为中心的根本立场，也体现了安全观的变革，传统的以主权安全为核心的安全观注重国土安全，新安全观在此基础上强调国民安全的重要性，国民安全和国土安全密不可分，是历史唯物史观和群众史观的基本观点在安全观上的运用与反映。其次，总体国家安全观具有全球视野和人类情怀，提出统筹内部安全与外部安全，自身安全与共同安全。面对当前国际新形势，习近平强调外部安全与内部安全相互促进、相互制约，本国安全与他国安全辩证统一、密切相关，人类社会是休戚与共的命运共同体，世界各国在追求自身的安全的同时，应担负起世界安全维护者的责任，通过加强国际防范与国际合作，来维护好每一个国家的安全与发展，真正推动和实现

---

① 习近平．习近平谈治国理政［M］．北京：外文出版社，2014：201.

全世界的共同安全。再次，总体国家安全观反映时代特点，提出传统安全与非传统安全并重。非传统安全观是相对于传统安全观而言的，它们之间的区别在于以下三个方面。第一个方面是安全主体不同，传统安全维护的安全主体是国家及其主权，而非传统安全的主体则强调人的安全。第二个方面是安全内容不同，传统安全的主要内容为政治安全、国土安全、军事安全等，非传统安全则包括金融安全、文化安全、生态安全等内容。第三个方面是维护安全的手段不同，传统安全主要采取军事武力等对抗性手段，非传统安全则强调合作共赢等非对抗性手段。在全球化的今天，人类是一个命运共同体，和平发展成为世界主题，国际合作加强，对非传统安全的强调体现了对安全的时代性把握，符合当今安全形势发展的状况。最后，总体国家安全观提出安全与发展并重，揭示出安全问题的深刻渊源和解决的根本途径。安全与发展的关系常常被比喻为一枚硬币的两面，互为表里。发展危机常常带来安全危机，无论是传统安全还是非传统安全都是如此，相反良好的发展为安全提供物质、技术等基本保障。同样，没有安全的条件就不可能实现发展，危机四伏、人心惶惶不可能有发展的希望，发展需要安全稳定的环境。因此从长远观点看，解决安全的根本途径在于发展，在于和谐幸福美好的生活和人的素质的提高。总之，习近平总书记的总体国家安全观具有高屋建瓴、内涵丰富、时代性强的特点，是维护新时代国家安全和全球安全的实践指南。

（二）维护全球生态安全

1. 生态安全的全球性问题

就目前的使用来看，生态安全的全球性有两种含义。一种用来指称生态安全是全球面对的共同问题。世界各国都面临着环境污染、能源资源短缺、森林植被破坏、生物失去多样性等人类活动导致的生态灾难问题，和飓风、洪水、泥石流等自然灾害问题。另一种是指全球性的生态安全。主要指全球气候变暖和海洋污染等地球生态系统破坏对全人类的生存和发展带来威胁。第一种全球共同面临的生态安全发展到一定程度，本国的、区域的生态系统难以承载时会通过全球生态系统循环演变为第二种全球性的生态安全问题，第二种全球性生态安全问题与各个国家的生态环境问题密切相关。因此无论哪一种含义，都体现“生态是统一的自然系统，是各种自然要素相互依存而实现循环的自然链条”①，都表明生态安全的系统性和全球性特点，需要全球范围内各个国家和地区密切合作、相互支持。

2. 维护全球生态安全是世界各国共同的责任

生态安全是全球安全、共同安全。全球生态环境的状态如何，直接地、深刻地、长久地影响全人类的生存发展状况，关乎各国共同利益和人类未来命运。维护全球生态安全是维护各国国家安全的重要保障，也是各国共同承担的责任，国际社会必须携手共谋生态文明发展之路，实现人类永续发展。从逻辑关系上看，生态环境安全是当前超越国界的非传统安全的重要内容，在生态环境问题上任何一个国家都不可能置身事外、独善其身，也不可能单独凭借一己之力实现建设绿色家园的美好愿望，它需要整个人类同舟共济、共同行动。从历史发展时间看，自从生态危机引起社会关注以来，就为国际社会共同关注，要求世界各国相互配合维护地球生物圈的平衡和安全。覆巢之下岂有完卵，没有地球整体生物圈的平衡和安全作保障怎么能够有各个国家的生态环境安全。习近平总书记向来认为中国的命运与人类的命运密切相连，是一个共同体，始终强调中国的发展离不开世界，世界的发展也离不开中国。在生态环境安全上，他的国家总体安全观也把中国安全与人类安全统一起来，主张加快构筑尊崇自然、绿色发展的生态体系，共建清洁美丽的世界，强调要深度参与全球环境治理，为世界环境保护和生态安全提供中国方案。党的十八大、十九大报告都庄严写下“为全球生态安全作出贡献”，体现了中国对世界生态环境安全的承诺和责任担当。

三、积极参与全球生态治理

为了建设清洁美丽的世界，维护全球生态安全，习近平总书记强调要积极参与全球生态治理，并从全球生态治理理念、全球生态治理结构、全球生态治理体系、全球生态治理项目合作等几个方面表达中国立场和主张，发挥作为全球生态文明建设的重要参与者、贡献者、引领者的作用。

---

① 习近平．习近平关于社会主义生态文明建设论述摘编［M］．北京：中央文献出版社，2017：55.

（一）正确的义利观引领全球生态环境治理

> 我们应该创造一个各尽所能、合作共赢的未来。对气候变化等全球性问题，如果抱着功利主义的思维，希望多占点便宜、少承担点责任，最终将是损人不利己。巴黎大会应该摈弃零和博弈狭隘思维，推动各国尤其是发达国家多一点共享，多一点担当，实现互惠共赢。①

这段话出自习近平在气候变化巴黎大会开幕式上的讲话，明确表达了对待全球性问题的立场和观点，也是正确义利观在全球生态环境治理领域里的明确表达。正确义利观是习近平在党的十八大以后一系列外交活动中多次强调的重要战略思想，饱含他对新时代中国处理外事活动的深刻见解。这一思想根植于中华优秀传统文化，继承了中国特色外交的优良传统，是加强与世界各国团结合作的价值指引。正确义利观的“义”指的是在国际交往和活动中要“讲信义、重情义、扬正义、树道义”，坚持“义”字在前，善于舍利取义，绝不能斤斤计较、唯利是图。在全球生态治理领域就是要坚持把全球生态安全和清洁美丽世界的目标和愿景放在首位，敢于为了达到目标放弃某些利益，而不是时时处处将本国利益优先放在第一位，为一己私利，破坏全球安全和世界各国的共同利益。正确义利观的“利”指的是在国际交往和活动中虽然坚持道义优先，但绝不放弃国家的正当权益。作为国际社会的一员，要坚持履行本国职责，敢于为天下公利舍弃本国私利，但是这种舍弃不是无原则的，一国的正当利益尤其是核心利益是本国在国际社会中立足的根本，也是履行道义的基础保证和前提。总的来说就是在国际交往和活动中强调“义”和“利”的辩证统一，相辅相成，不能见“利”忘“义”，也不能被“义”绑架，而是坚持义利兼顾，尊重彼此核心利益，恪守互利共赢原则，与世界各国同呼吸、共命运、齐发展，是一种以义取利、以义导利、见利思义、义利统一的科学价值观。正确的义利观在全球生态治理领域的表现是坚决维护“共同但有区别的责任”原则，在积极参与全球生态治理实践中，勇于承担责任，但绝不背负发达国家在发展过程中

① 习近平．习近平谈治国理政（第二卷）［M］．北京：外文出版社，2017：529.

对全球生态环境积累的债务。在履行国际合作公约时，坚决完成甚至超额完成合约制定的目标和任务。在气候变化巴黎大会上向联合国气候变化框架公约秘书处提交的“应对气候变化国家自主贡献”文件中提出：“二〇三〇年单位国内生产总值二氧化碳排放比二〇〇五年下降百分之六十至百分之六十五，非化石能源占一次能源消费比重达到百分之二十左右，森林蓄积量比二〇〇五年增加四十五亿亿立方米左右。”① 同时还积极援助发展中国家应对气候和生态环境变化挑战，开展项目合作和基金援助。此外，针对国际社会中存在的不平等、不公正、不合理现象，敢于仗义执言，强调关注发展中国家正当的生态环境权益，敦促发达国家履行历史责任，为发展中国家改善生态环境，应对气候变化，提高治理能力提供资金技术支持。总之，在全球生态治理合作实践中中国坚持正确的义利观、共商共建共赢的原则获得越来越多的理解和支持，不断发挥协调各方利益的作用。在全球生态环境治理领域，中国长期承担其作为最大发展中国家以及全球气候治理核心国家的地位和责任，是世界各国的引领者和示范者。

（二）多元主体参与全球环境治理体系

全球生态环境治理离不开治理主体，由谁治理是首先遇到的问题。全球治理体系的主体，指的是能够独立参与全球治理进程并在全球治理体系变革进程中发挥作用的政治经济实体。习近平总书记在气候变化巴黎大会开幕式上题为《携手构建合作共赢、公平合理的气候变化治理机制》的讲话中阐述了关于全球生态环境治理主体的观点。

> 巴黎协议应该有利于凝聚全球力量，鼓励广泛参与。协议应该在制度安排上促使各国同舟共济、共同努力。除各国政府外，还应该调动企业、非政府组织等全社会资源参与国际合作进程，提高公众意识，形成合力。②

可见，习近平总书记秉持一种“多边”与“多方”相结合的主体观，坚持

---

① 中共中央文献研究室．习近平关于社会主义生态文明建设论述摘编［M］．北京：中央文献出版社，2017：135.

② 习近平．携手构建合作共赢、公平合理的气候变化治理机制——在气候变化巴黎大会开幕式上的讲话［M］．北京：人民出版社，2015：4.

以主权国家为核心，凝聚、调动各非国家行为体的力量，构建多元主体参与的全球生态环境治理体系。首先，全球生态环境治理是涉及整个人类的公共安全问题，主权国家多边合作是实现有效治理的保证。生态环境问题是在现有国际环境下被发现并不断发展的，现有国际关系体系是开展全球生态环境治理的基本依托，各主权国家作为国际关系体系的基本行为主体，也是全球生态环境治理的基本行为主体。自 1972 年联合国召开第一次人类环境大会开启多边合作治理生态环境问题以来，各个主权国家在全球生态环境治理过程中凭借其政治、经济以及科技实力发挥主力和核心作用，并通过共同努力取得了骄人的成果。习近平总书记在推动全球生态环境治理的实践中非常重视各主权国家的地位，在各种外交场合发起倡议，表达愿意与各国政府一起参与全球合作，承担治理责任。同时，针对现有国际关系体系中主权国家因为领土面积、经济政治军事实力等不同而存在实力不均衡、地位不平等的问题，强调和重申我国坚持主权国家一律平等的思想，在相互尊重、共同协商、合作共赢的原则下平等参与全球生态环境治理。其次，全球生态环境治理需要调动企业、非政府组织以及公民等全社会资源参与。习近平总书记提出这一观点是历史唯物主义基本观点和群众路线在全球生态环境治理体系中的运用，也是继党的十九大报告提出“构建政府为主导、企业为主体、社会组织和公众共同参与的环境治理体系”在全球生态环境治理体系中的延伸。非国家行为体没有国家和政府带有政治标签的行为束缚，他们从个人、组织或机构出发基于全球意识和普世的伦理关怀体现出全球公民社会的道德良心和社会责任感，反映了来自草根民众的利益诉求，具有很强的公益性、灵活性和志愿性特点，在全球生态环境治理的不同领域不同范围内发挥着主权国家和政府无法比拟的独特作用。环境 NGO 组织以保护生态环境为己任，组织全球的力量从力所能及的小事做起，在增强全球生态环境意识，养成爱护环境行为方面起到潜移默化的作用；与各国政府组织相比，国际组织、跨国公司等机构具有参与长期、经常性项目和人力的国际交流与合作等巨大优势，能够在生态环境领域起到经济合作、技术交流、民心沟通等重要作用；各种智库和科研机构在开展生态环境领域的学术研究、交流研讨等方面起到知识引领和沟通交流的作用；越来越多的公民个人广泛参与生态环境治理和保护行动，树立起全球立场和公共情怀是解决全球生态环境难题的根本之道和全球生态文明建设的社会基础。清洁美丽的世界是全球的公共产品，涉及人类命运共同体的根本利益，需要全世界和所有人的共同努力。

（三）构建公平合理的全球生态环境治理机制

根据《辞海》的解释，“机制”原指机器的构造和运作原理，借指事物的内在工作方式，包括有关组成部分的相互关系以及各种变化的相互联系。相应的全球生态环境治理机制就是全球多元行为主体为应对生态环境问题而形成的联结协调互动关系的运作平台和运行方式。习近平总书记在主持中共十八届中央政治局第三十五次集体学习时的讲话中对全球治理机制提出如下观点。

> 党的十八大以来，我们抓住机遇、主动作为，坚决维护以联合国宪章宗旨和原则为核心的国际秩序，坚决维护中国人民以巨大民族牺牲换来的第二次世界大战胜利成果，提出“一带一路”倡议，发起成立亚洲基础设施投资银行等新型多边金融机构，促成国际货币基金组织完成份额和治理机制改革，积极参与制定海洋、基地、网络、外空、核安全、反腐败、气候变化等新兴领域治理规则，推动改革全球治理体系中不公正不合理的安排。①

习近平总书记的这段话包含以下几层含义。首先，坚决维护以联合国系统为代表的国际治理机制，通过变革更好地发挥其作用。该机制是第二次世界大战以后，为建立和平稳定的国际社会环境，为处理国际争端、解决全球问题建立的协商沟通平台，形成的具有一定约束力的国际规范和准则，以及谈判建立国际规则的治理模式和自上而下的国际治理机制。② 虽然当前，全球生态环境问题的性质和治理主体的多元化对传统治理机制提出了挑战，然而主权国家仍然是全球生态环境治理中最重要的力量，这决定了依靠国际规则限制和约束各国政府的行为，在有效预防和遏制全球生态危机方面发挥重要作用。联合国应对全球性威胁和挑战的作用不可替代，采取的仍然是加强和完善全球治理的重要

---

① 习近平．习近平谈治国理政（第二卷）[M]．北京：外文出版社，2017：448.

② 薛澜，俞晗之．迈向公共管理范式的全球治理——基于“问题—主体—机制”框架的分析 [J]．中国社会科学，2015（11）：76－91.

机制，但是随着世界格局的变化，发展中国家的崛起，需要进一步努力改变不公正不合理的国际旧秩序，建立更加公平合理、有效合作的长效机制。其次，为保证全球生态安全，需要建立多元主体深层次合作的新机制。就合作主体范围来看，强调推动和完善G20、世界贸易组织、“一带一路”建设及其亚洲基础设施投资银行等区域合作机制。通过开展生态环保合作、绿色金融业务，践行绿色发展，倡导绿色低碳循环可持续的生活方式，建设生态文明，切实为全球生态环境治理做出贡献，为多元合作与文明交流树立典范。就合作内容来看，强调开展多个生态环境领域的合作机制建设。在特定环境议题上组成议题性联盟，协调立场、共同发声，推动全球环境治理机制更加合理和高效。比如，在气候、动植物保护、防治荒漠化等领域已经形成一系列协定和公约，如《巴黎协定》《联合国防治荒漠化公约》等，为切实开展国际气候合作和防治荒漠化确立了立场，提供了依据。

参考文献：

[1] 李猛．“以人民为中心”——习近平新时代中国特色社会主义政治思想的精髓［J］．红旗文稿，2018（12）：17－19.

[2] 习近平．习近平谈治国理政（第二卷）［M］．北京：外文出版社，2017.

[3] 盛文楷，马志荣．增量式发展：中国特色社会主义发展模式［J］．党政论坛，2009（11）：20－22.

[4] 肖存良．增量发展：改革开放四十年中国共产党政治理念发展的演变［J］．中南大学学报（社会科学版），2018（6）：147－154.

[5] 习近平．决胜全面建成小康社会 夺取新时代中国特色社会主义伟大胜利——在中国共产党第十九次全国代表大会上的报告［M］．北京：人民出版社，2017.

[6] 习近平．习近平关于社会主义生态文明建设论述摘编［M］．北京：中央文献出版社，2017.

[7] 中共中央宣传部．习近平新时代中国特色社会主义思想学习纲要［M］．北京：学习出版社，2019.

[8] 李龙强，李桂丽．习近平“环境民生”的逻辑进路和现实应对［J］．毛泽东思想研究，2017（3）：65－70.

[9] 王雨辰．习近平生态文明思想中的环境正义论与环境民生论及其价值［J］．探索，2019（4）：42－49.

[10] 叶海涛．生态环境问题何以成为一个政治问题？——基于生态环境的公共物品属性分析［J］．马克思主义与现实，2015（5）：190－195.

[11] 王建明．生态环境问题何以成为政治问题——西方生态政治哲学视野［J］．江西社会科学，2005（11）：60－64.

[12] 解保军．“环境就是民生”：习近平生态文明思想的理论创新［J］．南海学刊，2019（1）：2－10.

[13] 张三元．论习近平人与自然生命共同体思想［J］．观察与思考，2018（7）：5－18.

[14] 林剑．马克思主义究竟是在为谁代言［J］．学术月刊，2013（1）：13－18.

[15] 张华丽．社会主义生态文明话语体系研究［D］．北京：中共中央党校，2018.

[16] 李勇进，陈文江，常跟应．中国环境政策演变和循环经济发展对实现生态现代化的启示［J］．中国人口资源与环境，2008（5）：12－18.

[17] 肖建华，游高端．生态环境政策工具的发展与选择策略［J］．理论导刊，2011（7）：37－39.

[18] 陈海嵩．生态环境政党法治的生成及其规范化［J］．法学，2019（5）：75－87.

[19] 人民网．坚持严格执法公正司法深化改革 促进社会公平正义保障人民安居乐业——习近平出席中央政法工作会议并发表重要讲话 刘云山张高丽出席［A/OL］．人民网，2014－01－09.

[20] 人民网．党领导全面依法治国 习近平强调这十六个字［A/OL］．人民网，2019－02－17.

[21] 尹如法．1970 年代以来中国环境政策演进的法理学研究［D］．西安：西安建筑科技大学，2014.

［22］人民网．中国共产党章程［A/OL］．人民网，2012－11－19.

［23］黄高晓．论习近平全球生态文明建设思想［J］．广西社会科学，2018（6）：29－34.

［24］朱秋．习近平建设清洁美丽世界思想研究［J］．上海经济研究，2019（9）：17－26.

［25］卢光盛，吴波汛．“清洁美丽世界”构建——兼论“澜湄环境共同体”建设［J］．国际展望，2019（2）：64－83.

［26］钟声．让清洁美丽世界为文明添彩［N］．人民日报，2017－11－21（003）．

［27］刘宗超，贾为列．生态文明建设与全球生态安全［M］//中国生态文明研究与促进会．生态文明建设．北京：学习出版社，2014：224－234.

［28］于文龙．习近平全球治理体系变革思想研究［D］．长沙：湖南师范大学，2018.

［29］习近平．携手构建合作共赢、公平合理的气候变化治理机制——在气候变化巴黎大会开幕式上的讲话［M］．北京：人民出版社，2015：4.

［30］薛澜，俞晗之．迈向公共管理范式的全球治理——基于“问题—主体—机制”框架的分析［J］．中国社会科学，2015（11）：76－91.

第五章

文化的生态化变革：人与自然是生命共同体

文化承载着民族发展的血脉，是构筑民族精神的基石，也是衡量一个国家软实力和综合国力的重要指标。党的十八大以来，以习近平同志为核心的党中央把生态文明建设摆在了治国理政的突出位置，围绕生态环境保护和生态文明建设在文化领域提出了一系列新理念、新思想，形成了习近平生态文化观，并开展了一系列根本性、开创性、长远性工作。从理论上对为什么建设生态文明、建设什么样的生态文明进行了阐释，并就怎样在思想文化领域里培养人们的生态文明意识、树立生态文明观念、营造良好生态文明的氛围等重大问题从理论上和实践上进行了积极的探索，一定意义上实现了文化的生态化变革。

第一节　树立生态文明理念

习近平立足于当前我国生态文明建设的实际需要，聚焦人民群众最关注的生态环境问题，继承和发展马克思主义的生态观，传承中华民族优秀传统生态文化，创造性地提出了“人与自然和谐共生”“生命共同体”“人类命运共同体”等生态文化思想，为人们树立生态文明理念奠定理论基础。这一文化领域里的生态化变革为推动我国生态文明建设进入新阶段、打赢环保攻坚战、形成人与自然和谐发展的新格局、加快建设美丽中国提供了科学的思想指引和强大的实践动力，更为全球生态治理理论和实践提供了独具东方特色的中国智慧和中国方案。

一、习近平生态文化观的产生

(一) 对以往生态文化思想的继承和发展

面对全球生态危机，习近平在借鉴世界环境保护运动的实践探索和生态科学的理论发展的现实经验的基础上，汲取了中国传统生态哲学智慧，以马克思主义辩证自然观为理论指导，形成了注重整体性、有机性、协同性的鲜明特征的新型文化价值观念。①

1. 马克思主义哲学关于人与自然辩证关系的理论

近代以来，随着机器大工业生产的发展以及科学技术不断取得的进步，哲学领域形成了近代机械哲学世界观。在人与自然的关系上，近代哲学强调人类能够通过科学技术利用和改造自然界，把人类与自然界的关系归结为利用和被利用、控制和被控制的关系，从而导致在经济上追求无限增长，把对物质财富的占有和消费看成人生的幸福和目的，造成物欲至上的价值观。这种现代性价值体系指导下的西方现代化进程，虽然带来了生产力的提高和社会财富的增加，但也带来人与自然、人与人关系的日益紧张。人与自然关系的紧张体现为生态危机，人与人关系的紧张体现为社会发展与人的发展相背离以及人的异化现象的出现。马克思、恩格斯从实践的、活动的人出发，超越了西方近代主体形而上学，确立了以实践为基础的自然观和历史观辩证统一的马克思主义哲学。在马克思主义自然哲学看来，人类与自然的关系是以实践为基础的相互制约、相互作用的关系，在此基础上实现了人类史与自然史的辩证统一。一方面，人类实践活动受制于自然，并依赖自然；另一方面，人类根据自身的需要又通过实践改造自然和利用自然。人类和自然的辩证关系使得人与自然的关系呈现出具体的、历史的、统一的发展趋势。马克思主义哲学强调要彻底解决人与自然关系的危机，必须首先解决人与人关系的危机，只有实现了生产资料的公有制，才能实现人与人之间的相互平等，才能真正解决大写的“人”与自然的矛盾和冲突。

马克思主义哲学不仅强调人类与自然在实践基础上的具体的历史的统一关系，而且具有将人与自然的关系置于人与人关系之下予以考察的特质。这就决定了人类在利用和改造自然的过程中，不仅应当顺应和尊重自然规律，而且在解决人与自然关系问题上首先必须解决好人与人之间的关系，否则就会遭到自然规律的惩罚。对于前者，习近平多次反复强调人类利用自然和开发自然必须以尊重自然规律为前提。“人因自然而生，人与自然是一种共生关系，对自然的

---

① 王雨辰．论习近平生态文化观及其当代价值［J］．南海学刊，2019（6）：2.

伤害最终会伤及人类自身。只有尊重自然规律，才能有效防止在开发利用自然上走弯路。”① 对于人与人之间关系的解决，习近平在国际领域里提出建立和完善合理协调人与人生态利益关系的生态补偿制度，实现“环境正义”的价值追求；在国内提出以人民利益为核心，实现可持续发展的生态治理指南。

2. 当代西方生态哲学有机论和整体论的观念

伴随资本主义现代化所造成的生态危机的全球化，现代性价值理念指导下的人类实践日益威胁人类的生存和可持续发展。在这种背景之下，以生态科学、系统论等自然科学的发展为基础的当代生态哲学应运而生，产生了以“生态中心主义”为基础的“深绿”和以“现代人类中心主义”为基础的“浅绿”生态思潮、以马克思主义为基础的生态马克思主义和有机马克思主义生态思潮。这些生态思潮虽然在生态危机的根源和解决途径等问题上存在着分歧和争论，但是其共同点却都要求维系人与自然、人与人之间的和谐共生关系。当代生态哲学以有机论哲学世界观为基础，反对机械决定论和还原论，强调人、自然和社会是一个相互联系、相互影响、相互作用的有机生态共同体，强调要维系人与自然、人与社会的和谐共生关系。习近平继承和发展了当代西方生态哲学有机论和整体论的观念，提出了“生命共同体”“人类命运共同体”等观念。

3. 中国古代生态智慧追求人与自然、人与社会关系和谐的价值取向

中国传统文化建立在农业文明的基础上。一方面，与农业生产联系，中国传统文化把人与自然看作是一个有机的整体，不是从整体中各元素的分析入手，而是从整体中各元素的联系入手，来把握对象世界；另一方面，在农业经济基础上，古代中国产生了最初的奴隶制国家政权，为了保持氏族公社的血缘纽带，建立了一整套金字塔式的世袭等级特权制度。这一历史文化特点，又促使我们的先人十分重视人与人之间的联系。这样一种重联系的思维方式，经过中国古代哲学家的提炼、升华、反复加工，就形成了从考察人与对象世界的联系入手来解决人与世界关系问题的中国哲学智慧，人们不是从分析对象世界入手，而是从考察对象世界的联系入手，探讨人与世界的关系的各因素的联结及其功能。中国古代生态哲学智慧不仅体现在作为中国传统文化的儒家、道家和佛教坚持

① 中共中央文献研究室．习近平总书记重要讲话文章选编［M］．北京：中央文献出版社，2016：396.

有机论和整体论的哲学世界观上，而且也体现在他们在价值观上坚持天人合一、民胞物与、道法自然、万物平等、勤俭节约的道德价值观和人生态度上，实现天人合一则是中国古代哲学智慧的最高境界。习近平继承和发展了中国古代生态智慧“贵和”，追求人与自然、人与社会关系和谐的价值取向。

（二）我国生态文明建设的必然要求

1. 文化的本质及其功能

马克思主义从实践的观点出发，认为文化是人类认识世界和改造世界的积极成果，是人类实践的结果和人类本质力量的体现。文化的本质就是人化，恩格斯在《反杜林论》中曾提道：“文化上的每一个进步，都是迈向自由的一步。”文化有广义与狭义之分。广义的文化是指人类的社会实践活动及其产物，即人类在物质、精神和制度等方面的创造活动及其结果，包括人们在实践中创造的物质文明、政治文明和精神文明。狭义的文化仅指人类的精神生产活动及其结果，包括各种社会意识形态和人们的社会心理，如政治和法律思想、道德、艺术、宗教、哲学、科学以及社会的风俗习惯等。习近平根据马克思、恩格斯对文化的相关论述，结合现代人类的文化生活形象地把文化划分为包括人类实践所创造的物质财富和精神财富总和的“大文化”、只包括精神财富的“中文化”和包括文学艺术、广播电视、新闻出版的“小文化”三部分。此外，根据文化各个部分在人类生活中的作用和影响，文化又可以划分为物质文化的“表层文化”、制度文化的“中层文化”和哲学文化的“深层文化”三个层次。本章所说的文化主要是指制度文化和精神文化。

就人的个体来说，文化的发展即人的本质的丰富。首先，文化是人类社会生活的记录和人们思想、观念、知识、信仰的储存器，具有记忆和储存的功能。其次，文化具有教化和培育功能。文化储存着知识信息和价值观念，在对人的教育和培养中起着非常重要的作用。再次，文化是把一定民族的成员联系在一起的重要纽带，对民族成员具有凝聚功能。最后，文化是人们进行相互交往的重要媒介和手段，具有沟通人们的思想感情和促进人们之间的相互理解的功能。

就社会有机体来说，文化是由经济决定的，同时也是经济社会发展的灵魂，认为任何经济发展都离不开文化的支撑。习近平在强调国家富强和民族振兴的基础在于实现经济发展的同时，多次强调国家富强和民族振兴离不开文化发展。

在他看来，文化是一个国家、一个民族的灵魂。“文明特别是思想文化是一个国家、一个民族的灵魂。无论哪一个国家、哪一个民族，如果不珍惜自己的思想文化，丢掉了思想文化这个灵魂，这个国家、这个民族是立不起来的。”① 正因为文化对经济社会发展的支撑作用，习近平强调“要化解人与自然、人与人、人与社会的各种矛盾，必须依靠文化的熏陶、教化、激励作用，发挥先进文化的凝聚、润滑、整合作用”②。

基于上述对文化本质、功能和作用的认识，习近平在生态治理和中国生态文明发展道路进程中，强调“我们要把生态文明放在突出位置，融入经济建设、政治建设、文化建设、社会建设各方面和全过程”③，要为文化建设添加生态内涵，实现文化领域里的生态化变革。只有这样才能真正实现人与自然和谐共生关系基础上的创新、协调、绿色、开放和共享发展。

2. 当前我国生态文明建设需要文化领域里的价值引导

全球性生态危机严重威胁人类的生存和自然生态的可持续发展的直接原因是人类的非生态理性行为，传统的生产生活模式。然而，思想是行为的先导，支配人类非生态理性行为的正是传统的人类中心主义价值观，它造成人与自然的二元对立，因此，破坏生态环境本身是一种落后的文化现象，生态危机的实质就是文化危机，在寻求人类社会全面、协调、可持续发展，自然生态永续发展的要求下，必须大力建设生态文化。

文化的生态化变革能够从哲学层面为生态文明的建设提供生态世界观与生态价值观，并以此为中心对社会其他子系统的建立产生影响。习近平指出，“生态文化的核心应该是一种行为准则、一种价值理念。我们衡量生态文化是否在全社会扎根，就是要看这种行为准则和价值理念是否自觉体现在社会生产生活的方方面面”④。也正因为如此，习近平明确提出应当在坚持中国特色社会主义发展道路的同时，强调树立珍爱自然的生态价值观的重要性。在他看来，“在生

① 习近平．在纪念孔子诞辰2565周年国际学术研讨会暨国际儒学联合会第五届会员大会开幕会上的讲话［M］．北京：人民出版社，2014：9.

② 习近平．干在实处 走在前列——推进浙江新发展的实践与思考［M］．北京：中共中央党校出版社，2014：293.

③ 中共中央文献研究室．习近平关于社会主义生态文明建设论述摘编［M］．北京：中央文献出版社，2017：43.

④ 习近平．之江新语［M］．杭州：浙江人民出版社，2014：48.

态环境保护上，一定要树立大局观、长远观、整体观……要坚持节约资源和保护环境的基本国策，像保护眼睛一样保护生态环境，像对待生命一样对待生态环境”①。习近平不仅把生态资源的价值提到关乎人能否生存的高度，而且强调应当在全社会建设一种生态文化价值观。

“生态文化通过人与自然交往过程中的生态意识、价值取向和社会适应，维护和增强自然生态系统的供给、调节、支持、文化四项服务功能，实现自然资源和生态环境的生态价值、经济价值、社会价值和文化价值。”② 生态价值观是生态文化体系的核心，然而在当代生态文明的话语建设体系中，西方深绿、浅绿以及红绿思潮中有机马克思主义的生态价值理论是存在内在缺陷的。西方深绿思潮的生态文明理论把生态文明的本质理解为人类屈从于自然的所谓和谐状态，提出要保护人类实践尚未涉足的荒野。浅绿思潮秉承生态中心论，提出以资本追求利润为目的的现代人类中心主义的生态价值观。生态马克思主义则坚持在满足人们基本生活需要的现代人类中心主义价值观的基础上，倡导以共同体价值观为主要内容的有机价值观，但是他们又把文明理解为人类对自然的疏离。从实质上看，深绿和浅绿思潮都力图在现有资本主义制度下和资本所支配的国际政治经济秩序中，通过单纯的生态价值观的变革解决生态危机，在价值立场上仍坚持西方中心论的生态文明理论。红绿思潮则把破除资本主义制度下的权力关系看作解决生态危机的前提，在此基础上辅之以生态价值观的变革，但他们反对社会发展和科学技术的应用，最终陷入了后现代的错误之中。③

立足于中国国情，破解发展道路上的生态制约，我们必须确立科学的生态文化观为生态文明建设指明方向，在此基础上我们才能探寻以技术创新为基础的可持续、协调与和谐的绿色发展道路，满足人民群众不断增长的物质和文化生活的需要，实现人民群众对美好生活的追求。

---

① 习近平．习近平总书记重要讲话文章选编［M］．北京：中央文献出版社，2016：397.

② 江泽慧．弘扬生态文化，推进生态文明，建设美丽中国［N］．人民日报，2013－01－11.

③ 王雨辰．有机马克思主义生态文明观评析［J］．马克思主义研究，2015（12）：89.

二、习近平生态文化观的价值指向

（一）整体自然观：人与自然是生命共同体

囿于有机论、整体论的生态思维方式，习近平指出，人类、自然和社会处于一种相互联系、相互作用、相互影响的共生关系之中，它们构成一个有机的生命共同体。“山水林田湖是一个生命共同体，人的命脉在田，田的命脉在水，水的命脉在山，山的命脉在土，土的命脉在树”①，这就要求我们在利用和改造自然的过程中，必须克服近代机械论哲学仅仅把人与自然的关系归结为控制和被控制、利用和被利用的关系，而应当把人与自然的关系理解为相互联系、相互影响和相互作用的有机关系。也就是说，一方面自然以它固有的规律影响和制约人类的实践行为，另一方面人类从自身生存和发展的需要出发，利用和改造自然界。人类实践要实现自身的目的，就必须尊重和顺应自然规律，否则就会受到自然规律的惩罚，造成人与自然关系的异化和生态危机。基于以上认识，习近平反复强调，树立尊重自然、顺应自然，人与自然和谐共生关系的生态文明发展理念对实现人与自然和谐发展和共同进化的必要性和重要性，鲜明地体现了坚持和维护人与自然和谐共生对处理人与自然关系和谐发展和共同进化的重要性。

既然人与自然是生命共同体，这就要求我们在处理人与自然关系问题上必须坚持系统论和整体论的生态方法论。习近平反复强调生态文明建设是一个涉及多方面内容的系统工程。在他看来，生态文明建设是涉及生产方式、生活方式、管理方式、消费方式等变革的系统工程，只有把生态文明建设的理念和原则贯穿于社会主义建设的各个方面和整个过程，才能真正实现绿色发展与协调发展。在论及如何展开生态文明建设和生态治理问题时，习近平又多次强调坚持系统论、整体论的重要性，指出“要统筹山水林田湖治理水……要用系统论的思想方法看问题，生态系统是一个有机生命躯体，应该统筹治水和治山、治水和治林、治水和治田、治山和治林”②，强调“如果种树的只管种树、治水的

---

① 习近平．习近平谈治国理政（第一卷）［M］．北京：外文出版社，2018：85.

② 中共中央文献研究室．习近平关于社会主义生态文明建设论述摘编［M］．北京：中央文献出版社，2017：56.

只管治水、护田的单纯护田，很容易顾此失彼，最终造成生态的系统性破坏。由一个部门行使所有国土空间用途管制职责，对山水林田湖进行统一保护、统一修复是十分必要的"①。

在谈论人与自然的关系时习近平强调人与自然构成一个相互联系的生命共同体；在探讨全球环境治理时他反复强调人类是一个命运共同体。所谓"人类命运共同体"，就是在处理民族国家利益矛盾问题时，应当摒弃单边主义和赢者通吃的旧思维，树立合作共赢的新思维，在尊重各国的主权的基础上，运用协商民主和多边主义的方式，通过合作与共同发展的方式，在共同发展中解决民族国家之间的利益矛盾。"人类命运共同体"的实质是要认识到人与自然、人与人之间的有机联系，强调应当采取相互理解、相互帮助和通过合作而不是对抗的方式解决当代世界所面临的问题，实现全球共同发展和普遍繁荣。具体到全球环境治理问题上，由于发达国家与发展中国家在全球生态治理中的责任和义务问题上产生了严重的意见分歧和争论，因此对于如何解决这种分歧和争论，习近平提出了以"人类命运共同体"理念为指导，以环境正义为价值诉求的中国方案；并一针见血地指出各民族国家在对待气候变化等全球性问题时，如果抱着功利主义思维，希望多占点便宜、少承担点责任，最终将是损人不利己。以"人类命运共同体"理念为基础的全球环境治理的"中国方案"，不仅坚持环境正义的价值取向和价值追求，而且强调各民族国家应当放弃对狭隘利益的追求，通过合作对话而不是弱肉强食的霸道做法来解决不同民族国家的利益矛盾，最终实现各民族国家的和谐相处和全球的共同发展与繁荣。

（二）发展理念：以人民为中心

文化是整个社会生活进步的标志，习近平对文化的理解，是建立在生产力和生产关系、经济基础和上层建筑的相互关系的基础上的。正像恩格斯晚年所说："政治、法律、哲学、宗教、文学、艺术等的发展是以经济发展为基础的。但是，它们又都互相作用并对经济基础发生作用。并非只有经济状况才是原因，才是积极的，其余一切都不过是消极的结果。这是在归根结底总是得到实现的

① 习近平．习近平谈治国理政（第一卷）［M］．北京：外文出版社，2018：85－86.

经济基础上的互相作用。”① 因此，这就需要我们立足于现实的人，从事实践活动的人，从唯物主义的历史观点出发来考察习近平文化生态化的实质和价值指向。

在前资本主义社会的私有制度下，统治阶级为了维护自己的统治，在文化领域里主要强调以权力为本位或以宗法血统为本位，赤裸裸地暴露着人剥削人、人压迫人制度辩护的本质属性。从文化的价值取向来看，这个时期的思想文化主要是为了维护宗法专制、特权思想、官僚作风等，使人沦为特权的附属物，其文化的主要功能体现了人与人的依赖关系。随着资本主义大工业和社会化大生产的发展，劳动者摆脱了从前时代的一切人身依附关系，不再是生产资料的并列部分，也不再是生产的客观条件，也就是说，劳动者从物质地位上升到了有独立人格的地位。但是劳动者在生产资料上是一无所有的人，出售劳动力是他们唯一的手段，于是劳动力成了商品。所以对劳动者来说，他们只有支配自身劳动力的自由。资本家则通过等价交换的形式自由雇佣劳动者，并从他们身上榨取剩余价值。资本主义生产方式的核心内容是雇佣劳动制，追求最大化利润是它的意识形态。因此，在资本主义社会，文化的价值取向主要是以金钱为本位或以个人为本位，文化的功能主要是体现为以物的依赖为基础上的人的独立。资本主义文化是由价值和剩余价值及“资本”本身的存在而构成的。因此，资本和利润迫使资本主义文化生产不断提速，并以其强大的科学技术，不断创造和生产新的文化产品，形成了当今资本主义的文化工业。发达资本主义国家的文化工业以其前所未有的文化技术和生产力，诉诸各种手段，对内唤起人们对于“权力”“金钱”和“性”的外露的或潜在的欲望；对外以其咄咄逼人的文化侵略性腐蚀和剥削第三世界国家。这种现象令世界上许多正直和有良知的人忧心忡忡。

社会主义是建立在由社会全体成员共同占有生产资料基础之上的社会制度，在否定私有制的前提下，形成劳动者与生产资料、个人利益和社会利益、劳动活动与全面自由活动之间的协调关系。社会主义的价值取向主要是人向人自身和社会的人的复归。按照马克思、恩格斯的设想，共产主义彻底否定了私有制，

① 马克思，恩格斯．马克思恩格斯选集（第四卷）［M］．北京：人民出版社，1995：732.

完全打破了旧式的社会分工，人类社会生产力高度发达，社会物质和精神财富极大丰富，从而实现每一个人自由而全面的发展。马克思、恩格斯曾描绘出这样一幅社会前景："由于分工，艺术天才完全集中在个别人身上，因而广大群众的艺术天才受到压抑。即使在一定的社会关系里每一个人都能成为出色的画家，但是这决不排斥每一个人也成为独创的画家的可能性，因此，'人'和'唯一者的'劳动的区别在这里也毫无意义了。在共产主义的社会组织中，完全由分工造成的艺术家屈从于地方局限性和民族局限性的现象无论如何会消失掉，个人局限于某一艺术领域，仅仅当一个画家、雕刻家等等，因而只用他的活动的一种称呼就足以表明他的职业发展的局限性和他对分工的依赖这一现象，也会消失掉。在共产主义社会里，没有单纯的画家，只有把绘画作为自己多种活动中的一项活动的人们。"① 在共产主义社会里，在马克思设想的"自由人联合体"的时代中，文化的价值指向主要是崇尚能力和人的素质。文化的功能主要是造就出自由个性和素质全面发展的人。

在建设中国特色社会主义的中国，生产资料归全体人民所有，实现了人民当家作主，整个国家的资源和财富由整个国家的人民共同拥有、共同生产、共同享受。社会主义的文化功能主要体现在培养有理想、有道德、有文化、有纪律的社会主义新人，提高全民族的思想道德素质和科学文化素质，从而为人的全面发展进而为社会的全面发展开辟广阔的前景。将唯物主义历史观贯彻到底，习近平强调在改造自然、利用自然的过程中，我们党必须坚定为人民服务的执政理念，把满足人民对美好生活的需要，树立"发展为了人民、发展依靠人民、发展成果由人民共享"② 的以"人民为中心"的发展思想，不断增强人民群众的获得感和幸福感，作为生态文化思想建设和发展目的。

三、习近平生态文化观的重大意义

习近平的生态文化思想有利于促使人们树立生态文明理念，促进人类生存方式、思维方式、生产方式的转变，使生产发展、生活富裕、生态良好、社会和谐，使经济社会可持续发展。

---

① 马克思，恩格斯．马克思恩格斯全集（第三卷）［M］．北京：人民出版社，1972：460.

② 习近平．习近平谈治国理政（第二卷）［M］．北京：外文出版社，2017：214.

文明总是以人类自我演替过程中所创造的积极成果来表现，生态文明来源于人类对以往自身活动违反生态规律所导致的严重后果的反省，是人类对生态整体现实状况及未来发展的生态认知。造成全球性生态危机的直接原因是人类的非理性行为，传统的生产生活模式。思想是行为的先导，支配人类非理性行为的正是传统的人类中心主义的价值观，它造成人与自然的二元对立，因此，生态危机的实质是文化危机，在寻求人类社会全面、协调、可持续发展，自然生态永续的要求下，必须大力建设生态文化。习近平的生态文化思想是结合中国特色社会主义的发展实际，社会主义建设时期的工业化生产、生活实践中形成的协调人与自然的生态关系、人与人的社会关系、人与自然的内在关系，促进“自然—人—社会”生态整体和谐、可持续发展的积极成果，有利于推动人类从工业文明迈向生态文明。生态文明理念是生态文化观的观念体现，习近平的生态文化观为生态文明理念的培养和塑造指明了方向。

首先，在人与世界的关系上，强调人与世界的和谐统一。生态文明的要义是实现人与自然的生态关系、人与人的社会关系、人的物质生活与精神生活的和谐，这些和谐都可以统称为人化自然与自然人化的和谐。而人化自然与自然人化的和谐的前提是要实现人与人的社会关系、人的物质生活与精神生活的和谐，以这两种关系的和谐促进整体生态的和谐。

其次，在人与世界的关系上，强调思维方式的辩证性。生态文明理念所强调的不是单个自然现象的联系，而是各种自然现象作为系统，与人作为“自然—人—社会”复合生态系统的相互作用、相互联系。同时，生态文明理念要求把握认识对象的多样性和差异性，并在把握认识对象多样性与差异性的基础上把握生态整体的统一性，即从对生态系统各种因素以及生态系统不同层次和各个子系统的不同特点的全面分析中认识生态整体。

再次，强调人类社会的发展要具有可持续性。在生态文明理念的视阈下，伴随科学技术的飞速进步和人类改造自然能力的显著提升，人们在促使经济高速增长的同时，对自然生态的破坏程度也在加剧。人们对生态环境的现状感到焦虑，正是基于这样的疑问——怎么使人类更好地生存与发展，怎么才能使人类已经缔造的文明可持续、成为时代的最强音？生态文明理念是人类生产生活的产物，也必将伴随人类生产生活的可持续发展。

最后，将生态发展上升到文明的高度。生态文明理念是人类对生态问题的觉悟。传统文明意识在价值判断和价值取向方面，主要以人统治自然为指导思想，主张将人与自然分开，强调人类应无休止地利用自然，最终导致自然价值被过度攫取，生态危机在后工业化社会时期频发。生态文明理念将生态发展上升到文明的高度看待，旨在用生态规律规约人类的思想和行为，使人类的生产、生活能够保持在生态系统可承载范围之内，使人类承担起保护自然的责任和义务，建设人与自然和谐的生态文明。

生态文化作为社会意识形态，能够为生态文明建设提供生态世界观、生态价值观和生态伦理观，从而引领生态文明建设。生态文化从生态哲学层面为生态文明的建设提供了生态世界观与生态价值观，以生态世界观和生态价值观为核心又延伸出了系统观、发展观、资源观、消费观、效益观、平等观、体制观、法制观。“生态哲学把世界看作是‘自然—人—社会’复合生态系统，从哲学智慧层面上，深刻揭示了万物相联、包容共生，平衡相安、和谐共融、平等相宜、价值共享、永续相生、真善美圣的生态文化思想精髓，重点回答了生态系统的有机创造性和内在联系性”①；“将人—社会—自然生态系统看作价值系统，因而要求文化价值取向应立足于人—社会—自然复合生态系统，从人、社会、自然的协同发展出发，选择文化发展方向，规范人的社会实践活动”②，确立了以自然生态为基础，以生态生产为手段，以生态生活为目标的生态文明实践纲领。

要真正解决生态问题，实现整个生态系统的可持续发展，仅仅依靠科技的、经济的、法律的和行政的手段是不够的，还要靠道德调节手段。习近平的生态文化观确立了尊重自然、顺应自然、保护自然的“天人和谐”生态伦理观念，提倡人与自然和谐发展的价值取向，推动了人类伦理道德的进一步发展，使人类道德视野由人际间扩展到了由人与自然构成的整个世界，激发了人类保护生态环境的道德责任感，使自然生态为生态文明建设提供坚实的生态基础。在习近平生态文化观的指导下，我们要全面开展生态文明教育，实现科学、技术、哲学、道德、伦理、艺术和宗教发展的生态化，使人的道德修养、文化水准、

① 江泽慧. 弘扬生态文化 推进生态文明 建设美丽中国［EB/OL］. 人民网，2013-01-11.

② 韩德信. 生态文化视野中的科学发展观［M］. 北京：中国文联出版社，2008：36.

行为规范得到全面提高；使人类精神文化沿着符合生态安全和经济社会可持续发展的方向有序发展，逐步引导民众树立生态文明理念。

第二节 践行生态道德培育生态公民

人是文化创造的主体，也是文化的承载者，人的存在形态从某种意义上说就是文化的反映。生态文明融入文化建设的主要渠道还是教育。习近平指出："要加强生态文明宣传教育，增强全民节约意识、环保意识、生态意识。"① 生态道德教育在生态文化教育中占据基础性地位，因此我们必须加强生态道德教育，引导人们践行生态道德，做生态环境的保护者、建设者，做合格生态公民。

一、加强生态道德教育的必要性

"生态文明"在党的十七大被正式提出，党的十八大报告中明确提出"五位一体"的总布局，生态文明建设在我国被提高到战略高度。在"十三五"时期的环境宣传教育工作中我们党再次提出要坚持以生态文明为引领的创新、绿色、开放、共享的发展理念，从而为我国今后的发展道路指明了方向。然而当前，我国公民的生态道德意识并没有完全觉醒，生态文化建设并没有得到全民的关注与参与。生态道德教育是生态文明建设的根本手段和途径，生态文明建设需要生态道德教育来为其提供理论基础，提高人们的生态道德素质，从而推动生态文明建设。

（一）生态道德教育是构建生态社会的重要途径和基本保证

道德起源于人类社会的物质生活条件，它是人类社会生活中所特有的，由经济关系决定的，依靠人们的内心信念和特殊手段维系的，调节人与自然、个人与他人、个人与社会之间关系的行为准则和规范的总和。所谓生态道德，是指在社会主义生态文明建设过程中，规范、指导或约束全体公民的生态伦理规则或准则。诸如善待绿地花草、爱护野生动物、公众场所禁烟等。

---

① 中共中央文献研究室．习近平关于社会主义生态文明建设论述摘编［M］．北京：中央文献出版社，2017：116.

生态道德作为一种社会意识，既是由社会物质生活条件，特别是经济关系决定的，又对社会生活具有能动作用。当人类在工业化的道路上大步前进时，生态危机逐渐出现。生态问题使经济发展减速，使人焦躁不安，人们开始反思人类与自然之间的关系，试图探求一种基于人与自然和谐的思维方式和行为方式，这种意识就是生态道德意识。从哲学的角度来看，生态道德意识是人“从生命与环境的整体优化目标来理解和追求社会发展的意识要素与观念形态，是生态规律的支配作用和生态条件的制约作用在人的观念上的反映。它注重维护社会发展的生态基础，强调从生态价值的角度审视人与自然的关系和人生目的”①。面对人与自然关系的失衡，我们迫切需要重建满足人类社会可持续发展的道德原则和规范，及时制定社会主义生态价值体系，用社会主义生态道德引导广大人民群众采用合法手段谋取利益、树立高尚的道德风尚；通过社会舆论、风俗习惯、内心信念等特有形式，去指导和纠正人们的行为，使人与自然之间、人与人之间、个人与社会之间的关系臻于完善与和谐。

生态文化的建设主要包括生态道德教育和生态法律教育两大方面。生态法律与生态道德虽然在形式上、手段上有差别，但它们的内容基本上是同一的，追求的目标也是一致的，都是通过规范人们的生态行为，来维护以一定的利益关系为基础的社会秩序。生态道德教育在生态文化教育中占据基础性地位，生态道德的养成是生态文明建设的根本目标和必然要求；生态法律教育对生态文明建设具有保障作用。结合几千年来中国发展的实际，我们可以发现加强生态道德教育是从中国国情出发的必然结果。生态道德教育是社会主义生态文明建设事业的客观需要，事关社会发展方式的变革、公民素质的优化和国家形象的提升。

一般情况下，公民是根据生态道德规范的内涵与要求来决定是否付诸某种生态行为或者该采取什么生态行为。以“善待绿地花草”为例，众所周知，那些没有被栅栏围住的城市公园或旅游景区的绿化带总被人随意践踏，人们或三五成群一起打牌，或围在一起烧烤、野炊，或无所顾及地折断花枝，或随意扔垃圾等一片狼藉、惨不忍睹，原本生机盎然的花草也被践踏得伤痕累累，一片凋零。尽管每个人可能都认为自己是无心的，但我们所居住的生态环境甚至一

---

① 路日亮．天人和谐论［M］．北京：中国商业出版社，2010：395.

些生命却遭到了破坏和摧残。显而易见，绿地花草是每一位公民都可享用的资源，但这种公共财产往往会形成“公地悲剧”。从生态伦理角度看，造成这种结果的原因是这些公民缺乏尊重自然、敬畏生命、保护生态和改善环境的生态道德感和生态责任感。因此，生态文明教育应该首先从价值观上予以引导，使公民形成正确的生态道德思想，培养尊重自然、敬畏生命、保护环境和改善环境的道德感和责任感。通过生态道德教育，促进公民向“生态人”转变，引导其自觉遵守生态道德规范，一方面可以使公民认识自己，从人与自然、人与人、人与社会三个方面获得生态道德认知，明确自己应该承担的生态道德义务，正确地认识生态社会道德生活的规律和原则，从而正确地做出自己的选择。另一方面也可以通过内心信念、舆论等特殊手段，陶冶公民的生态道德情感，锻炼其生态道德意志，最终外化于行，将生态道德认知付诸行动。

（二）提高我国公民生态道德水平的需要

生态道德是指人们从自然、社会和人的辩证关系出发，最优地解决生态问题、社会问题、人的生存和发展问题的道德规范的总和。生态道德意识是人们为推动生态文明建设而不断调整自身经济活动和社会行为以及协调人与自然关系的实践活动的自觉性。当前，我国公民生态道德意识跟以前相比已经有了较大的提高，但整体来看不容乐观。以下这些问题严重阻碍了我国生态文化的建设。

首先，环保认知程度不高。1999 年 4—5 月国家环保总局（现环境保护部）和教育部曾在全国 31 个省、市、自治区及直辖市（港、澳、台除外）中的 139 个县级行政区做了全国公众环境意识调查，就生态环境而言，认为环境问题已经非常严峻和比较严重的受调查人数约占 57%，但当把环境问题与其他社会问题相比较时，生态环境问题的受关注程度较低。如在“我国面临的问题”的排序上，环境保护问题只居第五，50% 的人认为不能为了环保而降低大众生活水平。① 一般来说，当居民所在地区没有发生较大的环境污染问题时，人们往往对环境污染的关注度较低，主动了解环保知识、主动维护环境保护的行为也较少。2013 年以来，雾霾天气开始在我国北方数十个城市尤其是北京、石家庄等地出

---

① 杨明，唐孝炎．环境问题与环境意识［M］．北京：华夏出版社，2002：266 – 267.

现，严重地影响着人民的健康，PM2.5 这个词汇一度成为热门词汇，从医疗专家到媒体报纸到处都在谈论这个健康杀手，但上海交通大学民意与舆情调查研究中心发布的城市居民环保态度调查显示，过半的民众表示其认知度不高，他们不清楚或不了解。总的来说，生态环境问题对社会生产及人的生活影响在逐渐加大，但人们的环保认知程度总体还是较低，深层生态保护知识还有所欠缺。

其次，生态道德责任意识缺乏。生态道德责任意识体现为“人与自然的和谐发展与共存共荣，提倡人类培养尊重自然、爱护生命、保护自然环境的道德情操”①，是指人们在尊重自然规律、遵守生态法制的前提下进行改造自然、利用自然的活动以满足人们的需要时，应当履行相关生态道德责任，为人类生态文明建设做出自己力所能及的贡献。据国家环保总局（现环境保护部）和教育部的调查，我国公民的生态道德责任意识较为薄弱，四分之三的公众在日常消费时不考虑环保因素，近七成人不愿意为环保而接受较高的价格，只有约三分之一的被调查者能够妥善处理生活废弃物，避免环境污染。② 很多公民没有意识到自己是生态道德责任的主体，认为生态环境保护是政府的责任，总是强调政府应该加大环保工作力度，出台有关环保的法律法规，强化宣传教育，解决生活中遇到的水污染、空气污染、垃圾污染、噪声污染、食品卫生等各种实际问题。

再次，生态文明建设参与度较低。责任意识的缺乏直接导致我国目前公民的生态文明建设参与的自觉性和积极性还不是很高。生态文明建设贯穿于我们生活的各个领域，既包括与我们个人生活密切相关的家庭、单位，也包括社会公共生活领域。现阶段，无论是从参与的层面还是参与的人数来看，我国公民的生态建设参与度都不高。公民一般只有为解决已经威胁到自身健康权益的环境污染问题才会进行投诉。就目前来看，我国公民采取的日常环境保护行为都是以能降低生活成本或有益于自身健康的行为为主，而对于可能增加支出及降低生活便利性的环境保护行为则相对较少采用。例如，节约用水、用电、用气成为人们最常采用的环保行为，但一旦需要额外支出的话，很多人就不考虑了。

最后，生态消费意识有待培养。消费是人类生产链条上重要的一环，事关

---

① 王学检，宫长瑞．生态文明与公民意识［M］．北京：人民出版社，2011：139.

② 杨明，唐孝炎．环境问题与环境意识［M］．北京：华夏出版社，2002：266－267.

人类生产能否持续进行。然而很多公民将消费看作公民的一项权利，更多地从自身出发来看待这个问题，认为自己有钱爱买什么就买什么，忽略了人与自然、人与环境之间的和谐共生的“天人合一”关系，将人的物质需要凌驾于客观自然之上；更有甚者私欲膨胀，超前消费，出现攀比消费现象；还有些人认为“我消费我存在”。这些不合理的消费意识不仅带来资源消耗总量的不断增加，而且加剧了生态污染，不利于社会可持续发展。为了过上更高质量的生活，公民必须树立生态消费意识，养成绿色、低碳消费方式，培养个人消费文化素质，调节个人的物质需要和精神需要结构，在消费生活中使身心得到愉悦，在消费交往中使品德情操得到升华。

生态道德教育是塑造生态公民的根本途径。生态文明建设需要生态道德教育来为其提供理论基础，提高人们的生态道德素养，从而推动生态文明建设。因此，我们应在生态文化视阈下着力培养和塑造公民的生态道德意识，不仅要引导公民树立以生态世界观、生态价值观、生态伦理观为核心的生态文明理念，还要以生态文明理念为导引，大力培育公民的生态道德意识、生态法制意识、生态消费意识等生态化生存意识。

二、全方位培育生态公民的实践探索

生态公民的培育，必须以习近平的生态文化思想为指导，充分发挥政府的主导作用。当前，我们通过家庭、学校、机关、企事业单位和社会各方面的力量，在促进生产方式和生活方式生态化，建立健全生态道德教育体系的基础上，坚持不懈地在全体公民中进行生态道德教育，把建设生态文明的思想观念和道德要求，不断灌注到全体公民的头脑之中。

（一）社会层面提供生态道德教育的政策、制度保障

解决生态问题、建设生态文明固然需要经济发展方式的转变、科学技术的创新、社会体制机制的变革，但在最根本上还必须有赖于全体公民生态观念尤其是生态道德观念的转变。我们需要使公民实现思想道德观念的生态化和生态文明意识的养成，具备文明的生态思维、健康的生态心理、良好的生态道德以及体现人与自然平等、和谐的正确价值取向。在社会层面上，机关、企事业单位和社会各方面都在发挥其主体职能，保障和实施生态道德教育。

面对日益严重的生态恶化趋势，国家层面适时提出了要走人与自然和谐发展之路，大力推进生态文明建设。习近平同志提出生态文化观，从理论上为我们进行生态道德教育奠定坚实基础。首先，它有利于我们树立生态世界观，使人自觉地从生态学角度出发把握世界的整体联系和运动变化的内在规律；其次，有利于引导人们的生态价值观，使人们能够充分认识到自然生态系统对人及人类社会生存和发展的深远意义；再次，培育人们的生态伦理观，使人自觉地将道德拓展到自然生态领域，在人与自然协同进化的生存理念基础上充分发挥人的强大的主观能动性。在习近平生态文化的理论指导下，我们国家不断出台环境保护和生态文明建设的相关文件，为生态道德教育的实施提供了依据和指导。

20 世纪 80 年代初，我国将环境保护作为一项基本国策，这一举措直接推动了我国生态道德意识培育的实践，确立了公民生态道德意识培育的概念体系和政府主导、全民参与的培育模式，使生态文明知识的传播范围更加广泛，加快了公民生态道德意识确立的步伐。

1996 年，国家环境保护局（现环境保护部）等部门共同制定了《全国环境宣传教育行动纲要（1996—2010）》（以下简称为《纲要（1996—2010）》）。《纲要（1996—2010）》认为环境意识是衡量一个国家和民族的文明程度的重要标志。面对我国整体生态破坏范围越来越大的趋势，我们必须实施生态环境保护战略，进一步加强环境宣传教育，提高全民族的环境意识。对于环境宣传教育，《纲要（1996—2010）》认为它是“提高全民族思想道德素质和科学文化素质（包括环境意识在内）的基本手段之一，是社会主义精神文明建设的重要组成部分，对于环境保护工作起着先导、基础、推进和监督作用”①。环境宣传教育的内容不仅包括生态科学知识，而且包括环境伦理道德知识。《纲要（1996—2010）》对我国生态意识培育的目标做了规划：“到 2000 年，使广大青少年和儿童掌握生态环境保护基本知识；培养一批跨世纪的环保人才；使各级党政干部、企事业法人代表中的多数人都受到一次环境保护和可持续发展的培训；对各级教育部门和环保部门的在职干部进行一次全面培训。到 2010 年，全国环境教育

---

① 国家环保总局，中共中央文献研究室．新时期环境保护重要文献选编［M］．北京：中国环境科学出版社，2001：439.

体系趋于合理和完善，环境教育培训制度达到规范和法制化。"①

为进一步加强环境宣传教育工作，增强全民环境意识，建立全民参与的社会行动体系，推进资源节约型、环境友好型社会建设，提高生态文明水平，2011年，由环境保护部、中宣部、中央文明办等部门共同发布《全国环境宣传教育行动纲要（2011—2015年）》（以下简称为《纲要（2011—2015）》）。《纲要（2011—2015）》强调环境宣传教育是环境保护工作的重要组成部分，宣传教育要贴近实际，贴近群众，贴近生活，要开展以弘扬生态文明为主题的环境宣传教育活动，推进全民环境宣传教育行动计划，引导公众积极参与支持环境保护，为"十二五"时期环境保护事业发展提供有力的舆论支持和文化氛围。《纲要（2011—2015）》确定了"十二五"时期我国环境宣传教育的总体目标："扎实开展环境宣传活动，普及环境保护知识，增强全民环境意识，提高全民环境道德素质；加强舆论引导和舆论监督，增强环境新闻报道的吸引力、感召力和影响力；加强上下联动和部门互动，构建多层次、多形式、多渠道的全民环境教育培训机制，建立环境宣传教育统一战线，形成全民参与环境保护的社会行动体系；建立和完善环境宣传教育体制机制，进一步提高服务大局和中心工作的能力与水平。"②

这一系列的文件既明确了我国一段时期内的环境宣传教育的目标，也指明了我国公民生态道德培育的目标。

2001年，中共中央印发《公民道德建设实施纲要》，强调要建立与发展社会主义市场经济相适应的社会主义道德体系，提倡文明健康的生活方式，促进整个民族素质的不断提高，全面推进建设有中国特色社会主义的伟大事业。2019年，《新时代公民道德建设实施纲要》（以下简称为《新纲要》）出台，对推动全民生态道德素质和社会文明程度达到一个新高度、决胜全面建成小康社会、开启全面建设社会主义现代化国家新征程，具有十分重要的意义。《新纲要》里增加了公民生态道德建设的相关内容。在环境保护方面，指出各地要积极广泛开展学雷锋和志愿服务等活动；在"推动道德实践养成"方面，强调要

---

① 国家环境保护总局，中共中央文献研究室．新时期环境保护重要文献选编［M］．北京：中国环境科学出版社，2001：440.

② 中华人民共和国环境保护部．关于印发《全国环境宣传教育行动纲要（2011—2015年》的通知［EB/OL］．中华人民共和国环境保护部网站，2011-04-22.

积极践行绿色生产生活方式。

> 绿色发展、生态道德是现代文明的重要标志，是美好生活的基础、人民群众的期盼。要推动全社会共建美丽中国，围绕世界地球日、世界环境日、世界森林日、世界水日、世界海洋日和全国节能宣传周等，广泛开展多种形式的主题宣传实践活动，坚持人与自然和谐共生，引导人们树立尊重自然、顺应自然、保护自然的理念，树立绿水青山就是金山银山的理念，增强节约意识、环保意识和生态意识。开展创建节约型机关、绿色家庭、绿色学校、绿色社区、绿色出行和垃圾分类等行动，倡导简约适度、绿色低碳的生活方式，拒绝奢华和浪费，引导人们做生态环境的保护者、建设者。①

另外，还要针对生态环境领域群众反映强烈的突出问题，逐一进行整治，让败德违法者受到惩治、付出代价。《新纲要》的提出从总体要求、重点任务、道德教育引导、推动道德实践养成、加强组织领导、发挥制度保障作用等几个方面为我们进行生态道德教育提供了方针政策。

以上这些政策文件为生态道德教育的实现提供多方面的保障。在这些方针政策的指导下，党政各部门、民间组织以及城市社区、农村基层组织纷纷从实际出发，有计划、有重点地抓好生态道德教育。这些组织结合各自的工作职能，运用多种形式和手段，大力宣传基本生态道德知识、道德规范，使之家喻户晓。例如，许多企事业单位从上至下进行生态文化教育的普及，从管理者到单位成员配以相应的形式进行生态道德教育宣传，这不仅有利于构建资源节约型社会，而且有益于探索环境友好型社会的生态文化教育模式，促进全民素质的提高。②各级组织尤其是一些环境保护的公益组织积极开发优秀生态道德教育资源，利用各种生态文化教育平台，如自然生态保护区、生态博物馆、森林公园、湿地公园等作为生态文化教育的场所，让受教育者切身体会到自然生态的魅力，增

① 中华人民共和国中央人民政府．中共中央国务院印发《新时代公民道德建设实施纲要》［EB/OL］．中央政府门户网站，2019－10－27.

② 赵红丽．试论加强我国的生态文化教育［J］．张家口职业技术学院学报，2007（4）：21.

强环保意识。城市、农村社区工作者结合时代的发展不断充实富有时代特色的生态道德教育内容，推广群众易于接受的各种教育方式。如各地借助垃圾分类活动的推广，进行大力宣传，开展多种多样的垃圾分类知识普及活动，强化公众垃圾分类意识，规范公众垃圾投放行为，促进其养成由被动强制转为主动自觉的生活习惯，从源头上解决垃圾分类问题。

（二）学校层面为生态道德教育的实施提供平台和路径

生态文化教育的本质是使下一代自觉地树立生态文明意识。生态道德教育可以帮助学生树立生态文明观，提高学生的生态意识，使学生可以自觉地投身到生态实践中去。校园是人学习的第二个阶段，也是生态道德教育至关重要的一个环节。从总体上来看，我国的生态道德教育大多是以学生为教育对象的，但由于生态道德教育是个系统工程，具有长期性，也有很多地方的生态道德教育从学前、小学教育就已经开始，所以应该根据各时期孩子的发展情况及其需求提供相应的生态道德教育方面的知识，从小就给孩子树立终身学习的理念。例如，许多城市设立了“怀特海幼儿园”，让孩子在游戏中获得生态道德教育的人格经验，从幼儿园就开始对孩子实施生态道德教育①。

从义务教育到高校教育，很多学校已经开设生态文化教育课程，并且从教学内容上不断结合现实丰富和发展相关内容，在教学形式上采取案例教学、议题教学等形式进行生态道德教育，引导学生树立生态文明价值观。也有些学校积极探索生态道德教育的实践教学形式。例如，通过劳动实践课程带领学生做好校园的绿化工作，积极打造生态文化校园。这样校园环境就成为生态文化教育的重要载体，起到一种无声教育的作用，学生在其中感同身受，能自觉地去进行生态文化的自我教育，在无意识中产生教育效果。

（三）家庭层面为生态道德意识的培育奠定基础

家庭是教育的开始，思想观念是从小开始树立的，一个好的家庭观对人们的生态文化教育起着至关重要的作用，意识的形成与改变都可能是潜移默化的。幼儿时期就开始抓孩子的生态道德意识，这有利于生态文化知识的普及，为后期学校和社会的生态文化教育奠定思想基础。家长应该给孩子树立榜样，加强

---

① 杨志华．为了生态文明的教育——中美生态文明教育理论和实践最新动态［J］．现代大学教育，2015（1）：25.

自身的生态道德涵养，使自己的孩子从小树立爱护自然、保护自然、与自然和谐相处的生态理念。家庭教育对于个人而言具有终身性，在家庭的生态文化教育中，家长要把生态文化理念与日常生活相结合，要注重孩子良好习惯的养成，做好榜样的示范作用。家长可以通过亲身体验的方式（多带孩子去生态公园、自然公园等地方）来引导孩子亲近自然、热爱自然。

生态道德教育是培养公民生态环保理念和生态道德素养的一种教育方式，它的目标和原则来源于人民的生产和生活实践，是经济社会发展的客观反映。坚持培育原则、努力实现培育目标是促进我国生态文明建设的必然要求。在具体的生态道德教育的过程中，我们不仅要注意广度还要注意深度。一方面，公民生态道德的培育不是静态的，而是一个不断发展的过程。正如恩格斯指出的，"原则不是研究的出发点，而是它的最终结果；这些原则不是被应用于自然界和人类历史，而是从它们中抽象出来的；不是自然界和人类去适应原则，而是原则只有在符合自然界和历史的情况下才是正确的"①。因此，生态道德教育的目标和内容要适应经济社会发展状况的变化而变化，服务于社会和人的发展。另一方面，在习近平生态文化观的指导下，我们要充分发挥政府等各级组织在公民生态道德教育中的主导作用，促使公民树立文明的行为方式，大力开展生态教育，鼓励民间环保组织发展。在具体形式上既可以通过学校开设的专门课程，又可以通过随处可见的公益广告和生态道德文化的公益讲座进行宣传教育，还可以组织人们参加与生态文化相关的社会实践活动，来帮助人们树立正确的环境价值观念。

三、推进新时代公民生态道德建设的对策

生态道德是新时代公民道德建设的重要内容，为了更好地实施生态道德教育，我们要进一步推进新时代公民生态道德建设，还要以《新时代公民道德建设实施纲要》为基本遵循，加强党的统一领导，深化宣传教育引导，完善制度法律保障，形成全社会共建共享的生动局面。

首先，加强党对公民生态道德建设的统一领导。党的十九届四中全会报告

① 马克思，恩格斯. 马克思恩格斯选集（第三卷）［M］. 北京：人民出版社，1995：374.

中指出，“中国共产党领导是中国特色社会主义制度的最大优势”。加强新时代公民生态道德建设，我们要坚持在党的集中统一领导下，把生态道德列入生态文明建设和公民道德建设年度发展规划和重点工作之中，融入经济社会发展全领域和人民生产生活全过程。

其次，要把生态道德建设纳入各级各类评优、考核标准之中。对在生态道德方面存在问题的项目、组织、机构、群体与个人，要慎重考虑审批和任用，对严重违背生态道德且在社会上造成重大消极影响的，要一票否决。要在党的统一领导下积极发挥共青团、工会、各级环保组织、各级各类协会等群团组织的独特优势，在规划生态道德建设实施方案、解决生态道德领域突出问题、组织生态道德教育实践活动、总结生态道德建设经验教训、营造生态道德风尚氛围等方面群策群力，形成齐抓共建的良好局面。

再次，深化公民生态道德建设的宣传教育引导。加强新时代公民生态道德建设，要在全社会大力弘扬尊重自然、顺应自然、保护自然的生态价值观，把人与自然和谐共生的道理讲透彻讲生动，凝聚社会生态道德共识，培育良好生态道德风尚。要有针对性地开展生态道德教育实践活动，培养公民的生态道德习惯，唤醒公民的生态道德责任，提升公民的生态道德修养。要深入挖掘中华优秀传统文化、革命文化和中国特色社会主义先进文化中的生态道德资源，树立新时代各行各业生态道德榜样模范，在全社会树立鲜明的生态价值导向，重建新时代生态伦理秩序，培育新时代守护绿水青山的生态卫士。

最后，完善公民生态道德建设的制度法律保障。习近平强调指出：“只有实行最严格的制度、最严密的法治，才能为生态文明建设提供可靠保障。”① 发挥制度和法律的刚性约束功能，建立系统完整的生态文明制度体系，及时把实践中广泛认同、较为成熟、操作性强的道德要求转化为制度设计和法律规范，以制度和法治的力量确立生态道德的权威。要加强生态制度法律的顶层设计，补齐生态领域的制度法律短板，正如习近平总书记在中央全面深化改革委员会第十二次会议上指出，“要尽快推动出台生物安全法，加快构建国家生物安全法律法规体系、制度保障体系”。另外，我们还要加大生态领域执法力度，对于当前

① 用最严格制度最严密法治保护生态环境——牢固树立绿水青山就是金山银山理论述评（二）[N]．人民日报，2020-08-16.

以及今后一段时期内仍然存在的违法违规问题，依法依规坚决惩戒。要建立自然生态领域重大违法案例社会公示制度，以案明德，惩前毖后，让制度与法律为新时代公民生态道德建设保驾护航。

第三节　发展生态文化产业

一、生态文化产业的内涵及形成条件

（一）生态文化产业

什么是生态文化产业呢？首先，从话语分析的角度看，生态文化产业包含生态、文化、产业、生态文化、文化产业五个基本概念，产生以下三种组合方式，一是“生态+文化产业”；二是“生态文化+产业”；三是“生态+文化+产业”。这三种组合方式产生了三种理解生态文化产业的认识视角：第一种从文化产业的角度，将生态文化产业作为一种文化产业来认识。比如，王伯承、辛丽平在《民族地区生态文化产业发展的逻辑悖论与内在张力——基于风险社会理论的视角》一文中将生态文化产业理解为生态文明理念与文化产业相结合的产物。第二种从生态文化的角度，将生态文化产业作为生态文化的产业化来认识。比如，国家林业局发布的《中国生态文化发展纲要（2016—2020年）》将生态文化产业看作生态文化发展的重要内容和重点任务。第三种从生态、文化、产业融合的角度，认为生态文化产业是三者融合发展的集中表现形式。比如，赵国栋在其文章《西藏的茶：生态、文化还是产业？——关于一个解释模型的探讨》中，用“生态+文化+旅游”三维成长与动力理论模型解释西藏茶向生态文化产业发展的方向。然而，生态文化产业作为“正在成为最具发展潜力的就业空间和普惠民生的新兴产业”①，“生态文化产业的概念内涵至今还没有完备的表述”②，还处于混沌的状态。更多的文章将上述三种认识视角和内容不加

① 国家林业和草原局．公告：国家林业局关于印发《中国生态文化发展纲要（2016—2020年）》的通知［EB/OL］．中国林业新闻网，2016-04-15.

② 赵峰．生态文化产业概论［J］．智库时代，2019（31）：262-263.

区分地混合运用，比如，赵峰的《生态文化产业概论》、陈苏广的《欠发达地区生态文化产业发展研究——以宿迁市为例》和陈登源的《福州市生态文化产业培育研究》等文章。生态文化产业概念在实践中的这种有意识和无意识的混合使用在一定程度上也反映了生态、文化、产业的融合性。其次，从生态文化产业实际外延所指来看，生态文化产业包括“多种类型、各具特色的森林公园、湿地公园、沙漠公园、美丽乡村和民族生态文化原生地等生态旅游业，健康疗养、假日休闲等生态服务业，打造优质规范的生态文化教育、科普、体验基地和生态科普展馆等生态文化公共服务业，生态文化创意产品产业等”① 内容。一般来说，生态文化旅游产业、生态服务休闲产业、生态文化公共服务、生态文化产品创意等生态文化产业强调的侧重点不同，有的更强调自然生态属性和产业依托，有的更强调文化教育与休闲功能，还有的更追求创意与科技含量，但它们都追求生态、文化、经济和社会的综合效益，融合着经济政治文化社会的内容，与党提出将生态文明建设融入经济政治文化社会建设的全过程和各方面相一致。综上所述，本书采用第三种认识视角：生态文化产业是三者的融合，在一定程度上可以认为是生态与文化经济融合发展的集中表现，具有生态性、文化性、经济性、融合性、创意性等主要特点。张文娜、史亚军在《北京山区生态文化产业SWOT分析研究》一文中将其内涵界定为：

> 生态文化产业是以生态为基础，以文化为内涵，以科技为支撑，以灵活多样的产业形态为表现特征，以生产经营和市场运作为手段，视生态环保为最高理念，向消费者传递或传播生态的、环保的、健康的、文明的信息与意识，为经济社会发展注入生态文化力量的产业。生态文化产业既是一种文化，也是一种经济形态，更是一种可持续发展的产业。②

（二）生态文化产业形成的条件

根据生态文化产业的定义可知，它内在地包含生态、文化和经济要素与条

---

① 国家林业和草原局．国家林业局关于印发《中国生态文化发展纲要（2016—2020年）》的通知［EB/OL］．中国林业新闻网，2016-04-15.

② 张文娜，史亚军．北京山区生态文化产业SWOT分析研究［J］．中国农学通报，2011（27）：151.

件，此外，生态文化产业的形成还必须具备特定的时代前提条件。第一，生态环境恶化与生态危机的到来是生态文化产业形成的时代前提。20世纪后期全球生态环境恶化，环境污染严重，生态系统遭到破坏，优良的生态环境成为一种稀缺资源。生态环境破坏还带来生态危机，污染导致的疾病和死亡，威胁着人类的健康和安全，直接导致人类的生存危机，生态环境对人类生存的意义凸显，并带来对人与自然关系和谐共生的文化理念和"返璞归真"的心理需求。工业文明遭到批判，人类文明发展向生态文明转型。生态环境恶化和生态危机的到来向人类反思工业文明和建设生态文明提出了迫切需求，也为生态文化产业的形成提供了必要的时代前提。第二，文化的生态化是生态文化产业形成的文化条件。工业文明的反生态性导致自然对人类的报复，迫使人类重新寻找文明发展的新出路，追求生态友好型的生态文明应运而生。建立新的文明形式首先要求文化转型，建立生态文化。文化的生态化转型就是人的生存方式融入生态思维、生态理念，在生存问题上确立一种生态的价值追求，在日常生活中追求生态化的生产方式和生活方式。良好的生态环境和生态产品成为人类物质和精神生活的需要，这就使生态产品和生态环境的供给成为现实需要，也为生态文化产业的形成提出了现实要求。第三，产业化是生态文化产业在工业文明时代得以形成的生产条件。产业化是一种商品按照工业标准进行生产、流通、分配和消费的方式，是工业社会市场经济条件下的主要生产和生活方式。这种产业化生产方式以需求为导向，以效益为目标，依靠专业化、标准化的生产优势，大大提高了生产效率和效益，更好地满足了大众化的需求。在现有社会生产条件下，生态文化产品的生产和消费必然遵循产业化的生产道路，以满足生态需求为目的，以实现经济效益和社会效益为目标，依托专业化的企事业单位实现生产、分配和消费。

总之，生态文化产业是工业文明向生态文明转型时期，在生态环境问题凸显的时代要求下，生态、经济、政治、文化和社会条件的产物和应对选择。

二、发展生态文化产业是习近平生态文明思想的内在要求和内容之一

（一）发展生态文化产业是生态文化建设的重要内容和支撑

习近平总书记非常重视文化建设，生态文化是习近平生态文明思想的重要

内容。他说“要化解人与自然、人与人、人与社会的各种矛盾，必须依靠文化的熏陶、教化、激励作用，发挥先进文化的凝聚、润滑、整合作用”①。因此，生态文化是生态文明时代的主流文化，也是生态文明建设的重要支撑，必须加强生态文化宣传教育，提高全社会的生态文明意识，唤起民众的生态文化自信与自觉，为正确处理人与自然的关系，解决生态环境领域的突出问题，推进经济社会转型发展提供内生动力。然而当前人们的生态环境意识还比较薄弱，为了经济牺牲生态环境的情况时有发生，这折射出生态文化建设的滞后性和推进生态文化建设的迫切性、重要性。为了培育生态文化，更好地发挥支撑作用，国家林业局2016年制定了《中国生态文化发展纲要（2016—2020年)》（以下简称为《纲要（2016—2020)》)，将生态文化产业列入生态文化建设的主要目标、主要任务和重大行动之中，体现了生态文化产业对于建设生态文化的重大意义。

首先，创建生态文化产业是生态文化发展的重要目标之一。《纲要（2016—2020)》中提出至2020年生态文化服务体系建设目标是建设森林公园总数4400处，其中重点国家级森林公园200处，并以此为依托建设200处生态文明教育示范基地、森林体验基地、森林养生基地和自然课堂；建设76个国家湿地保护与合理开发利用、湿地生态文化服务体系建设示范区；初步建立起国家沙漠公园网络体系，改善基础设施，强化生态保护、生态文化科普宣教功能，推进沙漠生态旅游；陆续出版发行森林生态文化（野生动物、茶、竹、花)、海洋生态文化、湿地生态文化、草原生态文化、沙漠生态文化、园林生态文化和华夏古村镇生态文化等理论专著、科普读物和影视作品。初步形成依托多种类型、各具特色的森林公园、湿地公园、沙漠公园、美丽乡村和民族生态文化原生地等生态文化旅游业，依托健康疗养、假日休闲等生态文化服务业；打造优质规范的生态文化教育、科普、体验基地和生态科普展馆等生态文化公共服务业，生态文化创意产品产业的生态文化产业体系。②

其次，推进生态文化产业发展是生态文化建设的主要任务。《纲要（2016—

① 习近平．干在实处 走在前列——推进浙江新发展的实践与思考［M］．北京：中共中央党校出版社，2014：293.

② 国家林业和草原局．公告：国家林业局关于印发《中国生态文化发展纲要（2016—2020年)》的通知［EB/OL］．中国林业新闻网，2016-04-15.

2020)》规定至2020年生态文化建设的主要任务之一是推进生态文化产业发展，具体任务如下。

> 六、推进生态文化产业发展
>
> （一）科学规划布局，加快生态文化创意产业和新业态发展。把生态文化产业作为现代公共文化服务体系建设的重要内容，加大政策扶持力度。充分用好现有文化产业平台，鼓励国家级文化产业示范园区、国家文化产业示范基地和特色文化产业重点项目库引入生态文化产业项目，引导更多社会投资进入，开发适应市场和百姓需求的生态文化产品。着力发展传播生态文明价值观念、体现生态文化精神、反映民族审美追求，思想性、艺术性、观赏性有机统一，制作精湛、品质精良、风格独特的生态文化创意产品；改革创新出版发行、影视制作、演艺娱乐、会展广告等传统生态文化产业；加快发展数字出版、移动多媒体、动漫游戏等新兴生态文化产业。要大力推进生态文化特色创意设计，积极扶持一批传承民族生态文化的企业。
>
> （二）发展产业集群，提高规模化、专业化水平。因地制宜，大力发展森林（竹藤、茶、花卉）、园林、沙漠、草原、海洋等生态文化特色产业，以森林公园、自然保护区、专类生态园（植物园、树木园、茶园、竹园、银杏园、牡丹园等）、海岛等为载体，积极打造蕴含不同生态文化主题创意，多样化、参与性、体验性强的生态文化产品和产业品牌；推动与休闲游憩、健康养生、科研教育、品德养成、地域历史、民族民俗等生态文化相融合的生态文化产业开发，加强基础设施建设，提升可达性和安全性。①

最后，创建生态文化产业是推进生态文化发展的重大行动的主题。《纲要(2016—2020)》提出要着力打造生态文化城镇；深化“全国生态文化村”创建活动；加强生态文化现代媒体传播体系和平台建设；拓展生态文化创建传播体验活动等重大行动，并要求各省（自治区、直辖市）生态文化主管部门和省级

---

① 国家林业和草原局．公告：国家林业局关于印发《中国生态文化发展纲要（2016—2020年）》的通知［EB/OL］．中国林业新闻网，2016－04－15.

生态文化协会、中国生态文化协会及其各分会制定本地区本领域的生态文化产业扶持政策和具体措施，并将其纳入各地“十三五”国民经济和社会发展总体规划，以及林业等行业发展总体规划。

（二）发展生态文化产业是落实生态环境就是生产力思想，转变经济发展方式的内容和内在要求

习近平总书记提出“生态环境就是生产力”的思想，指出了生态环境保护与经济发展的统一性，只要思路正确就能充分发挥生态环境优势，把生态环境转化为经济发展的力量，实现绿水青山与金山银山良性互动，走生产发展、生活富裕、生态良好的道路。生态环境生产力不仅仅是指特定生态环境系统内的各种资源，还包括该复合生态系统的整体力量。习近平总书记提倡“靠山吃山唱山歌，靠海吃海念海经”，山歌、海经与山海一样也是生态环境的重要组成部分，是生态环境生产力的要素。山歌、海经是生态系统整体内人与自然环境长期互动过程中形成的生态文化，在现代生态旅游服务中发挥生态文化生产力的作用。我国人民在全国各地多种多样的生态环境中创造出了各具特色的生产生活文化，无论是南方的茶文化、北方的冰雪文化，还是东部的山海文化、西部的沙漠文化等都具有独特的文化魅力，不仅体现着人与自然和谐相处的魅力，还能通过产业化发挥生态文化的生产力作用。生态文化产业是生态环境生产力的客观反映和表现形式。发展生态文化产业是“生态环境就是生产力”的内在要求，也是生态环境生产力的内容和实现形式。此外，发展生态文化产业也是转变经济发展方式，实现高质量绿色发展的内容。生态文化是一种地域象征，内在地融合着人与自然和谐共生的理念，生态文化产业化是宣传、普及生态文化，生动形象地展示了人与自然和谐共生的不同形式，对于认识和理解生态环境和人文环境，提升游客精神体验，增长知识，具有重要意义，是吸引游客的宝贵文化资源和实现绿色发展的文化依托。生态文化产业不仅仅生产生态文化精神产品，还能够依托特定生态产品打造产业链，成为我国经济发展的新亮点，是绿色发展的重要内容，对转变经济发展方式具有重要作用。生态文化产业是一个朝阳产业，如今如火如荼的生态旅游，就是以自然生态环境和生态文化为基础的重要生态文化产业。无论是茶文化、梨文化、桃文化还是民族地区原生态旅游都是增加产品附加值的、吸引更多游客的发展方式。总之，发挥生态环

境生产力，实现绿色高质量的发展内在地要求充分挖掘综合利用各种生态资源，形成产业化、品牌化的生态文化产业。

（三）发展生态文化产业是满足人民群众优质生态文化需求的内容和要求

党的十九大宣布，“中国特色社会主义进入新时代，我国社会主要矛盾已经转化为人民日益增长的美好生活需要和不平衡不充分的发展之间的矛盾”。中国特色社会主义新时代提出了更高的要求：

> 我们要建设的现代化是人与自然和谐共生的现代化，既要创造更多物质财富和精神财富以满足人民日益增长的美好生活需要，也要提供更多优质生态产品以满足人民日益增长的优美生态环境需要。必须坚持节约优先、保护优先、自然恢复为主的方针，形成节约资源和保护环境的空间格局、产业结构、生产方式、生活方式，还自然以宁静、和谐、美丽。①

这是习近平总书记从人与自然是生命共同体思想出发，对现代化建设提出的人与自然和谐共生的要求，明确提出创造更多优质的生态产品满足人民日益增长的优美生态环境需要的任务。创造更多优质生态产品，提高生态产品供给能力，必然要求大力发展生态产业，更好地满足人民日益增长的生态文化精神需求和生态产品物质需求。但是就我国当前总体来说，“生态文明建设水平仍滞后于经济社会发展，资源约束趋紧，环境污染严重，生态系统退化，发展与人口资源环境之间的矛盾日益突出”②，提供更多优质生态产品的能力与人民群众的需求还存在较大差距，因此为了更好地满足人民群众对优美生态环境和优质生态产品的需要，必须发展生态文化产业，提高供给能力和水平。为了推动生态文化产业发展，提高生态文化产品供给能力，首先要完善政策措施，加强对生态文化产业规划的顶层设计。国家和省地各级政府组织编制生态文化产业建设纲要、规划相关实施细则，通过科学指导和政策

---

① 习近平．决胜全面建成小康社会 夺取新时代中国特色社会主义伟大胜利——在中国共产党第十九次全国代表大会上的报告［M］．北京：人民出版社，2017.

② 中华人民共和国中央人民政府．中共中央国务院关于加快推进生态文明建设的意见［EB/OL］．中央政府门户网站，2015－05－05.

引导的作用，推动生态文化服务体系产业化建设。其次要创新社会参与机制，增强生态文化产业发展活力。鼓励各类投资主体参与生态文化产业建设，创新生态文化产业发展形态，着力挖掘和提升已有生态工业、生态农业、生态林业等生态产业的文化内涵与资源附加值，延伸产业链，调动市场机制，为生态文化产业发展提供人才、资金和平台支持，提高生态文化产品生产的规模化、专业化和市场化水平。再次要立足区域文化特色，打造生态文化产业群。立足地域文化、民族文化、历史文化资源，按照龙头带动、优势互补、重点突出的原则，以点带面，培育和建设一批生态文化旅游基地、生态物质文化和非物质文化遗产保护基地、生态文化工艺品生产基地等，开发多种形式的衍生产品。总之，满足人类生态文化物质和精神需求，培养生态文明意识是生态文化产业得以产生和发展的基本原因和根本目的，也是推动生态文化产业发展的根本动力。

三、我国生态文化产业发展现状及问题对策

（一）我国生态文化产业发展现状

党的十八大以来，我国生态文明建设进程加快，给生态文化产业发展提供了良好的社会条件。截至2015年，拥有“国家生态文明教育基地”76个；“国家森林城市”96个；全国生态文化村441个、全国生态文化示范基地11个、全国生态文化示范企业20家；森林公园、湿地公园、沙漠公园4300多个，林业自然保护区2189处，森林旅游和林业休闲服务业年产值5965亿元。森林文化、竹文化、茶文化、花文化、生态旅游、休闲养生等生态文化产业蓬勃兴起。[1] 总体来看，我国各级政府和企事业单位对发展生态文化产业的认识不断增强，生态文化产业体系基本建立。首先，积极开发生态文化公共服务体系。依托新旧媒体出版发行了生态文化领域的图书、音像产品和宣传网站；各地区建设的地方生态文化博物馆以及各类园艺、森林、湿地、沙漠、草原、海洋等生态文化休闲旅游区，为公民提供生态文化知识和生态休闲旅游服务。其次，拓宽工农产业内容，建立特色生态文化产业。依托农业中的林、果、茶等农业产业以及立

---

① 国家林业和草原局．公告：国家林业局关于印发《中国生态文化发展纲要（2016—2020年）》的通知［EB/OL］．中国林业新闻网，2016－04－15.

体、循环农业产业，积极发展林、果、茶特色文化，尤其是具有地方生态环境色彩的文化，宣传开发立体、循环农业的生态系统模型，在实体产业的基础上开发休闲娱乐活动产业。再次，运用科技创新、手段创新，发展生态文化创意产业。生态文化创意产业要体现生态文化精神、反映民族审美追求，实现思想性、艺术性、观赏性的有机统一，要求制作精湛、品质精良、风格独特。当前主要有地方生态文化工艺产品、生态文化动漫、游戏等富含独特创意的产品开发设计。总之，当前我国已经形成了以公益服务、休闲旅游和文化创意为主要内容的生态文化产业体系。

（二）当前我国生态文化产业发展中存在的问题

生态文化产业作为新兴的成长型产业，还处于发展的初级阶段，面临一些问题。首先，从总体上来看，生态文化产业发展存在严重的不平衡问题，生态文明理念培养和生态文化产业开发之间存在矛盾。整体来说东部与中西部之间，城市和乡村之间存在产业分布不均匀、发展不平衡的问题。具体来说，在生态文化公共服务和生态文化创意产业发展方面东部在资金、人才方面占有明显优势，城市比起农村占有很大优势。这就导致生态文化教育具有明显差异，生态环境相对较好的中西部和农村缺乏足够的生态文化教育支撑，对于生态文化的认识停留在地方性知识水平，无法达到生态文明意识要求的程度。生态文化休闲旅游产业开发对于生态环境要求较高，相对集中于中西部和特色生态农业地区或者是城市周边地区。这类产业注重生态文化资源挖掘，经济开发力度较大。这种生态文化教育服务与生态环境文化资源开发之间的区域错位和不平衡，不利于当前生态环境质量好但经济发展相对落后地区的生态文明建设，更有甚者过度开发导致生态环境退化，带来新的发展危机。其次，生态文化产业模式单一，缺乏创意，复制问题严重。生态文化产业从根本上来说具有独特性和创意性，不应该千篇一律，而应是百家争鸣。但是在现实中，由于生态文化产业开发刚刚起步，又由于先行地区的经验和示范效应，其他地区学习复制现象普遍存在。比如，各地兴起的梨花节、桃花节等节日年年如此缺乏新意，生态文化效应不强，产业发展缺乏后劲。同样，各地的生态文化公共服务也是如此，缺乏创新和发展。最后，在生态文化产业融合方面亟待深入。生态文化产业集生态、文化、经济于一体，往往被理解为三者的简单相加，或者是为了发展经济进行的生态和文化包装，造成生态文化产业的拼装现象，这就直接导致生态文化产业内涵不足，缺乏市场竞争力。生态文化产业发展离不开资本和市场，缺少资本投入或者市场发育不全、开拓能力不强，也会造成丰富的生态文化资源得不到开发，陷入“酒香也怕巷子深”的尴尬。总之，生态、文化、产业三要素中的任何一种要素的缺位，或者三者之间找不到融合的切入点，都会造成生态文化产业的难产和发育不良。当前生态文化产业发展既存在宏观发展上的不平衡、不匹配问题，也存在微观方面产业培育和开发设计问题，需要在总结经验的基础上，不断寻找解决问题的途径。

（三）推动生态文化产业深入发展的对策

推动生态文化产业深入发展，必须坚持问题导向，从以下几个方面入手解决当前生态文化产业发展中存在的问题。首先从宏观上来看，制订总体规划，保障公平的文化发展尤其是后发地区的生态文化产业发展问题。面对各地经济发展不平衡所带来的生态文化公共服务水平差异，必须从顶层设计出发，着眼于服务生态文明建设，在制订公共文化服务产业发展规划时按照公平公正的原则，确保区域之间、城乡之间均衡发展。面对各地生态环境质量、生态文化差异所带来的生态文化资源差异和产业结构的不同，必须着眼优化产业结构，发挥经济落后地区所具有的后发优势，走跨越式发展的生态文明道路。在宏观政策的制定上本着生态环境优先的原则，宁要绿水青山不要金山银山，发展生态文化产业把培养生态文化意识的任务放在首位，实现生态文化发展与经济发展良性互动。其次生态文化产业发展必须在借鉴别人经验的基础上增强创意性，形成特色，发挥品牌效应。生态文化产业雷同主要是缺乏创新精神，没有找到包含生态文化精髓的生态文化产品，在产业对接时照搬照抄别人的经验。发展有特色、叫得响的品牌生态文化产业必须在创意上下功夫，坚持“深入生活、扎根人民”，在生产生活实践中获得灵感。在产业开发方面，结合当地主要产业或特色产业，延长产业链条，挖掘相关生态文化内涵，为生态文化找到产业依托，也为产业发展找到文化灵魂，比如，生态农业文化产业、生态工业文化产业等。还要结合新的产业形态，比如，动漫、游戏等载体，让生态文化形象化、活起来，创造出新的生态文化产品和服务。最后生态文化产业要实现生态、文化和产业经济的融合发展。生态文化产业是人与自然、人与人之间关系和谐发展的产物，只有从这种高度出发才能找到三者融合的产物，并将其具象化为产品。也就是说，生态文化产业是特定时期人、自然、社会三者和谐融合而生的，找准这个契合点，就找到了生态文化产业的关键。比如，辽宁盘锦的蟹田大米、南方的茶文化产业都是这方面的典型代表。然而生态文化产业不仅仅将文化限制在自然生态之上。人文文化尤其是具有典型地域特征的宗教、文化遗产、历史遗迹都有其所要讲述的故事，经过融合都可以进入产业发展的领域。当然，各地生态文化产业的发展不可能千篇一律，遇到的问题也不仅仅就这么几种，时刻保持问题意识，增强创新意识才是推动生态文化产业发展的根本动力。

参考文献：

[1] 王雨辰．论习近平生态文化观及其当代价值［J］．南海学刊，2019(6)：2－10.

[2] 中共中央文献研究室．习近平总书记重要讲话文章选编［M］．北京：中央文献出版社，2016.

[3] 习近平．在纪念孔子诞辰2565周年国际学术研讨会暨国际儒学联合会第五届会员大会开幕会上的讲话［M］．北京：人民出版社，2014：9.

[4] 习近平．干在实处 走在前列——推进浙江新发展的实践与思考［M］．北京：中共中央党校出版社，2014.

[5] 中共中央文献研究室．习近平关于社会主义生态文明建设论述摘编［M］．北京：中央文献出版社，2017.

[6] 习近平．之江新语［M］．杭州：浙江人民出版社，2014.

[7] 王雨辰．有机马克思主义生态文明观评析［J］．马克思主义研究，2015 (12)：80－90.

[8] 江泽慧．弘扬生态文化 推进生态文明 建设美丽中国［EB/OL］．人民网，2013－01－11.

[9] 习近平．习近平谈治国理政（第一卷）［M］．北京：外文出版社，2018.

[10] 习近平．习近平谈治国理政（第二卷）［M］．北京：外文出版社，2017.

[11] 中共中央文献研究室．习近平关于社会主义生态文明建设论述摘编［M］．北京：中央文献出版社，2017.

[12] 韩德信．生态文化视野中的科学发展观［M］．北京：中国文联出版社，2008.

[13] 马克思，恩格斯．马克思恩格斯全集（第三卷）［M］．北京：人民出版社，1972.

[14] 路日亮．天人和谐论［M］．北京：中国商业出版社，2010.

[15] 王学检，宫长瑞．生态文明与公民意识［M］．北京：人民出版社，2011.

[16] 杨明，唐孝炎．环境问题与环境意识［M］．北京：华夏出版社，2002.

[17] 国家环境保护总局，中共中央文献研究室．新时期环境保护重要文献选编［M］．北京：中国环境科学出版社，2001.

[18] 中华人民共和国环境保护部．关于印发《全国环境宣传教育行动纲要（2011—2015 年）》的通知［EB/OL］．中华人民共和国环境保护部网站，2011-04-22.

[19] 中华人民共和国中央人民政府．公告：中共中央、国务院印发《新时代公民道德建设实施纲要》［EB/OL］．中央政府门户网站，2019-10-27.

[20] 赵红丽．试论加强我国的生态文化教育［J］．张家口职业技术学院学报，2007（4）：20-22.

[21] 杨志华．为了生态文明的教育——中美生态文明教育理论和实践最新动态［J］．现代大学教育，2015（1）：21-26.

[22] 马克思，恩格斯．马克思恩格斯选集（第三卷）［M］．北京：人民出版社，1995.

[23] 国家林业和草原局．公告：国家林业局关于印发《中国生态文化发展纲要（2016—2020 年）》的通知［EB/OL］．中国林业新闻网，2016-04-15.

[24] 赵峰．生态文化产业概论［J］．智库时代，2019（31）：262-263.

[25] 张文娜，史亚军．北京山区生态文化产业 SWOT 分析研究［J］．中国农学通报，2011（27）：151-154.

[26] 习近平．决胜全面建成小康社会 夺取新时代中国特色社会主义伟大胜

利——在中国共产党第十九次全国代表大会上的报告［M］. 北京：人民出版社，2017.

［27］中华人民共和国中央人民政府. 中共中央国务院关于加快推进生态文明建设的意见［EB/OL］. 中央政府门户网站，2015-05-05.

第六章

社会的生态化变革：建设美丽中国

习近平生态文明建设的根本目标是努力建设美丽中国，实现中华民族永续发展。建设生态文明是老百姓的民意所在，也是社会普遍关注的问题，生态文明建设几乎涵盖了百姓生活的方方面面。在生态文明如何融入社会领域的问题上，党的十八大提出要坚持节约资源和保护环境的基本国策，坚持节约优先、保护优先、自然恢复为主的方针，着力推进人们生活观念、生活方式的变革，从源头上扭转生态环境恶化趋势，才能为人民创造天蓝山绿水清的生产生活环境，从而满足人民群众对美好生活的需要。

第一节　美丽也是幸福的社会生活观念

在全面建成小康社会的过程中，生态环境问题是突出短板。守护生态文明、建设美丽中国，不仅需要党和政府的担当作为、企业的履职尽责，还需要每一个公民的积极参与。习近平总书记强调，“每个人都是生态环境的保护者、建设者、受益者”，生态环境质量问题与全社会的社会生活观念息息相关。转变思维方式，树立美丽也是幸福的社会生活观念，建设以绿色为底的美好生活，是全国人民的共同愿望，也需要我们自觉付诸行动。

一、社会生活观念的转变是建设美丽中国的必然要求

（一）社会生活在本质上是实践的

实践的观点是马克思主义哲学的首要的基本的观点，就是因为实践在人与

世界的关系中具有基础性的地位。在实践中蕴藏着的全部人与世界关系的秘密，人与世界关系的丰富内容就是人类实践活动的具体展开。习近平生态文明思想实现了对人类文明发展规律的再认识，是人类社会发展史、文明演进史上具有里程碑意义的大理念、大哲学。他丰富和发展了马克思主义的实践观，从人与自然的关系、人与社会的关系和人与自身的关系三个角度阐释了人类生活的本质。

在人与自然的关系上，人是通过实践活动同自然界发生各种联系的。实践既是人类借以从自然界分化独立出来的根本力量，也是人与自然统一的基础。其中生产实践是“整个现存的感性世界的基础”。“感性世界”或“人化自然”深刻地体现了人与自然在实践基础上的统一。一方面自然、环境对人具有客观性和先在性，人们对客观世界的改造，必须建立在尊重自然规律的基础之上；另一方面，人们又可以发挥主观能动性去改造自然，实现自己的利益需求和人类的发展。

从人与社会的关系上来看，生产实践表现为人与自然的关系，也表现为人与人之间的社会关系。马克思指出：“为了进行生产，人们相互之间便发生一定的联系和关系。”① 实践不仅是人与社会关系形成的基础，而且也是人与社会关系发展的决定力量。正如马克思所说的，“全部社会生活在本质上是实践的”②。

从人与自身的关系来看，人通过实践，既改造了客观世界，同时也改造了人类自身。一方面，人类在实践活动中形成并确证了自己特殊的本质。马克思指出，正是在改造对象世界中，人才真正证明自己是类存在物。另一方面，人类通过实践也不断地展示、强化和扩大着自己的本质力量。马克思认为，工业的历史和工业的已经产生的对象性的存在，是一本打开了的关于人的本质力量的书。不仅五官感觉，而且所谓精神感觉、实践感觉（意志、爱等），一句话，人的感觉、感觉的人性，都只是由于它的对象的存在，由于人化的自然界，才产生出来的。恩格斯也指出，“人的思维的最本质的和最切近的基础，正是人所引起的自然界的变化，而不仅仅是自然界本身；人在怎样的程度上学会改变自

---

① 马克思，恩格斯．马克思恩格斯选集（第一卷）［M］．北京：人民出版社，1995：344.

② 马克思，恩格斯．马克思恩格斯选集（第一卷）［M］．北京：人民出版社，1995：60.

然界，人的智力就在怎样的程度上发展起来”①。实践既是一种有意识、有目的的自觉活动，又是一种客观的、物质的和感性的活动，因此，实践活动内在地包含着主观因素和客观因素，同时具有主观性和客观性，是一种“主观见之于客观”的活动，主观与客观的矛盾是人类实践活动中最普遍的矛盾。

作为人类实践活动中最普遍的矛盾，主观与客观的矛盾的具体表现形式是多种多样的，其中，最重要的有以下两种。一是主观目的与客观规律的矛盾。实践是人的有目的的活动，这种目的就是在对自身有用的形式上占有对象，使客观世界满足人的需要。然而，客观世界走着自己的路，它不会自动地满足人的需要，而总是按照其所固有的规律运动、变化和发展着的，因此，人们在实践中必然会遇到主观目的与客观规律的矛盾。人们要在实践中实现自己的目的，就必须处理好这一矛盾。一方面，人们必须将自己的主观目的建立在对客观规律的正确认识的基础上，只有那种建立在对客观规律的正确认识基础上的、以合理的需要为满足对象的目的才有可能在实践中得到实现。另一方面，人们的实践活动必须既合主观目的又合客观规律地展开，如果人们在实践过程中背离了客观规律，即使作为人们实践活动出发点的目的本身是建立在对客观规律的正确认识基础上的，它也不可能在实践中得到实现。

二是主观认识与客观对象的矛盾，亦即理论与实际的矛盾：人类实践活动总是在一定的认识和理论指导下进行的，但认识与对象、理论与实际之间存在各种形式的矛盾。

首先，人们用以指导实践的认识或理论可能是不正确或不完善的，即人们关于客观对象的认识或理论与客观对象本身之间可能并不符合或不完全符合，而如果人们根据这种不正确或不完善的认识或理论去进行实践，是很难获得预期的实践结果的。其次，作为认识对象的客观事物是不断运动、变化、发展的，因此，即使某一认识或理论原本是正确的，但相对于变化了的对象或客观实际来说它也可能是不正确或不完全正确的，而如果人们仍然依据原有的认识或理论去进行实践，就会在实践中犯错误。再次，人们用以指导实践的认识或理论必定是对于某一类事物的共同本质和规律的抽象和概括，而作为实践对象的客观事物却总是具体的，如果人们不将抽象的认识加以具体化、不把普遍性的理

① 马克思，恩格斯．自然辩证法［M］．北京：人民出版社，1984：99.

论与具体实际结合起来，同样也不可能在实践中达到预定的目的。

实践是人类有目的地进行的能动地改造和探索现实世界的一切社会性的客观物质活动。“环境的改变和人的活动或自我改变的一致，只能被看作是并合理地理解为革命的实践。”① 人们必须调整自己的生活观念，科学合理认识人与环境的关系，才能真正植入生态文明建设的观念，自由自觉地改造社会，为自身的全面而自由的发展创造条件。

（二）社会生活观念的转变为人的发展提供思想支撑

党的十九大报告指出，到2035年要基本实现社会主义现代化，生态环境得到根本好转，美丽中国目标基本实现；到21世纪中叶，建成富强民主文明和谐美丽的社会主义现代化强国，我国的生态文明建设水平将全面提升。这就必须让人们加深对自然规律的认识，自觉以规律性的认识指导行动。

实践是认识的来源，是认识的动力，但同样，认识对实践具有能动的反作用。理论是实践变革的先导。能否正确地解决实践活动中主观与客观的矛盾，关系到实践活动的成败。在领导中国革命和社会主义现代化建设实践过程中，为了解决实践活动中主观与客观的矛盾，中国共产党把马克思主义哲学中国化，形成了一条实事求是的马克思主义思想路线。在这一思想路线的指导下，社会主义革命、建设和改革取得了一个又一个的胜利。在开展建设生态文明事业的建设中，习近平同志强调，作为实践的主体我们同样要坚持理念先行，从以人与自然的辩证关系和人与社会的辩证关系出发，树立美丽也是幸福的生活观念。

习近平生态文明思想从人民群众的根本利益出发指出，良好生态环境是最公平的公共产品，是最普惠的民生福祉。“生态环境问题是利国利民利子孙后代的一项重要工作”“为子孙后代留下天蓝、地绿、水清的生产生活环境”等重要论述，把党的宗旨与人民群众对良好生态环境的现实期待、生态文明的美好憧憬紧密结合在一起。习近平生态文明思想是习近平新时代中国特色社会主义思想的重要组成部分，为推进美丽中国建设、实现人与自然和谐共生的现代化提供了方向指引和根本遵循。

习近平强调，要自觉树立美丽也是幸福的生活观念，把经济社会发展同生

---

① 马克思，恩格斯．马克思恩格斯选集（第一卷）［M］．北京：人民出版社，1995：55.

态文明建设统筹起来，充分发挥中国共产党的领导和我国社会主义制度能够集中力量办大事的政治优势，充分利用改革开放40年来积累的坚实物质基础，加大力度推进生态文明建设、解决生态环境问题，坚决打好污染防治攻坚战，推动我国生态文明建设迈上新的台阶。人民群众是历史创造者。人民群众既是社会物质财富的创造者，也是社会精神财富的创造者，在社会变革中，人民群众中先进的知识分子起着重要的作用，他们担负着传播和宣传革命的思想和理论、造成革命舆论的使命。在生态文明建设的今天，我们必须坚持党的群众路线，发动群众、依靠群众，从群众中来、到群众中去，引导人们树立科学健康的生活观念，才能对新时代加强生态环境保护，推动我国生态文明建设迈入新境界。

生态环境保护任重道远，建设美丽中国是绿色发展的目标。步入新时代，我国社会主要矛盾已经转化为人民日益增长的美好生活需要和不平衡不充分的发展之间的矛盾，而对美丽生态环境的需要则是对美好生活需要的重要组成部分。党的十九大报告将“美丽”纳入建设社会主义现代化强国的奋斗目标之中，多次提出要建立“美丽中国”。还自然于宁静、和谐、美丽，这句富有诗意的表述，实际上反映了党的执政理念，体现了党的责任担当和历史使命。

只有转变人们的社会生活观念，实现绿色发展的模式，生态环境才能实现可持续、人与自然和谐相处、经济与社会相协调。绿色发展理念也是我党科学把握发展规律的理论创新。绿色是大自然的底色，是生命力的象征；幸福是对美好生活的向往，是人民群众的热切期盼；绿色发展代表了当今科技和产业变革方向，是最有前途的发展领域。

二、美丽也是幸福的社会生活观念

随着工业化的不断发展，人类文明也在不断演进。现代文明社会的人应该思考如何构建更加和谐的人与自然的关系以及人与社会的关系，使得“自然依然可以是自然，而文明可以变得更加文明”①。当我们把自己的物欲和需求控制在合理范围之内，并发自内心地保护环境、融入自然，形成人与自然之间的良性循环，才能提升人民的生活质量和水平，使他们体验到幸福。

① 郇庆治，徐越．绿色变革视角下的环境哲学理论［J］．武汉大学学报，2017（2）：26.

美丽是幸福的社会生活观念，是习近平生态文明思想科学严密理论体系的重要组成部分，也是人们实现绿色发展的重要遵循和导向。习近平生态文明思想的目标诉求是建设美丽中国，美丽蕴含生命自然绿色的原有色彩。进入新时代，习近平多次在重要报告中都明确要求我们的现代化建设必须推动绿色、循环与低碳发展。我们建设的生态文明是绿色文明，其目标指向就是绿色发展，走一条以实现绿色强国为目标的经济社会可持续发展之路，彰显了习近平生态文明思想绿色创造幸福的实践精神。具体包括以下几个方面。

一是坚持人与自然和谐共生。习近平总书记指出，“人因自然而生，人与自然是一种共生关系”，“自然界是人类社会产生、存在和发展的基础和前提”。只有尊重自然规律，才能有效防止在开发利用自然上走弯路。我们要建设的现代化是人与自然和谐共生的现代化，必须坚持节约优先、保护优先、自然恢复为主的方针，多谋打基础、利长远的善事，多干保护自然、修复生态的实事，构建人与自然和谐发展现代化建设新格局。

二是坚持绿水青山就是金山银山。这实质上说明了经济发展与生态环境保护的关系。经济发展不应是对资源和生态环境的竭泽而渔，生态环境保护也不应是经济发展的缘木求鱼，而是要坚持在发展中保护、在保护中发展，实现经济社会发展与人口、资源、环境相协调。这就需要坚定不移地贯彻绿色发展理念，把经济活动、人的行为限制在自然资源和生态环境能够承载的限度内，给自然生态留下休养生息的时间和空间，实现经济社会发展和生态环境保护协同共进。

三是坚持良好生态环境是最普惠的民生福祉。习近平总书记深情地说，环境就是民生，青山就是美丽，蓝天也是幸福，发展经济是为了民生，保护生态环境同样也是为了民生。良好的生态环境意味着清洁的空气、干净的水源、安全的食品、宜居的环境，关系着人民群众最基本的生存权和发展权，具有典型的公共产品属性。我们党必须把生态环境保护放在更加突出的位置，为人民群众提供更多优质生态产品，让良好的生态环境成为人民生活的增长点，让老百姓切实感受到经济发展带来的实实在在的环境效益。

四是坚持山水林田湖草是生命共同体的辩证自然观。习近平总书记用“命脉”把人与山水林田湖草连在一起，生动形象地阐述了人与自然之间唇齿相依、唇亡齿寒的一体性关系。生态是统一的自然系统，要从系统工程角度寻求治理修复之道，不能头痛医头、脚痛医脚，必须按照生态系统的整体性、系统性及其内在规律，整体施策、多策并举，统筹考虑自然生态各要素、山上山下、地表地下、陆地海洋以及流域上下游、左右岸，进行整体保护、宏观管控、综合治理，增强生态系统循环能力，维持生态平衡、维护生态功能，达到系统治理的最佳效果。

五是坚持用一切力量来保护生态环境。建设生态文明，是一场涉及生产方式、生活方式、思维方式和价值观念的革命性变革。我们要采用法律与道德手段相结合的方式，为生态文明建设提供可靠保障。要加快制度创新，建立起产权清晰、多元参与、激励约束并重、系统完整的生态文明制度体系，着力破解制约生态文明建设的体制机制障碍。

六是坚持共谋全球生态文明建设。习近平总书记指出，人类是命运共同体，建设绿色家园是人类的共同梦想。保护生态环境是全球面临的共同挑战，任何一国都无法置身事外。国际社会应该携手同行，共谋全球生态文明建设之路，共建清洁美丽的世界。

生态文明建设是中国特色社会主义事业的重要内容，关系人民福祉，关乎民族未来，事关“两个一百年”奋斗目标和中华民族伟大复兴中国梦的实现。作为中国特色社会主义的建设者，在生态文明建设的进程中，我们既要提高发展质量和效益，又要坚持以人为本、为社会和谐做出巨大努力。每一位公民都应该切实增强责任感和使命感，牢固树立尊重自然、顺应自然、保护自然的理念，坚持绿水青山就是金山银山，动员全党、全社会积极行动、深入持久地推进生态文明建设，加快形成人与自然和谐发展的现代化建设新格局，开创社会主义生态文明新时代。

第二节　形成绿色低碳文明健康的生活方式

生态文明建设，功在当代，利在千秋。党的十八大以来，中央多次强调要充分认识形成绿色发展方式和生活方式的重要性、紧迫性、艰巨性，把推动形成绿色发展方式和生活方式摆在更加突出的位置。党的十九大明确提出要“倡导简约适度、绿色低碳的生活方式，反对奢侈浪费和不合理消费，开展创建节约型机关、绿色家庭、绿色学校、绿色社区和绿色出行等行动”①。倡导绿色生活方式就是在日常生活中将绿色理念转变为绿色行动，内化于心，外化于行，用“绿色化”装点生活，通过形成绿色生活方式推动绿色发展，促进美丽中国建设。

一、习近平绿色生活方式思想的提出及重要意义

（一）习近平绿色生活方式思想的提出

生态文明建设不仅涉及正确处理人类与自然、人与人之间的关系，而且其本质还要求实现发展方式、生活方式的变革。实现生活方式的转换，具体来说就是要实现从追求消费主义的生活方式到追求低碳生活方式的转换，树立节俭消费生态资源的价值观念。“保护生态环境，要更加注重促进绿色生产方式和消费方式。保住绿水青山要抓住源头，形成内生动力机制。要坚定不移走绿色低碳循环发展之路，构建绿色产业体系和空间格局，引导形成绿色生产方式和生活方式，促进人与自然和谐共生。”② 习近平同志把对自然资源的节约使用看作一场关系到能否实现人与自然和谐相处的社会革命，他指出人类追求发展的需求与地球资源有限性的矛盾决定了人类必须追求低碳生活方式。“如果大多数人都要像少数富裕人那样生活，人类文明将崩溃。当今世界都在追求西方式现代化是不能实现的，它是人类的一个陷阱。”③ 在习近平看来，要实现能源生产和消费的革命，我们要节约使用能源，抑制不合理的能源消费，“坚决控制能源消费总量，有效落实节能优先的方针，把节能贯穿于经济社会发展全过程和各领域，坚定调整产业结构，高度重视城镇化节能，树立勤俭节约的消费观，加快形成能源节约型社会”④。

习近平在中共中央政治局第四十一次集体学习时强调，要推动形成绿色发

---

① 习近平．决胜全面建成小康社会 夺取新时代中国特色社会主义伟大胜利——在中国共产党第十九次全国代表大会上的报告［M］．北京：人民出版社，2017：51.
② 习近平．习近平总书记重要讲话文章选编［M］．北京：中央文献出版社，2016：308.
③ 习近平．干在实处 走在前列［M］．北京：中共中央党校出版社，2014：193.
④ 习近平．习近平谈治国理政［M］．北京：外文出版社，2012：131.

展方式和生活方式，为人民群众创造良好的生产生活环境。他尤其突出强调了推动形成绿色发展方式和生活方式，是贯彻新发展理念的必然要求，必须把生态文明建设摆在全局工作的突出地位，坚持节约资源和保护环境的基本国策，坚持节约优先、保护优先、自然恢复为主的方针，形成节约资源和保护环境的空间格局、产业结构、生产方式、生活方式，努力实现经济社会发展和生态环境保护协同共进，为人民群众创造良好的生产生活环境。而且他还指出实现生活方式绿色化是一个从观念到行为全方位转变的过程，同每个人息息相关，人人都是践行者和推动者。社会由每一个个体组成，个体汇聚成整体。只有人人践行绿色发展理念推动生活方式转变，才能实现生活方式的绿色化。绿色生活方式重在引导人们在追求生活方便舒适的同时，践行简约适度、绿色低碳的生活方式，反对奢侈浪费和不合理消费。一方面，积极开展创建节约型机关和绿色家庭、绿色学校、绿色社区等活动，促进人们在衣食住行游中形成绿色生活消费习惯。另一方面，完善公众参与制度，健全举报、听证、舆论和公众监督等机制，构建全民参与的社会行动体系。

习近平强调，生态环境问题归根到底是资源过度开发、粗放利用、奢侈消费造成的。倡导绿色生活方式就是要全面促进资源节约集约利用，使资源开发利用既要支撑当代人过上幸福生活，也要为子孙后代留下生存根基。我们要树立节约集约循环利用的资源观，用最少的资源环境代价取得最大的经济社会效益。另外，我们还要倡导推广绿色消费。生态文明建设同每个人息息相关，每个人都应该做践行者、推动者。要加强生态文明宣传教育，强化公民环境意识，推动形成节约适度、绿色低碳、文明健康的生活方式和消费模式，形成全社会共同参与的良好风尚。要完善生态文明制度体系。推动绿色发展，建设生态文明，重在建章立制，用最严格的制度、最严密的法治保护生态环境，健全自然资源资产管理体制，加强自然资源和生态环境监管，推进环境保护督察，落实生态环境损害赔偿制度，完善环境保护公众参与制度。

（二）推动形成绿色生活方式的必要性

生活方式是指人们日常生活以及行为的方方面面，主要包括衣、食、住、行、游等。绿色生活方式主要指通过倡导居民使用绿色产品，按照环保、节俭、健康的方式生活，承担推动社会绿色发展的责任，使绿色消费、绿色出行、绿色居住成为人们的一种习惯，一种自觉行动。绿色生活方式让人们在充分享受绿色发展所带来的便利和舒适的同时，履行好相应的责任与义务，按照低碳环保、文明节俭的方式生活。① 在我国社会主要矛盾转化为人们日益增长的美好生活的需要和不平衡不充分的发展之间的矛盾的现实背景下②，形成绿色生活方式具有非常重要的意义。

首先，推动形成绿色生活方式是顺应时代潮流、推动绿色发展的必然要求。党的十九大报告指出，我们建设的现代化是人与自然和谐共生的现代化，创造更多物质财富和精神财富以满足人民日益增长的美好生活需要，提供更多优质生态产品以满足人民日益增长的优质生态环境需要③。因此，在国家生产层面强调加快推动生产方式绿色化，构建科技含量高、资源消耗低、环境污染少的产业结构和生产方式，大幅提高经济绿色化程度，加快发展绿色产业，形成经济社会发展新的增长点。④ 绿色生活方式融入生产领域和消费领域，通过末端绿色消费拉动前端产业绿色化升级，减少资源浪费和过度消费现象，遏制攀比性、炫耀性、浪费性行为，带动技术研发和创新，促进我国经济由粗放型的经济增长模式向绿色发展模式转型，加强源头治理、综合治理，节能减排，减轻环境污染，提高空气质量，提高人民群众的幸福感、归属感。倡导绿色生活方式是推进绿色发展的基本手段，也是形成人人、时时、事事崇尚生态文明的社会新风尚的必然要求。

其次，推动形成绿色生活方式是推进生态文明建设和美丽中国建设的重要举措。生态文明标志着人类社会文明发展到新阶段，生态文明理念势必要求生产方式、生活方式和价值观念也要发生深刻变革。人们需要改变传统的生活方式、思想观念以及行为习惯，在衣、食、住、行、游等方面都发生翻天覆地的变化，让绿色生活方式成为常态，开启绿色生活的新篇章。长期以来，由于受到人类中心主义理论、消费主义思潮的影响，一些人追求奢侈消费、豪华消费，

---

① 杨小玲，韩文亚．绿色生活推动绿色发展［J］．环境保护科学，2015（5）：23.

② 习近平．决胜全面建成小康社会 夺取新时代中国特色社会主义伟大胜利——在中国共产党第十九次全国代表大会上的报告［M］．北京：人民出版社，2017：11.

③ 习近平．决胜全面建成小康社会 夺取新时代中国特色社会主义伟大胜利 ——在中国共产党第十九次全国代表大会上的报告［M］．北京：人民出版社，2017：202

④ 杨维汉，赵超．让生产方式与生活方式更加“绿色化 ”——专家解读中央政治局审议通过的加快推进生态文明建设的意见［J］．农村．农业．农民（A 版），2015（4）：8－9.

加剧了资源短缺的矛盾，破坏了人与自然的和谐。推进生态文明建设，倡导勤俭节约、绿色低碳、适度消费等绿色生活理念，让生态意识上升为全民意识，摒弃过度消费、奢侈消费等不合理的消费行为，促进社会公众形成良好的生活习惯，让全体公民成为绿色生活的代言人。

再次，倡导绿色生活方式，既是继承和发展中华民族勤俭节约传统美德、弘扬社会主义核心价值观的重要体现，也是生态文明建设的必然要求。绿色生活方式的理念走进寻常百姓家，融入人们的日常生活中，促使人们的生存环境和生活品质发生质的变化，创造了人与自然和谐发展的生态环境及有利于子孙后代可持续发展的绿色型生活方式。这对人们自发自觉形成崇尚生态文明的社会新风尚具有重大的现实意义和深远的历史意义。

最后，推动形成绿色生活方式既是顺应消费升级趋势、推动供给侧改革、培育新的经济增长点的重要手段，更是缓解资源环境压力、建设生态文明的现实需要。它不仅为生态文明提供坚实的群众基础，而且又以绿色消费倒逼企业实施绿色生产，增加绿色产品供给。在此意义上，推动形成绿色生活方式既是生态文明建设的重要途径和手段，又是人类社会追求的最终目标和结果。

二、生活方式的绿色变革

（一）节约资源

生态就是最普惠的民生。发展经济、提高 GDP、促进就业虽然可以让民众有获得感，但这种获得感常常会在纵容污染、消极治污的恶果中被抵消。生态与发展不是对立的，发展不一定就有污染，让人民群众享受生态文明成果，就是一种发展成果的体现。我们要认识到，当前能源资源相对不足、生态环境承载能力不强，已经成为我国的一个基本国情，因此今天我们节约资源，就是为未来的发展争取空间；保护生态环境，就是为未来保留持续向前的动力。在今后乃至未来，我们需要始终坚持节约资源和保护环境的基本国策，不断更新生态发展观，以对人民群众、子孙后代高度负责的态度，为人民创造良好生产生活环境；以系统工程思路抓生态建设，使我们的生产方式、生活方式、思维方式和价值观念产生一系列革命性变革；依靠制度和法治，完善经济社会发展考核评价体系，建立责任追究制度，建立健全资源生态环境管理制度，立足当下，久久为功。在全国生态环境保护大会上，习近平部署了全面推动绿色发展的重点工作，包括调整经济结构和能源结构，优化国土空间开发布局，调整区域流域产业布局，培育壮大节能环保产业、清洁生产产业、清洁能源产业，推进资源全面节约和循环利用，实现生产系统和生活系统循环连接，倡导简约适度、绿色低碳的生活方式，反对奢侈浪费和不合理消费。

在国家和社会经济发展中，能源占据首要位置且也是经济发展面临和解决的首要问题。当前，我国在节约资源方面已经做出了很多重大努力。第一，推进以节能降耗为主要目标的技术改造。通过抓好诸如钢铁、有色金属、电力、建材等高耗能行业和企业的技术改造，强制淘汰落后技术、工艺和产品，降低这些行业的资源消耗水平。第二，加快发展循环经济。按照减量化、资源化、再利用的原则，以节能、节水、节材、节地、资源综合利用为重点，在重点行业、领域、产业园区和城市积极开展循环经济试点，鼓励企业循环式生产，推动产业循环式组合，提高能源资源利用效率。第三，进一步健全法律法规，加强政策引导。制定和修订有关促进能源资源有效利用的法律法规，同时运用财税、价格等政策手段，促进能源资源的节约和有效利用，形成全社会自觉节约资源的体制机制，加快能源资源价格改革，发挥市场机制和价格杠杆作用，健全矿产资源消耗补偿机制；推行“节能型”消费政策，为企业节能减排“添动力”。另外，通过制定实施“节能型”消费政策，大力倡导节能消费、绿色消费；扩大实施强制性能效标识管理范围，加强节能产品认证，引导用户和消费者购买节能型产品，同时研究试行强制政府采购节能产品的办法。

随着全球气候环境的逐渐恶化，全球面临新能源技术的重大改革，开始发展清洁能源，以应对现代全球气候的变化，也是缓解资源压力的重要手段。我国在这个重大战略机遇期，积极努力地开发清洁能源技术，促进我国的发展。目前，我国的清洁能源技术已经取得了较好的成果，相关报告表示，我国的清洁能源技术产值已经位居世界第一。清洁能源行业发展趋势指出，政策的大力支持也是绿色能源具有广阔前景的重要因素。根据国家发展改革委、国家能源局印发的《能源生产和消费革命战略（2016—2030）》，到2020年，清洁能源成为能源增量主体，能源结构调整取得明显进展，非化石能源占比15%。可再生能源、天然气和核能利用持续增长，高碳化石能源利用大幅减少，非化石能源占能源消费总量的比重达到20%左右，天然气占比达到15%左右，新增能源需求主要依靠清洁能源满足。①

目前，我国电力发展清洁化、智能化、国际化是大势所趋。我国对清洁能源发展高度重视，投资额连续多年位居全球第一，水电、风电、光伏发电装机容量稳居全球首位，取得了举世瞩目的成就。实现清洁低碳发展既是当前发展的迫切需要，也是未来的必然要求。

（二）绿色出行

在提倡低碳出行这样一个大背景下，人们越来越重视绿色生活、绿色发展，同时也越来越注重生活的品质、生活的环境与自身的健康。

交通出行是城市居民日常生活必不可少的组成部分，这就意味着，每一位城市居民都可能因为自己的出行而给环境造成负面影响。相对于全球环境问题而言，个人出行给环境造成的负面影响可能微不足道。但是，绳锯可以断木，水滴可以穿石，千里之堤可以溃于小小的蚁穴。为了改变人们的出行方式，许多社会组织诸如中国国际民间组织合作促进会也在不断号召大家行动起来，“选择绿色出行方式，践行低碳生活理念”。所谓“绿色出行”，是指采用相对环保的出行方式，通过碳减排和碳中和实现环境资源的可持续利用、交通的可持续发展。

近些年来，各级政府一直致力于为人们打造绿色空间、绿色线路业。许多城市依据城市规模和自然条件，在轨道交通、快速公交、普通公交的结合应用模式上，突出各自的发展优先次序，加快推进城市轨道交通建设。我国当前城市轨道交通包括地铁、磁悬浮、轻轨、市郊铁路、单轨铁路、城市空中缆车等，这些交通方式具有运量大、单耗低、速度快等不可比拟的优点，是解决城市交通节能减排理想的交通工具，而且潜力巨大。当前，我国各大城市的轨道交通尚处于起步阶段，相对于东京、巴黎、纽约这些发达城市，承担的客运任务还很有限，因此要积极发展大运量的快速公交系统。快速公交是利用现代化、大运量的公共交通车辆，在专用空间快速运行的公共交通方式，具有与轨道交通相近的运量大、单耗低、快捷、安全等特性，而且建设周期短，造价和运行成

① 国家发展改革委，国家能源局．关于印发《能源生产和消费革命战略（2016—2030）》的通知［EB/OL］．新能源网，2017－04－26.

本相对低廉。还有，在一些经济条件不是很宽裕的城市建设中还可以大规模使用代用燃料汽车。代用燃料汽车是以液化石油气、压缩天然气或甲醇等作为发动机燃料的汽车。清洁代用燃料的相对分子质量比汽油、柴油小得多，尾气排放的大气污染物要比汽油柴油低得多。此外，还要不断完善和推广电动汽车。随着电池等相关技术的提高，电动汽车已被全球公认为是21世纪汽车工业改造和发展的主要方向。电动汽车指的是全部或部分由电能驱动的汽车，包括纯电动汽车、混合动力电动汽车和燃料电池汽车三种类型。最后，大力发展城市自行车、步行交通系统。在城市综合交通规划中进行自行车和步行等慢行系统专项规划，鼓励慢行系统建设，营造良好的城市自行车和步行出行环境。比如，在城市轨道交通和主要快速公交系统设自行车免费停放站点，而站点设计和功能应该设置得比汽车停放站点更适宜人们的寄存。在有条件的时候，应在轨道交通站点提供廉价或免费的自行车租借服务，让“低碳出行”深入人心。我国近几年在推进共享单车建设，大力提倡节约资源、提高能效、减少污染、有益健康、兼顾效率的出行方式。很多市民积极响应号召，选择乘坐公共汽车、地铁等交通工具，合作乘车、环保驾车、文明驾车，或者步行、骑自行车，努力降低自己出行中的能耗和污染。

经过这些年的努力，现在对全国各地的居民来说，低碳生活的概念已经深入人心，慢跑、散步、休闲自行车等已成为人们生活中不可或缺的一部分。人们有意识地选择相对环保的“绿色出行、低碳出行”方式，尽量乘坐公共交通出行，少开车。短途出行采用自行车或者步行，长途出行尽量少带行李。为保护我们的地球家园、节约资源贡献自己的力量。

（三）绿色消费

随着工业生产的发展，一些国家将扩大消费视为经济增长的引擎，生产者和销售者通过铺天盖地的商业广告传播攀比消费、超前消费、时尚消费、奢侈消费理念，消费主义横行，以高消费为特征的物质主义、享乐主义、拜金主义成为人的价值取向，无节制的消费和由消费带来的感官刺激成为许多人的人生目标，消费远远超出了人的合理需求。其结果是，“在社会的以及由生活的自然规律决定的物质变换过程中造成了一个无法弥补的裂缝，于是就造成了地力的浪费，并且这种浪费通过商业而远及国外”①。工业社会的生产方式对人们的生活方式产生至关重要的影响，为了满足当代人对物质的过度追求，资源被掠夺、滥用、挥霍和过度损耗，环境持续恶化，人类生态足迹已经超越地球的生态承载能力，地球生态承载能力严重弱化，自然价值严重透支，导致人类社会无法进行可持续发展。

生态文明建设同每个人息息相关，每个人都应该做践行者、推动者。消费方式是绿色生活方式的主要支撑。要强化公民环境意识，倡导勤俭节约、绿色低碳消费，引导消费者购买节能环保再生产品，推动形成节约适度的绿色消费理念。绿色消费是一种低碳消费，倡导适度消费，反对一切奢侈性、过度性的消费行为和观念，在人们生活水平不断提高的基础上，坚持走一条低碳环保的道路。习近平指出：“要大力弘扬生态文明理念和环保意识，坚持绿色发展、绿色消费和绿色生活方式，呵护人类共有的地球家园，成为每个社会成员的自觉行动。”② 我们要加强绿色消费宣传教育，把珍惜生态、保护资源、爱护环境等内容纳入国民教育和培训体系，纳入群众性精神文明创建活动，在全社会牢固树立生态文明理念，引导人们形成正确的消费观。

首先，要树立人民保护生态环境的自觉意识，只有充分理解了绿色消费对于生态保护的重要性，才能真正地将其内化为自己的精神意识、长久的自觉行为。改革开放后，随着我国经济飞速发展，消费主义蓬勃兴起。时至今日，崇尚名牌、奢侈浪费、过度消费的不良现象仍随处可见。一些国民，尤其是年轻一代崇尚消费至上，认为消费即快乐，非理性、过度的物质消费支配着他们的生活，强烈的物质欲望使其迷失了方向。消费是人们日常生活中一种司空见惯的活动，而且只要是消费就会产生垃圾、废物，对自然环境造成一定的破坏。在日常生活中我们要尽力使自己成为绿色消费的践行者，将绿色消费的理念融入日常生活的衣、食、住、行、游等各个方面，自觉抵制奢侈消费、过度消费和不合理消费等病态消费心理和高耗能、高浪费、高资源的生活方式和消费模式。

① 马克思，恩格斯．马克思恩格斯文集（第 25 卷）［M］．北京：人民出版社，1974：919.

② 习近平．携手推进亚洲绿色发展和可持续发展——在博鳌亚洲论坛 2010 年年会开幕式上的演讲［J］．青海科技，2010（2）：4.

其次，要走出“面子文化”、盲目攀比的怪圈，树立崇尚节约的消费观。我们要大力开展对绿色生活方式的宣传教育，强化人们对可持续的良好生活方式的认知，使绿色生活方式深入人心，成为人们向往并身体力行的生活追求。例如，随着我国汽车工业的发展，汽车开始进入千家万户。对于汽车，日本、韩国主要倾向小排量，欧洲国家除了小排量汽车就是旅行车，以家庭为主，够用就好。而在我国，汽车与一些国民的社会地位、自尊心等紧密联系在一起，所以大排量车、名牌车、豪车备受追捧，造成资源的极大浪费。要贯彻绿色发展理念，提倡简约适度消费的绿色生活方式，需要通过各种媒介积极宣传健康向上的消费文化，在全社会树立绿色消费理念。“要坚持勤俭办一切事业，坚决反对讲排场比阔气，坚决抵制享乐主义和奢靡之风。要大力弘扬中华民族勤俭节约的优秀传统，大力宣传节约光荣、浪费可耻的思想观念，努力使厉行节约、反对浪费在全社会蔚然成风。”① 为了实现“到2020年，绿色消费理念成为全社会共识，长效机制基本建立，奢侈浪费行为得到有效遏制，绿色产品市场占有率大幅度提高，勤俭节约、绿色低碳、文明健康的生活方式和消费模式基本形成”②。

再次，要以绿色采购推动绿色消费，促进绿色生活方式形成。绿色采购（GPP）是指在同类产品和服务的主要功能相同的条件下，优先采购在整个生命周期对环境影响最小的产品和服务的行为，其基本特征是环保、节约、健康、安全。绿色采购是绿色消费的前提和基础，离开绿色采购，绿色消费和绿色生活方式就会成为空谈。通过绿色采购，一方面能推动消费者的消费升级，促进绿色消费，助力形成绿色生活方式；另一方面有助于引导和鼓励企业更注重自身形象，改变粗放的生产经营方式，生产更多绿色产品，提供更多绿色服务，进而推动绿色生活方式的形成。要在流通领域推进绿色采购，除了要借助媒体网络、各级政府、企业、学校等平台在全社会大力宣传倡导之外，政府及相关部门还要进行科学的制度设计，健全法律法规和激励制度，并在实施过程中不断根据各种调查反馈来完善绿色采购制度。全球推行绿色采购最成功的一些国

---

① 习近平．更加科学有效地防治腐败 坚定不移把反腐倡廉建设引向深入［N］．人民日报，2013-01-23（001）．

② 国家发展改革委，等．印发关于促进绿色消费的指导意见的通知［J］．再生资源与循环经济，2016（3）：3.

家，都是依靠政府相关部门积极提倡和主动引导推行绿色采购制度，进而带动绿色消费，推动形成绿色生活方式的。比如，瑞典政府在过去的近二十年里一直鼓励公众在日常采购行动中承担更大的环保责任。瑞典政府的行动计划明确提出，“公众绿色采购是一个以市场为基础的、对于引导社会向着长期的可持续消费和生产的强有力工具”。

最后，提高公民环保意识，需要加强对公民进行资源有限性和可循环利用等方面的教育。作为一种体现环境友好和饱含生态责任感的生活方式，绿色生活方式的形成与培养公民强烈的环保意识密不可分。例如，垃圾分类是保护环境，减少资源浪费的主要手段之一。早在2000年6月，我国北京、上海、南京、杭州、桂林、广州、深圳、厦门8个城市就已经被确定为全国8个垃圾分类收集试点城市，但近20年过去了，垃圾分类推广工作一直进展缓慢，遭遇各种阻力。2019年7月，上海成为强制实行垃圾分类的第一个城市。上海的成功实行，除了是出台《上海市生活垃圾管理条例》对不履行垃圾分类义务的市民实施处罚之外，还有一个非常重要的原因是得益于其无处不在的环境保护教育，上海居民的环保意识非常强。广播电视循环播放《手把手教你垃圾分类》《零浪费的厨房智慧》等节目，报纸、杂志、图书不断号召民众为了减少垃圾而努力，对于减少垃圾的技巧、资源循环利用的方式、如何保护自然环境等知识，各种媒体都有极其详细的介绍。当然，上海作为国内国际化程度最高的城市，其人民群众的文明素质和接受新鲜事物的能力都比较强，对国际上流行的垃圾分类理念，上海接受度也比较高。在很多发达国家和城市，垃圾分类做得都非常成功。要形成绿色生活方式，必须加强环保教育，大力提高公众的环保意识。上海的垃圾分类实施的成果也得益于公民的环保意识较高。

当今我们面临“资源忧患”，建立一个节约型社会已是当务之急。正如1992年联合国环境与发展大会通过的《21世纪议程》所指出的：“地球所面临的最严重的问题之一，就是不适当的消费和生产模式。”除了经济增长模式需要从资源增长型过渡到技术增长型以外，更新全社会的消费观念也是非常必要的，全体国人都应摒弃过度消费或滞后消费的错误认识，树立绿色消费的全新理念。因为从资源环境学的角度看，消费不足和超前消费都会对资源造成极大的破坏。消费的不足，会使得人类对资源的掠夺不择手段，不顾后果；而超前消费虽可以带动工业发展，却会增加资源的压力进而加剧对资源的破坏。“适度消费”，换句话说，就是“根据可能而生活”。即在不严重破坏环境、不侵犯其他人和子孙后代基本的生存权利的前提下，根据自然条件的许可程度来生活。但是在当前中国，这种生活理念犹如阳春白雪，和者甚少；而“过度消费”之风却弥漫甚广。无论公房私房，现在都追求高标准、大面积与豪华装修。驾驶汽车，追求排放量大和豪华型的，经济小型车则受到歧视，不少地方禁驶1.3升排放量的汽车，一些高级宾馆还禁止省油的小型汽车驶入。全国600多个城市中，有400多个供水不足，当许多地区为南水北调做牺牲的时候，有的地方还在大量用自来水进行景观花木的浇灌……①

当然，在全社会普及“绿色消费”的理念绝非易事，就当下来说，首先，政府还应该积极制定相关的公共政策，体现国家意志。公共政策在本质上就是关于资源或利益的合法的分配形式，而资源或利益的分配不仅有群体之分，而且还有目前利益与公共利益之分。如政府应主导节能，因为无论是能源安全还是环境保护，都有相当程度的“外部性”，市场的作用很有限。在此方面，日本的经验值得学习。它推行“领跑者”政策，设一系列政府奖项来鼓励那些最优秀的节能技术和产品以及主导研发的企业；还规定年耗电量在一定数量之上的工厂、办公楼、学校和政府机关，有义务报告能源的使用量，并提出节能措施等。其次，每个公民都应把“绿色消费”内化为自己的生存理念。不能为了满足一己私欲，而损害大多数人享受新鲜空气和清洁用水等基本权益，不能动摇子孙后代建立美好生活的基本条件。这一点至关重要，因为“资源供给”在很大程度上取决于公众的消费。圣雄甘地曾说，“作为人类，我们伟大之处与其说是在于我们能改造世界——那是原子时代的神话——还不如说在于我们能改造自我”②，每个公民都应从自身出发，遵循绿色消费理念。最起码要意识到，开空调不是温度越低越好，开暖气不是温度越高越好，照明不是越亮越好。

“历览前贤国与家，成由勤俭败由奢。”勤俭节约一直是中华民族的美德，是五千年文明古国的优良传统。牢固树立资源危机意识、勤俭节约意识和节约

---

① 张伟，李松涛．33名院士呼吁建节约型社会：有权花钱无权浪费［EB/OL］．新浪网，2005-03-03.

② 尚劝余．圣雄甘地宗教哲学研究［M］．北京：中国社会科学出版社，2004：198.

资源人人有责意识；以崇尚节俭为荣，以骄奢淫逸为耻。这是时代赋予我们的要求，也是我们责无旁贷的使命。“克勤于邦，克俭于家。”滴水可以成河，聚沙可以成塔，集腋可以成裘。建设节约型社会离不开我们每一位公民在学习、工作和生活中的努力实践，资源的循环利用和社会环境的净化需要从我做起，从身边做起，从一点一滴做起。节约风气的形成，非一朝一夕之功；公民意识的完全成熟，也是一个长期过程。从目前来看，我国节约粮食，理性、适度消费逐渐深入人心，在习近平生态文明思想的推动下，全社会节约资源、保护环境、爱护家园的风貌正在取得更好的发展。

要充分发挥人民群众的主动性和创造性，营造人人参与建设并积极践行勤俭节约的氛围。对于每一个公民，要让其将绿色消费化为一种自觉，坚持不随手扔垃圾，自觉做到垃圾的分类回收、垃圾的循环再利用；减少一次性用品的使用，用耐用品代替一次性用品；随手关灯，节约用水、用电，使用环保节能的电器；减少购买燕窝、鱼翅等高档食品的次数，保护动植物多样性等。鼓励每个人从现在做起，从点滴小事做起，主动向“污染宣战”，减少一次性用品，多种一株树，节约一张纸……就能在全社会形成绿色健康的生活风尚。

大力发展绿色消费，既是实现“中国梦”的硬性要求，也是适应我国供给侧改革的需要，促进供给与需求的有效对接，为我国经济社会发展提供强有力的内需支撑。绿色生活方式致力于使绿色生活成为人们的“自觉自为”。因为“自觉自为”是以和谐的生态文化价值观为导向，融绿色于价值取向、消费方式、生活方式为一体，从而达到和谐处理人与自然之间的生态关系问题的效果，让人民能够生活于良好的生态环境之中，这是一种发展理念上的思维跃迁与理论升华。

第三节　建设天蓝山绿水清的生活环境

改革开放以来，我国人民在共享改革开放的成果的同时，也忍受着经济发展过程中生态环境破坏的苦恼，蓝天白云成了奢侈品。人民对优美的环境、干净的空气、山青水绿的自然环境的需求越来越强烈。习近平指出：“环境就是民生，青山就是美丽，蓝天也是幸福。"① 我们要倾尽全力去保证实现人民群众的美好生活，创设天蓝水绿水清的生活环境，始终坚持维护人民群众的生态利益，还人民以"青山绿水"。

一、以人为本的生态民生观

民生问题从古至今就是国家不容忽视的问题，它不仅仅关乎人民的自身利益，而且也与国家的发展和稳定息息相关。民生问题在不同历史环境、社会阶段就会有不同的表现形式。改革开放 40 多年以来，我国的经济得到高速发展，人民的生活质量与改革开放之前相比真是不可同日而语，然而，长期以来，我国社会主义现代化发展模式主要采取的是外延投入劳动要素的粗放型发展方式，虽然经济总量得到较大提升，却付出了较大的环境成本，使这种发展方式难以持续。现在，环境承载能力已经达到或接近上限，难以承载高消耗、粗放型的发展了。生态环境不如人意，遭到破坏的自然环境已经严重影响到了我国人民的生活。水污染、空气污染、食品安全等问题的出现直接威胁到人类的生命安全，看不到蓝天白云，喝不到放心的地下水，整日生活在灰蒙蒙的雾霾天气中，民众的生活幸福感势必下降。人民群众对清新空气、清澈水质、清洁环境等生态产品的需求越来越迫切，生活环境越来越珍贵，俨然已经成为我国政府目前亟须解决的民生问题。

"绿水青山"不仅是"金山银山"，更是人民群众健康生活的保证。我们必须始终坚持"生态为民"，这样才能真正实现生态效益"普惠到人民"和生态效益"惠利于人民"的目标。切切实实将良好的生态环境惠及全体人民，让群众满意。习近平同志呼吁加强环境治理，以保护人们对美丽环境和美好生活的渴望，2016 年 1 月，习近平在省部级主要领导干部学习贯彻党的十八届五中全会精神专题研讨班上指出："生态环境没有替代品，用之不觉，失之难存。我讲过，环境就是民生，青山就是美丽，蓝天也是幸福，绿水青山就是金山银

① 习近平．在省部级主要领导干部学习贯彻党的十八届五中全会精神专题研讨班上的讲话［M］．北京：人民出版社，2016：19.

山。”① 他的这段话深刻揭示了生态、经济、发展之间的辩证统一关系。保护生态环境就是保护生产力，改善生态环境就是发展生产力。只有坚持正确的发展理念和发展方式，才可以实现百姓富、生态美的有机统一。这次大会上，习近平提出的生态建设目标与人民群众紧密相关：蓝天白云、繁星闪烁，清水绿岸、鱼翔浅底，吃得放心、住得安心，鸟语花香、田园风光……习近平特别指出，生态环境是关系党的使命宗旨的重大政治问题，也是关系民生的重大社会问题。

习近平始终站在全局和战略高度强调保护生态环境，把生态文明建设与民生建设融为一体，强调生态环境的建设归根到底是为了人民。为此，习近平将生态文明建设的价值诉求归结为以人为本的民生价值，人民不仅要享有经济建设的发展成果，而且还要共享生态文明的发展成果，这也是社会主义本质的基本要求。他在海南考察时曾强调：“良好生态环境是最公平的公共产品，是最普惠的民生福祉。”② 这一科学的论断表明了生态环境保护对于改善民生的重要性。在党的十九大报告中，习近平同样指出：“增进民生福祉是发展的根本目的，必须多谋民生之利，多解民生之忧。”③ 由此可见，我党坚持在发展中保障和改善民生的坚定信念。习近平站在生态民生的全局角度指出，生态文明建设关系到人民的福祉和民族的未来。他呼吁加强环境治理，以保护人们对美丽环境和美好生活的渴望。习近平总书记一再强调，保护生态环境对中国的经济和社会发展都具有长期的战略影响。我们必须始终把维护人民群众的根本利益作为标准，切实控制好环境污染，为人民重新享受蓝天、绿地，健康食品的美好生活而不断努力。

绿色发展理念在基本价值取向上体现了对绿色惠民目标的追求，彰显了习近平生态文明思想增进民生福祉的情怀。在环境问题上，要坚持以人民为中心。一方面，为了人民，把解决突出生态环境问题、改善生态环境质量作为民生优先领域，提供更多优质生态产品，不断满足人民日益增长的优美生活环境需要；另一方面，依靠人民，将人民的来信来访和举报作为精准发现生态环境问题线

---

① 中共中央宣传部．习近平总书记系列重要讲话读本［M］．北京：学习出版社，2016：233.

② 习近平．加快国际旅游岛建设 谱写美丽中国海南篇［EB/OL］．新华网，2013－04－10.

③ 习近平．中国共产党第十九次全国代表大会报告［M］．北京：人民出版社，2017：18.

索的“金矿”，充分发挥人民群众作为监督力量的主体作用，打一场污染防治攻坚的人民战争。

“环境保护和生态建设，早抓事半功倍，晚抓事倍功半，越晚越被动。那种只顾眼前、不顾长远的发展，那种要钱不要命的发展，那种先污染后治理、先破坏后恢复的发展，再也不能继续下去了。”① 习近平把建设生态文明看作实现中华民族伟大复兴的中国梦的重要内容，强调“中国将按照尊重自然、顺应自然、保护自然的理念，贯彻节约资源和保护环境的基本国策，更加自觉地推动绿色发展、循环发展、低碳发展，把生态文明建设融入经济建设、政治建设、文化建设、社会建设各方面和全过程，形成节约资源、保护环境的空间格局、产业结构、生产方式、生活方式，为子孙后代留下天蓝、地绿、水清的生产生活环境”②。他还指出，建设生态文明应放眼于未来，要长远考虑，为当代人谋求福利的同时，需充分考虑到子孙后代的生产生活环境，坚决不能为了换取我们眼前的幸福而牺牲子孙后代的利益，这是可持续发展中最根本的要求。他再三强调，良好的生活环境是需要全国人民共同努力、共同建造、共同维护的，需要每个人的自觉行动，我们既是破坏自然平衡的实施者同样也是生态失衡的受害者，所以，我们每一个人都应该承担起挽救生态环境的责任，齐心协力，享受共同努力过后的成果，努力走向社会主义生态文明新时代。

二、建设美好生活环境的积极探索

中华人民共和国成立70多年来，尤其是党的十八大以来，在以习近平同志为核心的党中央的坚强领导下，在全国人民的共同努力下，人民的生活环境得到极大改善，成绩斐然。在实践中，我们也探索和积累了很多好的做法和宝贵经验。

（一）生活环境建设的基本思路

1. 植树造林，绿化环境

习近平总书记在哈萨克斯坦纳扎尔巴耶夫大学回答学生问题时指出：“我们既要绿水青山，也要金山银山。宁要绿水青山，不要金山银山，而且绿水青山

---

① 习近平．干在实处 走在前列［M］．北京：中共中央党校出版社，2014：190.

② 习近平．习近平谈治国理政［M］．北京：外文出版社，2012：211－212.

就是金山银山。我们绝不能以牺牲生态环境为代价换取经济的一时发展。我们提出了建设生态文明、建设美丽中国的战略任务，给子孙留下天蓝、地绿、水净的美好家园。"① 那么这些年我国在习近平总书记的带领下，在生态文明建设、环境建设方面都取得了哪些成就呢？生态建设，造林为先。中华人民共和国成立70多年来，我国始终重视植树造林，人工造林面积长期居于世界首位，"三北"防护林、"京津沙源治理"等工程创造绿色奇迹，生态文明建设效果显著。同时，"爱绿、植绿、护绿"也成为干部群众的自觉行动，"绿水青山就是金山银山"的理念深入人心、扎根实践。因为饱尝了毛乌素沙地的风沙之苦，30多年里，全国治沙标兵殷玉珍和丈夫备尝艰辛，沙海播绿，种下近6万亩绿洲，累计植树200多万棵；面对肆虐的风沙、家园的存亡，甘肃省古浪县八步沙林场的"六老汉"毅然立下治沙誓言，三代人扎根荒漠，用坚守和不懈努力换来了一条防风固沙的绿色生态安全屏障，被称为"当代愚公"……在中国，还有许多像他们一样倾情倾力植树造林、锲而不舍造福后人的人。对他们而言，爱绿植绿护绿、守护绿色梦想、建设美丽家园已成为一种坚守与习惯，成为融进血液的执着与信念。这些动人事迹折射出当代中国对绿色发展理念的崇尚、共建生态文明的希望以及拥抱美丽中国的梦想。"山峦层林尽染，平原蓝绿交融，城乡鸟语花香。这样的自然美景，既带给人们美的享受，也是人类走向未来的依托。"② 在2019年北京世界园艺博览会开幕式上，习近平总书记曾这样描述人与自然和谐相处的美好图景。要让这份美好图景永远与我们相伴，每个人都要厚植心中的绿意，让爱护自然、保护环境的意识深植于心、践之于行，一起种下绿色的希望，共同浇灌美丽的梦想。

随着我国近些年的不懈努力，山川大地正在被绿意点缀。通过观测卫星的"天眼"，人们发现地球比20年前更绿了。不久前的一项研究显示，2000年以来，全球绿化面积增加了5%，相当于多出一块亚马逊热带雨林，而中国对全球植被增量的贡献比例居世界首位。中国的"绿色奇迹"，令世界刮目相看。曾经万里飞沙的毛乌素沙漠，千余年后近80%重新穿上绿装；被称为"中国魔方"

---

① 唐孝辉．习近平：绿水青山就是金山银山［EB/OL］．人民网，2015－11－10.

② 习近平．习近平：让后代既能享丰富物质财富 又能见青山闻花香［EB/OL］．新浪新闻中心，2019－04－28.

的草方格，紧紧锁住了宁夏中卫的黄沙，让“塞上江南”实至名归；赶漂人变身造林人，金沙江、雅砻江交汇处的三堆子漫山种满剑麻，涵养着长江上游的水源……一个个“染绿”“复绿”的故事，折射出中国生态文明建设的力度与成就。特别是党的十八大以来，生态文明建设被纳入“五位一体”总体布局，我国年均新增造林逾9000万亩，165个城市成为“国家森林城市”，“绿水青山就是金山银山”的理念已经成为全民共识。①

生态文明建设离不开植树造林。生态文明是人类社会新型高级文明，人与自然是生态系统不可或缺的重要组成部分。植树造林是改善生态环境的基础性工作，也是建设资源节约型、环境友好型社会的重要举措。生态兴则文明兴，推进生态文明建设离不开植树造林；生态衰则文明衰，没有植树造林我们的生态文明建设亦无从谈起。正如习近平主席所说的，建设生态文明，关系人民福祉，关乎民族未来。植树造林要注重生态效益与社会效应。我们要发挥树木覆盖截留降水的作用，涵蓄水源保护水土不会流失；发挥树林抵御风沙袭击的作用，防风固沙有效预防沙尘天气；发挥树叶吸收二氧化碳、释放氧气的光合作用，净化空气提高负氧离子浓度；发挥树木夏季降低地表高温的作用，减弱上升气流强度预防冰雹等自然灾害的发生；发挥枯枝落叶增加肥力的作用，切实改良土壤营养成分。政府职能部门要与农林合作社、环保公益组织等合作，结合正在开展的“五水共治”活动，共同开展以公益性为主、适当兼顾经济效益的植树造林活动，服务于人类社会绿色发展目标。

除了以上措施以外，我国在环境保护方面还提出了“退耕还林还草”的相关政策措施。退耕还林指的就是农民把不种的耕地退出来用来种植林业，这是国家为了保护和改善生态环境作出的一项重要决定，主要针对的是容易造成水土流失的坡耕地，对其进行有计划的耕种，按照地的大小来种植树木。当然，因为每个地区的情况都不一样，所以需要各省因地制宜地植树造林，恢复森林植被。目前我国的退耕还林工程主要包括两方面：宜林荒山荒地造林和坡耕地退耕还林。对于退耕还林工程来说，有专门的退耕还林资金，并制定了粮食补贴制度，根据核定无误的退耕地还林面积，会在一定的时期内无偿地给予退耕还林者适当的粮食补助，并会提供种苗造林费和一些现金补助。我国最先开始

---

① 石羚．中国行动点亮“绿色未来”[N]．人民日报，2019-02-28（005）．

实施退耕还林的地区是四川、陕西、甘肃3省，后来在2002年1月10日的时候，国务院确定全面启动退耕还林，在2002年4月11日的时候，国务院再发布了《关于进一步完善退耕还林政策措施的若干意见》。自从开展退耕还林工程以来，我国的造林质量以及规划和管理质量都跨上了一个新台阶，也使我们的林业生态工程建设进入了一个新阶段。此外，我们国家还采取了很多的有力措施以确保顺利完成退耕还林工程，同时也为我们退耕还林工程的质量提供了保障。而且我们还制定了“退耕还林（草），封山绿化，以粮代赈，个体承包”的生态建设方针来对全国的退耕还林工作作了全面的部署。

近年来，我国退耕还林取得的成效主要有以下几个方面。其一，生态得到改善。退耕还林工程取得了显著生态效益，主要表现在加快国土绿化进程、治理水土流失、涵养水源、防治土地沙化、增加生物多样性等方面。退耕还林不仅遏制了生态环境的毁坏与退化，而且以农林牧相结合，工程与生物措施相结合为基础，使区域生态系统趋于稳定，形成了生态系统的良性循环。退耕还林工程使生态环境得到更大的改善，绿化面积得到大幅度提升。其二，经济得到增长。农民在退耕还林的同时，得到国家兑现的粮补和造林苗木补助费，调整了农村劳务结构，为农村富余劳动力转移，从事多种经营和外出打工增加收入创造了条件。其三，促进了农业产业结构调整，实行复合经营，改变了农民长期单一的种植结构。部分县市在确保不造成水土流失的前提下，在工程建设中应用间作技术，从造林后到林木郁闭以前这段时间进行林药、林菌等间作，实施复合经营，最大限度地在时间顺序和空间配置上提高新植林地的利用率，既经营了林地，又有较好的经济收入，达到一地多用、一举多收。

习近平一再强调，保护生态环境是全球面临的共同挑战和共同责任，因此尽管我国是一个人口众多的发展中国家，但并没有因为发展压力而像一些国家一样破坏绿地。从20世纪80年代起，“植树造林绿化祖国”的口号就已传遍大江南北，中国之所以一以贯之地绿化国土，是因为一草一木连接着大气、水、土壤等环境要素，担负着防风固沙养水吸尘等生态功能。一位库布其治沙人在联合国气候大会上算过这样一笔账：种一亩树林每天能够吸收67公斤二氧化碳，释放49公斤氧气，一年涵养水源超过500吨。① 站在生态系统的全局看，

① 石羚．中国行动点亮“绿色未来”［N］．人民日报，2019－02－28（005）．

中国的绿色行动不仅关乎中华民族的永续发展，更护佑着全人类唯一的生存家园，以实际行动彰显着大国的情怀与担当。保护环境就是保护未来，地球是我们赖以生存的家园，它就像母亲一样，为我们提供着生存的资源和条件。我们是地球的主人，我们要像善待自己一样去保护它，打造更加适宜居住的生活环境。

2. 变革发展模式和发展方式

生态环境作为最公平的公共产品，也具有公共产品的非排他性，我们每一个人都能享受这种产品，但是有一部分人对环境造成不利影响，却要由全体成员去承担治理的成本，这是不公平的。一定范围内的生态资源总是有限的，而对于生态资源的消费每个人又都想按照自己的思维方式去消费，这就会导致集体的不满，势必造成“公地悲剧”。以往中国发展中将经济增长作为经济持续发展、高效发展的唯一指标，这直接导致生态建设与经济发展呈现此消彼长的趋势，本质上是一种不科学、不可持续的经济发展观。

我们要正确处理人民群众对美好生态的需要与凸显的生态环境问题之间存在着巨大的张力。“生态环境特别是大气、水、土壤污染严重，已成为全面建成小康社会的突出短板。”① 当前成本高、污染高、耗能高的经济建设模式已经给我国经济发展套上了沉重的枷锁。如果经济发展了，但新鲜的空气、干净的饮水、安全卫生的食品、宜居的生活环境这些最基本的需要都成为一种奢侈，那么，这样的现代化就不是真正的现代化。“我们必须顺应人民群众对良好生态环境的期待，推动形成绿色低碳循环发展新方式，并从中创造新的增长点”②，这就要求实现发展模式和发展方式的变革。习近平强调，“发展不能竭泽而渔，断送了子孙的后路。粗放型增长的路子，‘好日子先过’，资源环境将难以支撑，子孙后代也难以为继。因此，发展必须是可持续的”③。这也决定了我们绝不能走以前先污染后治理经济发展过程的老路，绝不能牺牲环境去换得经济的一时增长，绝不能牺牲后代人的幸福换取现在的富足，应当实现发展方式的转换，

---

① 中共中央文献研究室．十八大以来重要文献选编（中）［M］．北京：中央文献出版社，2016：738.

② 习近平．习近平关于全面建成小康社会论述摘编［M］．北京：中央文献出版社，2016：26－27.

③ 习近平．干在实处 走在前列［M］．北京：中共中央党校出版社，2014：23.

把生态文明建设落到实处。

习近平后来提出的“生态系统休养生息论”，让曾经为促进经济发展的资源环境获得休养的空间，提升我国湖泊、森林、湿地等绿色资源的发展容量、发展空间，从而为“美丽中国”的建设打下基础，作为社会可持续发展最基础的资源，青山绿水从根本上能带来社会财富的可持续获得。

（二）生活环境建设的具体举措

党的十八大以来尤其是十八届三中全会以来，以习近平同志为核心的党中央，将生态文明制度建设放在更加突出位置，从制度创新高度出发，提出一系列生态文明建设和生态治理的顶层设计，为我们能享有天蓝山绿水清的生活环境提供保障。

在法律法规上，70多年来，我国坚持依靠法律、制度保护生态环境，基本形成了以环境保护法为龙头的法律法规体系。特别是党的十八大以来，立法力度之大、执法尺度之严、守法程度之好前所未有。2014年修订的环境保护法，引入了按日连续罚款、查封扣押、限产停产、行政拘留、公益诉讼等措施，被称为“史上最严”的环境保护法。新环保法自2015年实施以来，在打击环境违法行为方面取得显著效果。2018年全国实施环境行政处罚案件18.6万件，比2014年的8.3万件增加了124%；2018年罚款总数达到152.8亿元，比2014年的31.7亿元增加382%。①

在相关政策方面，党的十八大以来，中国生态环境保护政策改革创新加速，生态环境保护政策体系建设取得重大进展，为深入推进生态文明建设、建设美丽中国提供了重要动力机制。“十四五”时期中国生态环境保护工作面临着前所未有的新形势和新挑战，我们要坚决贯彻落实好习近平生态文明思想，继续深化生态环境保护政策改革与创新，推进生态环境治理能力和体系现代化，提供更多的优质生态产品以满足人民群众日益增长的美好生活需要。还要通过深化生态环境保护政策改革来应对生态环境保护的“三期叠加”阶段面临的机遇和挑战，促进产业经济高质量发展和生态环境高水平保护，积极主动应对世界百年未有之大变局。通过强化生态环境保护政策改革的系统统筹、综合调控、协

① 中国新闻网．生态环境部：新环保法打击环境违法行为取得显著效果［EB/OL］．中国新闻网，2019-09-29.

同治理、空间管控，夯实生态环境统一监管体系和能力，实现环境保护事权的“五个打通”以及污染防治与生态保护的“一个贯通”。需要强化党委领导、政府主导、市场基础、企业实施、公众参与以及人大执法监督、“两法”（司法、法院）等多主体治理角色和作用，建立多元有效、动力内生、相互监督、公开透明的大生态环境保护格局。此外，我们还要更加重视发挥市场经济政策在调控经济主体生态环境行为中的长效激励作用，形成绿色生产、生活和消费的动力机制和制度环境。需要突出政策制定实施的科学化，政策调控对象的差异化，政策手段的精细化，政策效应的组合化，以适应新形势的生态环境保护新需求。需要进一步统筹国内、国际两个大局，深度参与推进国际环境规则制定，助推形成美丽中国建设的长效政策机制，共建全球美丽清洁世界。

当前加强生活环境建设，我们正在从六个方面来着手进行生态环境保护政策领域改革。①

第一，创新推进绿色发展四大结构调整政策。以水泥、化工等非电重点行业超低排放补贴、水电价阶梯激励政策为主要“抓手”促产业结构深度绿色调整；实施大气污染防治重点区域煤炭减量替代，协同推进碳减排和污染减排等，推进能源节约利用与结构调整；实施岸电使用补贴、柴油货车限期淘汰等，推进交通运输结构优化调整；强化补贴推动农村废弃物资源化与有机肥综合利用以及农村污水处理设施运营，推动农村污水处理设施用电执行居民用电或农业生产用电价格。

第二，完善生态环境空间管控。继续推进生态、大气、水、土壤、海洋等要素生态环境分区管控，推进生态环境要素空间全覆盖管控；构建以战略环境影响评价、空间管控清单准入、生态保护补偿、生态环境空间监管与绩效考核为主要抓手的“三线一单”生态环境分区管控政策体系。

第三，完善生态环境质量目标管理政策机制。抓好以考评为主的生态环境质量管理体系建设，建立水、气、土、生态等要素统一的目标考核体系，建立生态环境质量监测、评价、考核、公开、责任、奖惩环境质量目标管理体系，并强化考核结果与财政资金、官员升迁等政策的衔接增效。生态环境质量监测

---

① 董战峰．“十四五”抓好六大生态环境保护政策领域改革［EB/OL］．中国发展门户网，2019－09－28.

评价范围由大气、水、土壤拓展到近岸海域水质、地下水、农业与农村，完善空气质量达标、国家重点生态功能区等，完善生态环境监测点位与网络。

第四，完善生态环境市场经济政策。全面建立生态环境质量改善绩效导向的财政资金分配机制，将挥发性有机物、碳排放、污染性产品等纳入环境保护税改革范围，推进将生态环境外部成本纳入资源税和消费税改革，推动建立全成本覆盖的污水处理收费政策和固体废物处理收费机制。完善基于生态贡献和生态环境改善绩效的国家重点生态功能区转移支付机制，建立“三水统筹”（水资源、水质、水生态）、优先保障生态基流的跨省界流域上下游生态补偿机制，推进形成市场化、多元化生态环境补偿机制。在全国范围内推开碳交易市场，继续推动排污权交易、资源权益交易，建立健全归属清晰、权责明确、流转顺畅、监管有效的自然资源产权制度，引导和鼓励长江等重点流域以及粤港澳大湾区等重点区域探索设立绿色发展基金。

第五，推进建立大生态环境治理格局。以考核落实生态文明建设的“党政同责、一岗双责”；通过监管执法督促企业落实环境保护主体责任；坚持建设美丽中国全民行动，引导绿色消费和绿色生活方式；强化人大生态环境法律执法检查监督作用，完善政协生态环境治理监督，健全检察机关提起公益诉讼制度，形成党委领导、政府主导、企业实施、社会参与、多元共治、公开透明、动力内生的大生态环境治理格局。

第六，深度参与推进国际环境规则制定。动态跟踪评估《2030年可持续发展议程》中生态环境目标指标进展，定期发布《中国落实2030年可持续发展议程进展报告》。积极推动共建绿色“一带一路”，推进绿色发展和生态环境保护标准国际互认，主导制定“一带一路”基础设施绿色化标准体系；推进绿色贸易与绿色责任投资，促进贸易供给侧结构性改革；加强国际生态环境公约履约。

在监管方面，我们要实施严格生态环境监管。习近平总书记在党的十九大报告中进一步提出要“加强对生态文明建设的总体设计和组织领导，设立国有自然资源资产管理和自然生态监管机构”，为生态文明建设过程中的齐心协力、统一行动建立了规范制度。推进生态环境督查制度化、规范化、精简化，形成中央生态环境保护督查，部门生态环境保护专项督查，省级政府环境监察体系合理分工、高效协作的督查制度；强化区域、流域、海域生态环境监管执法，抓好陆源污染物排海监督，加强流域生态环境统一执法监管，建立常态化自然保护地监督检查机制，建立与完善人民环保监督员制度，强化规范和引导，创新治理模式与机制，充分动员生态环境保护的社会力量。加强生态环境保护科学决策与实施能力。推进建立生态环境保护重大政策评估机制，推动改变“重”政策制定、“轻”政策评估的环境政策制定实施“常态”，研究生态环境政策评估结果反馈机制与重大政策适时修订机制，提高生态环境政策制定实施的经济有效性、决策科学化水平。促进物联网、大数据、云计算、人工智能、卫星遥感等高科技技术手段在政策制定领域的创新推广应用，做好二次污染源普查成果在生态环境保护政策中的应用研究。谋划编制生态环境保护政策改革规划。通过该规划衔接2035年生态环境政策改革长远目标，为落实美丽中国建设的目标提供政策动力支撑。

在机制上，首先，坚持落实“党政同责、一岗双责”。强化党的领导，明确地方各级党委和政府要对本行政区域的生态环境保护工作及生态环境质量负总责的规定；各相关部门要履行好生态环境保护职责，管发展的、管生产的、管行业的，都要按照“一岗双责”的要求管好环保，将“小环保”真正转变为“大环保”。习近平在会议上多次强调，现阶段必须建立生态法律责任制度来提高领导干部和社会公民的生态法律责任意识，特别是建立加大对政府官员的责任追究力度。习近平在中央政治局第六次集体学习时提出，要建立领导干部责任追究制度，对那些不计后果、盲目决策的领导干部，必须追究其责任。在十八届三中全会上，习近平严肃地指出，必须由一个部门负责领土范围内山水林田湖的统一保护、修复，对其进行用途管制。2013年，中组部印发了关于改进领导干部政绩考核工作的通知，要求建立生态环境损害责任终身制，加大资源消耗、环境保护等指标的权重。2015年，我国进一步重视生态环境，发布了关于生态环境损害责任的处理办法，针对党政领导干部造成生态环境损害责任追究这一问题作了详细的规定，标志着我国生态文明建设进入实质问责阶段。如果地方政府部门的决策失误，导致环境受到影响，就应当进行严厉追责，即使地方行政首长离任了，也要对环境污染后果担责。这一制度的建立，对规范地方领导干部决议，指导领导干部工作起着重要作用。其次，坚持以改善生态环境质量为核心。以改善生态环境质量为核心，有利于更好调动地方积极性；让环境治理措施更有针对性；也可以使环境治理成效与老百姓的感受更加贴近，以实际成效取信于民。要不断健全生态环境质量监测、排名、公开、预警制度，有效传导压力，推动各地抓出实实在在的治理成果。再次，坚持落实“六个做到”。把握正确的工作策略和方法，做到稳中求进，既打攻坚战，又打持久战；做到统筹兼顾，既追求环境效益，又追求经济效益和社会效益；做到综合施策，既发挥好行政、法治手段的约束作用，又更多发挥好经济、市场和技术手段的支撑保障作用；做到两手发力，既抓宏观，强化顶层设计、政策制定和统筹指导，又抓微观，通过开展强化监督等推动地方落实；做到点面结合，既整体推进，又力求重点突破；做到求真务实，既妥善解决好历史遗留问题，又攻坚克难把基础夯实，绝不搞“口号环保”“形象环保”“虚假环保”。最后，坚持不断强化基础能力建设。不断加强机构、队伍和能力建设，着力打造生态环境保护铁军，推进生态环境领域国家治理体系和治理能力现代化。

三、美好生活环境建设初见成效

在习近平生态文明思想的指导下，全国各地各级政府以及群众的生活观念发生了转变，再加上党和国家在生态文明建设领域的一系列做法，人们的生活环境建设取得了较好的成绩，人民群众着实感受到了生活环境的变化。主要有以下几个方面。

1. 持续开展污染防治行动，天蓝山绿水清稳步推进

党的十八大以来，我国生态文明建设取得了一定成绩。随着环保改革措施不断推进，制定、审议并通过，比如，印发了《关于划定并严守生态保护红线的若干意见》《生态环境损害赔偿制度改革方案》；完成了以水污染防治法为代表的环境保护管理条例等法律法规的修订，加大水污染治理力度、强化节水管理、全面提升垃圾无害化处理能力、强化环境督察执法等；印发《大气污染防治行动计划》通知，引导对大气重污染成因与治理重大项目进行攻关；组建国家环境保护督察专门机构；发布新的国家环保标准。持续加强天然林保护，开展“绿盾”国家级自然保护区监督检查专项行动，调查处理违法违规问题线索，启动实施生物多样性保护重大工程等。我国的生态保护工作稳步推进，污染防治行动持续开展，跟人们生活息息相关的空气、水、自然环境等都得到了很大

的改善。《2017 年中国生态环境状况公报》显示，在过去的一年中，生态建设领域持续开展行动。蓝天保卫战取得显著成效，全国重要城市空气可吸入颗粒物同比 5 年前下降了 22.7%。①

2. 随着各项生态机制的不断建全，生态修复与环境修补等工作顺利进行，区域综合治理初见成效

当前，全国各地围绕生态环境建设积极展开区域综合治理，涌现出许多最美典型。以云南省为例，全省积极贯彻落实习近平总书记在考察云南时的重要讲话精神，加快推进全国生态文明建设排头兵、中国最美丽省份建设，生态文明制度体系进一步完善，随着污染防治攻坚战全面推进，绿色发展迈出坚实步伐、最美丽省份建设成效凸显。云南省政府出台建设中国最美丽省份的指导意见，提出五大行动任务措施，持续推进生态文明建设，制定关于生态文明建设排头兵促进条例（草案）、国家公园体制、地方党委和政府主要领导干部自然资源资产离任审计、绿色发展价格机制等 15 项生态文明制度；出台 8 个标志性战役作战方案和年度实施计划，定期调度实施情况，加强督查督办，居民生活环境质量持续改善。2019 年，全省 16 个州（市）政府所在地城市环境空气质量全部达到二级标准，优良天数比率达 98.1%；地级城市建成区黑臭水体整治消除率达 100%；全省新建及改造污水管网 554 公里，城镇污水处理率达 92.7%；全省国控省控河流断面及湖库点位，水质达到Ⅲ类标准以上、水质优良的断面占 81.3%，劣于Ⅴ类标准、水质重度污染的断面占 4.6%。大力推进生态优先、绿色发展。全省产业结构持续优化，三产占比超过 50%；八大重点产业和世界一流“三张牌”发展势头良好，绿色能源成为第一大支柱产业，非化石能源占一次能源消费比重达 43%，居全国首位。②

在省内，云南省政府也打造了腾冲市等 20 个“美丽县城”、昆明市凤龙湾小镇等 21 个“云南省特色小镇”，开展了 664 个“美丽乡村”建设；建设完成昆明至丽江、昆明至西双版纳、昆明主城区至长水国际机场三条美丽公路，怒江美丽公路 288.3 公里全线建成通车；实现 2019 年城镇镇区以上旱厕全面清除

---

① 中华人民共和国生态环境部. 2017 年中国生态环境状况公报［EB/OL］. 中华人民共和国生态环境部网站，2018-05-31.

② 段晓瑞. 云南持续推进生态文明建设［EB/OL］. 云南日报网，2020-05-02（001）.

目标；全省森林覆盖率突破62%，湿地保护率超50%，建成区绿地率达33%；认真筹备《生物多样性公约》第十五次缔约方大会，建立了野生生物种质资源库；创建了3个“绿水青山就是金山银山”实践创新基地、7个国家生态文明建设示范市县。①

浙江省强调深入学习习近平生态文明建设思想，并在基层实践中认真落实。他们以“两山理论”为逻辑起点和理论依据，大力建设生态省，打造绿色浙江，取得了显著成效。浙江是生态文明建设的先行地区，2002年12月，为加快建设浙江省第十一次党代会提出的“绿色浙江”的战略目标，以习近平为书记的省委领导班子提出以建设生态省为主要载体和突破口，走一条“生产发展、生活富裕、生态良好”的可持续发展之路。2003年，以习近平为小组组长的浙江生态省建设工作领导小组成立，《浙江生态省建设规划纲要》这个指导全省生态省建设的纲领性文件的通过与正式下发标志着浙江生态省建设大幕的拉开。习近平同志代表省委作出的报告中，明确提出了“八八战略”。“八八战略”的重要内容之一是“进一步发挥浙江的生态优势，创建生态省，打造‘绿色浙江’”②。在历届省委、省政府和全省人民的共同努力下，浙江全社会生态环境保护意识提高，主要污染物排放强度下降，能源消费结构和产业结构优化，环境质量逐渐趋好，“绿色浙江”建设取得优异成绩，并成为建设美丽中国的先导。

在西北，习近平也强调生态环境建设，他一直高度重视祁连山生态保护工作，多次作出重要批示。2019年到甘肃考察时更是亲赴祁连山，实地察看了这里的生态恢复情况。习近平总书记表示，这些年来祁连山生态保护由乱到治，大见成效。祁连山生态环境的变化，折射出习近平生态文明思想在甘肃省的全面贯彻落实。经过两年多生态环境治理工作的扎实推进，祁连山的呼唤终于等到了回音。而今，矿区矿点破坏裸露的地表重新“穿上绿装”，仅千马龙矿区就完成覆土9.8万立方米，播撒草籽1200公斤，种植松树4.2万棵。绿色的希望在狭长的山谷中生根发芽，红白黄紫色交织成的花毯绵延伸向远方湛蓝的天际。“之前来千马龙，树上地上都是黑煤灰，连带着周围的小溪都是运煤车压出的车

---

① 段晓瑞．云南持续推进生态文明建设［EB/OL］．云南日报网，2020-05-02（001）．

② 习近平：干在实处 走在前列——推进浙江新发展的思考与实践［M］．北京：中共中央党校出版社，2006：72.

辙。现在，一切恢复了宁静。草籽、树苗种下后，天也帮了忙，雨水充沛，植被长势旺盛。生态恢复好了，森林就像蓄满了水的海绵，这里的生机又回来了。”① 断流多年的河道支流再现清流激湍。2018 年，疏勒河完成生态输水量 2.35 亿立方米，黑河正义峡下泄水量 14 亿立方米。禁止人为扰动后的草场恢复迅速。作为祁连山北麓草原的主要区域，肃南县占北麓总面积达 75%。贺鹏飞表示，通过舍饲半舍饲养殖、周边农区借牧、压缩牲畜规模等措施，以及全面建立落实草原管护“五长”负责制，形成横向到边、纵向到底的环境监管体系。目前，全县草原牧草平均高度已达 19 厘米，平均总盖度为 78.2%，比 2015 年分别提高 47.8%、18.8%。随着张掖市与中科院兰州分院等单位合作，运用卫星遥感等技术，建设“一库八网三平台”生态环保信息监控系统，形成“天上看、地上查、网上管”天地一体立体化生态环境监测网络，初步实现了对祁连山全覆盖常态化监管。保护区及周边地域生态环保数据的获取，由过去生态环境部每半年反馈一次，缩短到监测平台每月遥感监测获取一次，并通过监测网络管理平台将疑似问题点位推送至相关执法人员，以便及时进行核查、核对和整改。此外，对祁连山保护区内外 36 座引水式水电站的引水量和生态基流下泄实现全天候、无死角监控。

从人的实践活动出发，马克思主义哲学把人类历史看成是人运用自身的本质力量不断地改造外部世界、从而不断地丰富和完善自身本质力量的过程。在社会生活领域，习近平提出美丽也是幸福的社会生活观念，引导人们在生活中自觉培养生态文明意识，形成绿色低碳文明健康的生活方式，倾力打造天蓝山绿水清的生活环境，完成社会生活领域里的生态化变革，为实现人民自由而全面的发展奠定基础。

参考文献：

[1] 马克思，恩格斯．马克思恩格斯选集（第一卷）[M]．北京：人民出版社，1995.

[2] 恩格斯．自然辩证法 [M]．北京：人民出版社，1984.

---

① 王珊．远山的回响——甘肃省祁连山生态环境保护的破与立 [N]．中国环境报，2020-05-02（001）．

[3] 郇庆治，徐越．绿色变革视角下的环境哲学理论 [J]．武汉大学学报，2017 (2)：24 - 33.

[4] 习近平．决胜全面建成小康社会 夺取新时代中国特色社会主义伟大胜利——在中国共产党第十九次全国代表大会上的报告 [M]．北京：人民出版社，2017.

[5] 习近平．习近平总书记重要讲话文章选编 [M]．北京：中央文献出版社，2016.

[6] 习近平．干在实处 走在前列 [M]．北京：中共中央党校出版社，2014.

[7] 习近平．习近平谈治国理政 [M]．北京：外文出版社，2012.

[8] 杨小玲，韩文亚．绿色生活推动绿色发展 [J]．环境保护科学，2015 (5)：22 - 25.

[9] 杨维汉，赵超．让生产方式与生活方式更加"绿色化"——专家解读中央政治局审议通过的加快推进生态文明建设的意见 [J]．农村·农业·农民 (A 版)，2015 (4)：8 - 9.

[10] 马克思，恩格斯．马克思恩格斯文集（第二十五卷） [M]．北京：人民出版社，1974.

[11] 习近平．携手推进亚洲绿色发展和可持续发展——在博鳌亚洲论坛 2010 年年会开幕式上的演讲 [J]．青海科技，2010 (2)：4 - 6.

[12] 习近平．更加科学有效地防治腐败 坚定不移把反腐倡廉建设引向深入 [N]．人民日报，2013 - 01 - 23 (001)．

[13] 国家发展改革委，等．印发关于促进绿色消费的指导意见的通知 [J]．再生资源与循环经济，2016 (3)：3 - 5.

[14] 习近平．在省部级主要领导干部学习贯彻党的十八届五中全会精神专题研讨班上的讲话 [M]．北京：人民出版社，2016.

[15] 中共中央宣传部．习近平总书记系列重要讲话读本 [M]．北京：学习出版社，2016.

[16] 习近平．加快国际旅游岛建设 谱写美丽中国海南篇 [EB/OL]．新华网，2013 - 04 - 10.

[17] 习近平．中国共产党第十九次全国代表大会报告 [M]．北京：人民

出版社，2017.

[18] 习近平．干在实处 走在前列 [M]．北京：中共中央党校出版社，2014.

[19] 中共中央文献研究室．十八大以来重要文献选编（中）[M]．北京：中央文献出版社，2016.

[20] 习近平．习近平关于全面建成小康社会论述摘编 [M]．北京：中央文献出版社，2016.

[21] 中华人民共和国生态环境部．2017 年中国生态环境状况公报[EB/OL]．中华人民共和国生态环境部网站，2018－05－31.

[22] 段晓瑞．云南持续推进生态文明建设 [N]．云南日报，2020－05－02（001）．

[23] 王珊．远山的回响——甘肃省祁连山生态环境保护的破与立 [N]．中国环境报，2020－05－02（001）．

第七章

生态化变革视域下新时代生态文明建设的意义

第一节　生态与文明关系认识的新高度

一、生态兴则文明兴、生态衰则文明衰

（一）习近平“生态兴则文明兴、生态衰则文明衰”的含义

“生态兴则文明兴，生态衰则文明衰”是自《求是》在2003年发表《生态兴则文明兴——推进生态建设 打造“绿色浙江”》以来，习近平总书记在一些重大场合和重要讲话中一贯坚持并反复强调的思想理念。尤其是在2018年全国生态环境保护大会上的讲话中，习近平总书记对此作了详细的解释，完整阐述了其含义。

> 生态兴则文明兴，生态衰则文明衰。生态环境是人类生存和发展的根基，生态环境变化直接影响文明兴衰演替。古代埃及、古代巴比伦、古代印度、古代中国四大文明古国均发源于森林茂密、水量丰沛、田野肥沃的地区。奔腾不息的长江、黄河是中华民族的摇篮，哺育了灿烂的中华文明。而生态环境衰退特别是严重的土地荒漠化则导致古代埃及、古代巴比伦衰落。我国古代一些地区也有过惨痛教训。古代一度辉煌的楼兰文明已被埋藏在万顷流沙之下，那里当年曾经是一块水草丰美之地。河西走廊、黄土高原都曾经水丰草茂，由于毁林开荒、乱砍滥伐，致使生态环境遭到严重破坏，加剧了经济衰落。唐代中叶以来，我国经济中心逐步向东、向南转

移，很大程度上同西部地区生态环境变迁有关。①

习近平总书记的这段话共包含九个句子，采用总分的结构形式，论证了论点——生态兴则文明兴，生态衰则文明衰。第二至第九个句子通过递进的方式从两个层面论证论点。第二至七个句子从第一个层面即生态环境是人类生存和发展的根基、直接影响文明的兴衰演替做了阐释。主要从历史的角度，正反两个方面对古代文明的起源、兴盛、衰落与生态环境的关系做了具体说明，表达了一部文明发展史就是一部人类与自然的关系史，生态环境的变迁对文明的兴衰更替具有基础性意义与价值的思想。第八、第九两个句子从第二个层面即生态环境对文明兴衰的作用机制做了阐释。生态环境是生产力基本要素，生态环境变化影响经济发展，进而影响政治文化社会发展重心的转移，带来文明兴衰更替。这里从两个地区河西走廊和黄土高原生态环境变迁对经济的根本影响谈起，以唐代中期生态环境变迁与经济中心的转移为例子，说明生态环境变迁影响地区经济发展，带来文明发展中心的转移，形成不同地区文明的兴衰更替。因此，通过文本分析可以清楚地认识到习近平总书记提出的“生态兴则文明兴，生态衰则文明衰”包含的具体含义：生态环境是人类生存发展的基础，生态环境变化决定人类经济的繁荣和衰败，进而决定文明中心的兴衰更替。总之，“生态兴则文明，生态衰则文明衰”是习近平总书记纵观中外历史和现实社会中生态环境与人类文明之间紧密关系作出的重要论断，将生态环境是否良好上升到关系文明兴盛与衰败的高度，是对生态与文明关系认识的新高度。

（二）“生态兴则文明兴，生态衰则文明衰”提出的重大意义

“生态兴则文明兴，生态衰则文明衰”从历史经验总结的视角，将生态环境上升到关系文明兴衰的高度，深化了生态与文明关系的认识，是对人类文明发展规律的历史把握，对于认清世界文明发展大势，指引中华文明持续健康发展具有重大意义。

第一，“生态兴则文明兴，生态衰则文明衰”是对文明发展规律的认识。“以史为镜，可以知兴替”“生态兴则文明兴，生态衰则文明衰”是习近平纵观

① 习近平．推动我国生态文明建设迈上新台阶［J］．奋斗，2019（3）：1－16.

人类文明发展史得出的规律性认识。习近平总书记在多个场合以古代文明兴起与衰落和生态环境的历史考察与认识成果为例子，引用恩格斯关于美索不达米亚、希腊、小亚细亚以及其他各地的居民破坏生态环境受到的惩罚，讲述18世纪末以来生态危机导致的工业文明危机和我国当前经济发展面临的资源短缺、环境污染、生态恶化的严重问题，指出和论证了生态环境灾难是人类无法承受的伤害和血淋淋的教训，也是人类文明发展面临的最大挑战，决定文明的兴衰存亡。要求我们一定要吸取历史教训，决不能重蹈覆辙，保护和改善生态环境，实现人与自然和谐相处，建设生态文明是人类文明发展的必然选择，也是文明发展的必然内容。因此，习近平生态文明思想包含"生态兴则文明兴，生态衰则文明衰"的深邃历史观，从人类文明发展历程的视角回答了为什么建设生态文明的问题，深化了对人类文明发展规律的认识。第二，是对当今世界发展趋势的深刻把握。早在2003年习近平就任浙江省委书记时就指出建设生态文明是增强综合实力和国际竞争力的必由之路。① 随着生态环境问题带来的后果不断被认识，人与自然生命共同体的关系不断通过惩罚的方式展现出来。生态环境对于人类经济社会发展的基础地位不断显现，为实现可持续发展，增强生产力发展的后劲，提高综合实力，必须发挥生态环境优势，注重生态保护和环境建设，集约利用资源，加快建立可持续发展的生态环境支撑体系。生态环境指标被越来越多学者吸收到国家和地区综合实力评价指标体系，成为一个国家和地区综合实力和竞争力的重要组成部分，生态环境生产力在推动文明发展的作用不断增强。此外，随着越来越多的国家和地区对生态安全的高度关注，国际经济和贸易方面的"绿色壁垒"也越来越多。良好的生态环境对于吸引国际投资，促进世界贸易的作用也不断增强。尤其是随着人类生活水平的提高和第三产业的崛起，休闲旅游观光等产业兴起，良好而独特的生态环境是该产业发展的客观物质基础。生态环境成为谋求更高层次和水平发展的有力支撑和提升国际竞争力的重要内容。第三，为中华文明未来发展展示了光明的前景。从历史中得出的规律是认识现实、创造未来的基本遵循。习近平总书记指出生态文明建设关系民族未来，实现中华民族伟大复兴的中国梦，不仅仅要求经济的发展，而且

---

① 习近平．生态兴则文明兴——推进生态建设 打造"绿色浙江"［J］．求是，2003（13）：42－44.

要求中华文明的复兴，为民族的复兴奠定思想文化基础。一个文明能否复兴，取决于这一文明能否适应那个特定时代的要求，能否应对那个特定时代的挑战。中华文明包含丰富的尊重自然、顺应自然、保护自然生态的理念智慧，倡导天人合一、道法自然的自然观，崇尚节俭、知足常乐的消费观等，与西方工业文明对自然的征服和掠夺形成鲜明的对比。中华文明的复兴需要复兴其生态理念、发扬其生态智慧，为建立人与自然和谐关系提供思想文化基础。同样，随着天人合一等生态智慧的不断发扬光大，和生态文明思想理论与实践的不断深入发展，中华文明也将不断展示其魅力和光彩。

二、生态文明是人类文明发展的新形态

> 生态文明是人类社会进步的重大成果。人类经历了原始文明、农业文明、工业文明，生态文明是工业文明发展到一定阶段的产物，是实现人与自然和谐发展的新要求。①

习近平总书记吸收借鉴生态文明研究成果，认为生态文明是人类文明的新形态，是人与自然关系发展的新阶段。生态文明将生态环境自觉地纳入人类生产生活活动之中，将人与自然和谐自觉纳入人类文明进程之中，体现了人与自然是生命共同体的理念，彰显出人类文明发展的新高度。这一新论断对于中华文明的传承与发展，对于发展马克思主义文明观和回答当代生态环境难题都具有重要意义。首先，社会主义生态文明是中华文明发展的目标和方向。20 世纪著名历史学家汤因比就指出，未来世界是文化引领的世界，博大精深的中华文明不仅仅用文化情感作为纽带连接文明中国，还将引领 21 世纪的世界。中华文明蕴含的独特的文明气质中包含的可贵的天下精神和对人与自然和谐关系的追求，超越了西方狭隘的民族主义和对自然环境世界的征伐，成为全人类共同的精神财富。习近平生态文明思想主张人类生命共同体的理念，“人和自然是生命共同体”，主张人、自然和社会和谐，建设生态文明，走向社会主义生态文明新时

---

① 中共中央文献研究室．习近平关于社会主义生态文明建设论述摘编［J］．北京：中央文献出版社，2017：6.

代。这一思想既继承和发展了中华文明的文化基因，又为中华文明增添了科学内容和时代精神；既丰富了中华文明的内涵，又成为引领未来的世界文明精神。其次，社会主义生态文明是马克思主义文明观在当代的运用与发展。马克思主义文明观建立在历史唯物主义的基础之上，将文明理解为是实践的事情、社会的素质，生产方式与交换方式以及生产关系是划分不同文明类型的主要依据与根本尺度，生产方式与交换方式的历史变革推动文明形态的演进。

> 生态文明建设是“五位一体”总体布局和“四个全面”战略布局的重要内容。各地区各部门要切实贯彻新发展理念，树立“绿水青山就是金山银山”的强烈意识，努力走向社会主义生态文明新时代。①

习近平总书记强调生态文明变革中的生态化转型是建立在生产力的发展和生态化生产方式的基础之上的，新发展理念尤其是“绿水青山就是金山银山”的生态环境生产力思想，坚持转变经济发展方式，强调把生态文明建设融入经济政治文化社会建设的全过程，推动实践和社会各方面的生态化变革。再次，社会主义生态文明新时代的提出是对马克思主义文明形态理论的新发展。众所周知，马克思恩格斯依据人类生产方式的转变将人类文明划分为原始共产主义渔猎文明、封建主义农业文明、资本主义工业文明。习近平总书记将生态文明与社会主义紧密关联，强调社会主义生态文明概念的同时，也表达了对新文明形态社会属性的认识。社会主义生态文明是人与自然、人与人关系认识的深刻变革，发展了以历史唯物主义社会发展理论为基础的人类文明形态理论，对于认识人类文明发展历程、发展动力和发展方式具有重要的理论和实践意义。最后，社会主义生态文明是解决当代生态环境难题的中国方案。生态环境问题作为全球范围内的时代问题，各个国家的人民都为它的解决付出艰辛探索，提出了种种方案。生存主义者面对生态环境危机时认识到资源环境的优先性和人类无节制需求的危险性，提出为了生存只能采取简约节制的生活方式和零增长的生产方式，甚至退回到农业文明时代。生态现代化主张通过科技管理等手段在

---

① 中共中央文献研究室．习近平关于社会主义生态文明建设论述摘编［M］．北京：中央文献出版社，2017：14－15.

提高资源环境利用经济效益的同时提高生态和社会效益。生态社会主义者认识到资本主义制度是造成生态环境危机的根本原因后，主张通过推翻资本主义，建立社会主义和共产主义社会。深生态者认为生态环境危机解决的根本之道在于改造人类文化，放弃人类中心主义观念，平等对待一切生命。这一系列方案虽然具有一定的合理性，但是在实践中受到社会条件的制约，面临这样那样的问题，甚至沦为空想。社会主义生态文明是针对中国国情和面对的资源能源危机与生态环境现状提出的中国方案。它主张充分发挥社会制度优势，提高治理能力和水平。社会主义生态文明建设实践如火如荼，正在走上生产发展、生活富裕、生态良好的文明发展之路，不仅开启了中国社会主义生态文明新时代，也为发展中国家的现代化发展做出榜样，闯出一条新路，并将引领人类文明的生态化进程。

三、生态文明建设是现代文明的重要内容

生态文明的基本内涵就是人与自然关系的和谐，但是在其外延所指上存在两条线索，一条是从人类文明发展的纵向历史角度，生态文明是对工业文明的反思和质疑产生的新的文明形态。另一条则是指称人类在处理人与自然关系时所取得的物质成果和精神成果的总和，是与物质文明、精神文明、政治文明相并列的人类文明的一个方面。作为人类文明横向结构框架内容之一的生态文明，是现代文明发展的重要内容。20 世纪末随着可持续发展理念在全球范围内达成共识，西方发达国家开始尝试在现有资本主义国家制度框架内，追求生态环境保护与经济发展双赢，实现可持续发展，形成了生态现代化的思想。生态现代化思想是针对严重的生态环境危机，反思工业现代化建设实践的产物。生态现代化思想的核心是利用技术条件，不断降低污染物排放量，减少环境污染，主张采用减少污染和开发生态环保技术的方式，通过增加环境保护投入，淘汰和转移污染环境的产品，利用生态无害化技术，达到生态效益与经济发展的协调统一。这些举措引起西方国家在工农业生产和消费领域的生态化变革，使其生态环境状况得到极大改观，取得了良好的社会反应。生态现代化思想用实现人与自然和谐关系的生态文明理念改造工业文明的发展方式，体现了西方现代工业文明的生态化转型，被称为后工业文明的思潮内容之一。生态现代化实践在

资本主义制度允许的范围内展开，是西方生态文明建设的具体实现形式。自党的十八大报告把生态文明建设列入我国社会主义现代化建设五位一体总体布局以来，党的十九大报告又提出到21世纪中叶将我国建成富强民主文明和谐美丽的社会主义现代化强国，强调物质文明、政治文明、精神文明、社会文明、生态文明将全面提升，确立了生态文明及其建设在我国现代文明中的地位。面对世界文明发展的生态化趋势，习近平更进一步地指出“建设生态文明关乎人类未来。国际社会应该携手同行，共谋全球生态文明建设之路”，“要构筑尊崇自然、绿色发展的生态体系”，建设一个清洁美丽的世界，解决“工业文明带来的矛盾，以人与自然和谐相处为目标，实现世界的可持续发展和人的全面发展”。总之，生态环境难题迫使世界各国不得不从自身发展的角度将生态文明纳入现代文明实践过程之中，习近平生态文明思想将生态文明及其建设纳入中国社会主义现代化建设总布局，建设社会主义生态文明，同时呼吁世界各国携手共建生态文明，既是对国内外实践经验的总结，又丰富和完善了人类文明结构和内容，阐释了现代文明实践发展的新高度。

第二节 社会主义发展史的新篇章

自党的十八大报告提出“努力走向社会主义生态文明新时代”的号召以后，党的十九大又提出“牢固树立社会主义生态文明观”的要求，在生态文明新时代和生态文明观前面突出社会主义的概念，就是从讲政治和注重意识形态的高度，强调生态文明具有的社会主义属性，是对党长期思考“什么是社会主义？怎样建设社会主义”问题认识的深化，表明了生态文明及其建设对于社会主义理论发展和实践规律的重要意义。因此，社会主义生态文明提出的意义远远超出了对生态环境难题的挑战和应对，而成为科学社会主义伟大理论与实践的前沿。

一、社会主义生态文明思想是科学社会主义理论的新飞跃

（一）实现人与自然、人与人的双重和解是社会主义的应有之义

> 共产主义，作为完成了的自然主义，等于人道主义；而作为完成了的人道主义，等于自然主义。它是人和自然界之间、人和人之间的矛盾的真正解决，是存在和本质、对象化和自我确证、自由和必然、个体和类之间的斗争的真正解决。①

马克思的这两句话指出，共产主义是“自然主义”和“人道主义”的真正和解，是实现人与自然、人与自身和解的社会，强调自然的自然主义和推崇人的人道主义都有其各自的价值与合理之处。但问题在于长期以来二者之间彼此分离，脱离自然主义的人道主义抽象地谈论人走向唯心主义，脱离人道主义的自然主义看不到人的作用成为机械唯物主义。在马克思看来没有脱离人的自然，应该实现二者的结合，离开人的纯粹的自然要么是人类唯心主义的空想，要么对于人类来说就是“存在着的无”，对人类没有任何意义，人与自然的关系就是人与人化自然的关系。人化自然源于人类离不开自然，必须同自然界进行物质交换才能生存下去，在与自然界的物质交换过程中改造自然，建设属人的世界。人在改造自然，生产生活所需要的物质产品的过程中，还改造人自身，生产了人与人之间的生产关系及其他社会关系，自然史和人类史不可分割。故而，马克思和恩格斯强调人类文明形态演进与经济社会形态演进的一致性，文明的转型决定社会政治经济制度的变革。农业文明带动了封建主义的产生，工业文明推动了资本主义的兴起，而生态文明将促进社会主义的全面发展。社会主义文明与生态文明是资本主义文明与工业文明高度发展的必然产物。社会主义制度作为对资本主义制度的扬弃，生态文明作为对工业文明的扬弃，二者在目标追求和价值理念上具有共同之处，是人类社会发展的方向。西方发达国家应对生态危机的历程也证明了人与自然、社会之间的密不可分的关系。生态危机直接

① 马克思，恩格斯．马克思恩格斯文集（第一卷）［M］．北京：人民出版社，2009：185.

导致资本主义危机，生态社会主义思想和生态运动实践是推动当代资本主义发展的重要力量。社会主义社会坚持马克思主义理论指导，把共产主义作为奋斗目标，必然遵循辩证唯物主义基本原理和共产主义的价值取向。实现人与自然、人与人的双重和解理应成为社会主义追求的目标。

（二）社会主义生态文明是“两个和解”思想在新时代的表达

习近平生态文明思想提出社会主义生态文明观、建设社会主义生态文明和走向社会主义生态文明新时代的论断是社会主义实践过程中对社会主义认识的新发展，也是社会主义建设实践在生产力发展，人民群众物质文化需要得到满足，人与自然矛盾突出的情况下，追求人与自然关系的和谐，统筹人与自然、人与人、人与社会的关系，在更高层次发展社会主义的必然要求。社会主义生态文明思想的形成是社会主义国家对时代问题的理论与实践应答。长期以来，关于社会主义的认识主要集中在人与人的关系领域，阶级是这一理论的核心概念。通过研究阶级对立的产生、发展和消亡过程，确立社会主义的公平正义和人类解放的旨趣宗旨。生态文明自提出以来主要围绕人与自然的关系来研究如何对待自然，消除生态危机给人类带来的灾难性后果。生态社会主义思想首先将二者联系起来，发现了生态文明的社会制度要求，将生态文明的研究上升到变革社会制度的高度。社会主义生态文明在借鉴生态社会主义理论有益成果的基础上，强调社会主义的生态维度，将生态文明上升到社会主义社会的本质要求的高度，深化了对社会主义的认识。社会主义与生态文明关系的研究强调在人、自然和社会三者的和谐中来认识社会主义和生态文明，构建社会主义的生态维度与生态文明的社会维度相结合的社会主义生态文明理论，实现了马克思提出的自然主义与人道主义的结合和“两个和解”思想的具体化、时代化。社会主义生态文明是对社会主义认识的新成果，关系到社会主义未来的发展方向，也是社会主义建设实践的新内容、新要求。

二、建设社会主义生态文明是对社会主义建设规律认识的重要成果

实现人与自然、人与人之间关系的双重和解是社会主义的应有之义，如何在实践中实现双重和解呢？我们党提出通过解放和发展生产力，消灭剥削，消除两极分化，最终实现共同富裕，来实现人与人之间关系的和解。建设生态文

明，实现人与自然和谐相处，是人与自然和解的途径。习近平总书记明确指出这是对社会主义建设规律认识不断深化的重要成果。

> 随着我国经济社会发展不断深入，生态文明建设地位和作用日益凸显。党的十八大把生态文明建设纳入中国特色社会主义事业总体布局，使生态文明建设的战略地位更加明确，有利于把生态文明建设融入经济建设、政治建设、文化建设、社会建设各方面和全过程。这是我们党对社会主义建设规律在实践和认识上不断深化的重要成果。①

习近平总书记的这段话共有三个句子，他们之间是层层递进的关系。第一句话指出生态文明建设的地位和作用与经济社会发展的一定阶段相关联，是经济社会发展到一定阶段生产力发展受到桎梏，社会发展面临困境的突破口。第二句话指出党的十八大对生态文明建设的战略地位有更加明确的认识，并将其纳入中国特色社会主义建设事业总体布局当中，生态文明建设是中国特色社会主义建设的重要内容。第三句话得出结论，生态文明建设是党对社会主义建设规律在实践和认识上不断深化的重要成果，简明扼要地指出生态文明建设对于社会主义建设的重要意义。需要说明的是，这里的生态文明建设作为中国特色社会主义建设的内容，具有社会主义的属性，在含义和使用上等同于社会主义生态文明。自从第一个社会主义国家建立以来，如何建设社会主义是不得不面临的实践问题。然而这一全新的社会建设没有现成的经验可以借鉴，同时新建立的社会主义国家又与马克思恩格斯的理论设想不同——都是经济社会落后的国家，所以社会主义建设只能在马克思主义基本理论指导下，根据各国实际情况在实践中积累经验，寻找规律。长期以来中国坚持马克思主义唯物史观，强调物质生产活动的基础地位，把发展生产力作为首要任务，把经济建设作为中心工作。但是，经济发展并不能带来社会的全面发展，不可能解决社会发展过程中的所有问题。相反出现了“一手软一手硬”和“一条腿长一条腿短”的问题，妨碍经济社会全面发展的短板和弱点不断显露。社会主义全面协调发展的

---

① 中共中央文献研究室．习近平关于社会主义生态文明建设论述摘编［M］．北京：中央文献出版社，2017：3.

思想随着社会主义建设实践过程的展开逐渐丰富发展。生态文明建设是在我国经济发展基本达到小康水平以后，一方面出现生产过剩，另一方面又面临资源约束趋紧和生态环境污染不断加剧的矛盾，为满足人民群众对更加美好生活的向往，实现经济社会可持续的发展，提出的实现人与自然和谐相处的战略决策。习近平总书记提出“保护环境就是保护生产力，改善环境就是发展生产力”“良好生态环境是最公平的公共产品，是最普惠的民生福祉”“绿水青山就是金山银山”“绿水青山是人民幸福生活的重要内容”等思想，就是对生态环境对于经济社会发展基础地位的认识。没有良好的生态环境，人类就丧失了赖以生存的客观物质条件，实现人与自然的和解成为时代发展的要求，成为经济社会发展的关键环节和迫切问题，生态文明建设被列入社会主义现代化建设总体布局。实现社会主义各项事业相互协调、共同推进，需要抓好重点，补齐短板，加强薄弱领域，生态文明建设关系到经济政治文化社会发展的各个方面和中华民族的长远发展，是协调推进新时代中国特色社会主义事业的重点。总之，将生态文明建设纳入“五位一体”总体布局，融入生产力与生产关系、经济基础与上层建筑的各个环节，贯通社会主义现代化建设的各个领域，体现了新时代中国特色社会主义建设实践的发展要求，是党对社会主义建设实践经验的总结，形成的新的规律性认识。

三、生态加产业的社会主义生态文明新模式为生产力落后的社会主义开辟了新的发展道路

（一）绿色青山就是金山银山的安吉绿色发展模式

现在，许多贫困地区一说穷，就说穷在了山高沟深偏远。其实，不妨换个角度看，这些地方要想富，恰恰要在山水上做文章。要通过改革创新，让贫困地区的土地、劳动力、资产、自然风光等要素活起来，让资源变资产、资金变股金、农民变股东、让绿水青山变金山银山，带动贫困人口增收。①

① 中共中央文献研究室．习近平关于社会主义生态文明建设论述摘编［M］．北京：中央文献出版社，2017：30.

> 如果能够把这些生态环境优势转化为生态农业、生态工业、生态旅游等生态经济的优势，那么绿水青山也就变成了金山银山……绿水青山与金山银山既会产生矛盾，又可辩证统一。①

这段话是习近平在浙江工作期间总结安吉县发展经验，对长期思考的如何把生态环境优势转变为经济优势，实现经济效益与生态效益的统一问题做出的回答。浙江安吉是“绿水青山就是金山银山”的提出地，正是这里的发展实践充分展现了生态环境的生产力作用，开辟出一条“生产发展、生活富裕、生态良好”的发展道路。20 世纪末，安吉经济发展落后，是浙江省的贫困县之一，为了改变贫困现状，提出发展工业，走工业立县的道路，建立造纸、化工、建材、印染等企业。这虽然使经济水平得到了提高，但是破坏了脆弱的生态环境，严重影响生产生活，发展被迫停止。进入 21 世纪，安吉人下决心转变工业立县的思路，走生态立县的道路，习近平总书记对此给予充分肯定，作出了上述讲话，鼓励安吉走一条全新的保护和经营生态环境的发展道路。这是一条将农业、工业、旅游业等产业发展与生态环境相融合，坚持生态环境保护优先，发展“生态 + 产业”的绿色发展道路，形成了以林业尤其是竹林产业为主的第一产业、以农产品尤其是竹制品加工为主的第二产业、以农家乐为龙头的乡村旅游业的第三产业和典型的“二三一”产业格局。安吉成为全国及世界生态可持续发展的典范，被称为“安吉模式”。安吉模式的成功为经济发展相对落后、生态环境良好的山区和农村走生态文明发展道路树立了典范，起到了示范效应，也为发展完善社会主义生态文明建设理论提供了实践依据。

（二）跨越工业文明的卡夫丁峡谷

> 我们建设现代化国家，走欧美老路是走不通的，再有几个地球也不够中国人消耗。中国现代化是绝无仅有、史无前例、空前伟大的。现在全世界发达国家人口总额不到十三亿，十三亿人口的中国实现了现代化，就会把

---

① 习近平．之江新语［M］．杭州：浙江人民出版社，2007：153.

这个人口数量提升一倍以上。走老路，去消耗资源，去污染环境，难以为继![1]

不少地方通过发展旅游扶贫、搞绿色种养，找到一条建设生态文明和发展经济相得益彰的脱贫致富路子，正所谓思路一变天地宽。[2]

要大力保护生态环境，实现跨越发展和生态环境共进。[3]

跨越发展是根据社会主义国家建立在落后生产力基础之上的实际情况提出的赶超发达资本主义国家的思想，也是保证社会主义国家能够站得住、立得稳并最终战胜资本主义的必然选择。中华人民共和国成立以来就提出通过加快实现工业化的跨越发展道路，然而却遭遇挫折。习近平提出跨越发展与生态建设共进的思想，是对我国生态文明建设实践中以安吉模式为代表的新发展道路的理论认识。文明转型背景下以安吉模式为代表的中国绿色发展实践的意义远远超出了对生态环境难题的应对，在实践中走出了跨越工业文明的“卡夫丁峡谷”的途径，成为发展科学社会主义伟大理论、建设社会主义实践的前沿。跨越工业文明的“卡夫丁峡谷”思想是针对当下中国现实中存在的“农业文明尚有遗留，工业文明尚未成熟发展，生态文明初露端倪”情况而提出的，是经济社会落后的地区与山区的农业文明和处于工业化初期的地区直接在现有条件下开展生态文明建设，走上现代化道路的思想。具体来说它具有两层含义：一是不经过工业文明的黑色发展与全部苦难，在现代农业文明发展的基础上，直接创建社会主义生态文明的经济社会形态；二是缩短工业文明的黑色发展与长期苦难的历史进程，在目前工业化初期的工业文明发展基础上，直接走上社会主义生态文明发展道路。实质就是在工业文明向生态文明转换的时代条件下，在已有的文明基础上，建设社会主义生态文明。跨越工业文明的“卡夫丁峡谷”是特定历史条件下的必然产物，必须具备一定的主客观条件。首先，就时代条件来

---

① 中共中央文献研究室．习近平关于社会主义生态文明建设论述摘编［M］．北京：中央文献出版社，2017：3－4.

② 中共中央文献研究室．习近平关于社会主义生态文明建设论述摘编［M］．北京：中央文献出版社，2017：30.

③ 中共中央文献研究室．习近平关于社会主义生态文明建设论述摘编［M］．北京：中央文献出版社，2017：24.

看，20世纪60年代以来，西方资本主义社会的生态环境危机和能源资源危机导致的工业文明危机，开启了人类社会生态文明新时代。其次，就发展方式来看，偏远交通落后的山区不仅会使传统的工业文明发展方式受到限制，而且其脆弱的生态环境也无法支撑这种发展，必须依托已有的生态环境资源优势走生态加产业发展的道路。最后，就主观条件来看，保护生态环境观念已经深入人心，建设生态文明已经成为社会共识，在集体经济或公有经济的基础上采取一致行动。在习近平总书记提出“绿水青山就是金山银山、冰天雪地也是金山银山”“靠山吃山唱山歌、靠海吃海念海经”以来，各地根据自身环境优势发展特色产业，通过开展生态文明建设，走上脱贫致富的道路，为我国也为世界工业文明落后的社会主义国家摆脱贫困，走上跨越式发展道路，提供了宝贵经验和借鉴。总之，对生态文明建设实践经验的总结既关系到社会主义发展的前途和命运，又丰富和发展了科学社会主义理论。

第三节　中国特色社会主义理论与实践的新发展

习近平生态文明思想是在中国特色社会主义建设实践中形成的理论成果，是习近平新时代中国特色社会主义理论的重要组成部分，坚持人与自然和谐共生是新时代坚持和发展中国特色社会主义的基本方略之一，贯穿于新时代中国特色社会主义建设实践的方方面面。习近平生态文明思想与中国特色社会主义实践密切相连，既是中国特色社会主义实践发展的产物，又是进一步指导新时代中国特色社会主义实践的思想指南。

一、习近平生态文明思想揭示了新时代中国特色社会主义生态化变革的历史趋势

（一）生态文明建设关系新时代中国特色社会主义建设的各个领域

自从党的十八大以来，以习近平同志为核心的党中央领导集体站在社会主义生态文明时代转变的高度，在把握时代发展大势，分析国情变化，回应人民期待的基础上，把生态文明建设的地位和作用提升到关系新时代中国特色社会

主义建设实践的经济、政治、社会、文化等各个领域的重大问题的新高度。

> 今年（注2013年）以来，我国雾霾天气、一些地区饮水安全和土壤重金属含量过高等严重污染问题集中暴露，社会反映强烈。经过三十多年快速发展积累下来的环境问题进入了高强度频发阶段。这既是重大经济问题，也是重大社会和政治问题。①
>
> 从目前的情况看，资源约束趋紧、环境污染严重、生态系统退化的形势依然十分严峻。今年（2013年）以来，全国大范围长时间的雾霾污染天气，影响几亿人口，人民群众反映强烈。我们在生态环境方面欠账太多了，如果不从现在起就把这项工作紧紧抓起来，将来会付出更大的代价。②

习近平总书记在2013年的这两段讲话分别使用了“严重污染问题”“集中暴露”“高强度频发”“十分严峻”“全国大范围长时间”等词汇表达了对生态环境严峻形势的判断和强烈的危机意识；使用“社会反响强烈”“影响几亿人口”“人民群众反映强烈”等词句描述了生态环境问题造成的社会和政治影响程度；使用“重大经济问题”“重大社会和政治问题”“现在”“紧紧抓起来”“将来”“更大的代价”等词汇表达了对生态环境问题的判断和解决问题的迫切性、艰巨性。与党的十八大把生态文明建设列入五位一体总体布局相一致，习近平总书记对生态环境问题的定位是重大的经济问题、社会问题和政治问题，并得出转变经济发展方式实现绿色发展的结论，环境就是民生，生态环境关系党的使命宗旨等思想观点，强调“建设生态文明是关系人民福祉、关系民族未来的大计”，得出“要把生态环境保护放在更加突出位置，像保护眼睛一样保护生态环境，像对待生命一样对待生态环境”，生态环境问题是关系新时代中国特色社会主义建设全局的战略问题。对生态环境问题重要性和迫切性的认识，对生态文明建设关键性和全局性的认识，是习近平新时代中国特色社会主义思想的重大理论创新，也是指导新时代中国特色社会主义建设实践的科学理论，是

---

① 中共中央文献研究室．习近平关于社会主义生态文明建设论述摘编［M］．北京：中央文献出版社，2017：4.

② 中共中央文献研究室．习近平关于社会主义生态文明建设论述摘编［M］．北京：中央文献出版社，2017：6－7.

习近平生态文明思想形成的理论依据。

（二）生态需求和供给短板是引起新时代主要矛盾变化的重要因素

> 人民群众对环境问题高度关注，可以说生态环境在群众生活幸福指数中的地位必然会不断凸显。随着经济社会发展和人民生活水平不断提高，环境问题往往最容易引起群众不满，弄得不好也往往最容易引发群体性事件。①

中国特色社会主义进入新时代，我国社会主要矛盾已经转化为人民日益增长的美好生活需要和不平衡不充分的发展之间的矛盾。我国稳定解决了十几亿人的温饱问题，总体上实现小康，不久将全面建成小康社会。人民美好生活需要日益广泛，不仅对物质文化生活提出了更高要求，而且在民主、法治、公平、正义、安全、环境等方面的要求日益增长。同时，我国社会生产力水平总体上显著提高，社会生产能力在很多方面进入世界前列，更加突出的问题是发展不平衡不充分，这已经成为满足人民日益增长的美好生活需要的主要制约因素。②

对立统一规律和矛盾分析方法是马克思主义关于社会发展的基本规律和基本分析方法。中国共产党正是在分析和把握社会主要矛盾的基础上认识国情，制定革命和建设的基本路线和方针政策。我国进入小康社会以后，尤其是党的十八大以来，愈来愈严重的生态环境问题，特别是大气、水、土壤污染问题，成为制约经济发展和影响人民生活的最重要问题，也是影响经济政治文化社会发展的关键因素。党的十九大站在时代与文明转换的历史高度，回应群众呼声，关注人民需求变化，作出社会主要矛盾变化的重大判断，是对新时代我国国情的精准把握。改革开放以来坚持以经济建设为中心，大力发展社会生产力，经济高速发展，到党的十八大经济总量已稳居世界第二位，对外投资、基础设施建设和工农业产品生产等多项指标都稳居世界前列，人民的物质文化生活水平

---

① 中共中央文献研究室．习近平关于社会主义生态文明建设论述摘编［M］．北京：中央文献出版社，2017：84.

② 习近平．决胜全面建成小康社会 夺取新时代中国特色社会主义伟大胜利——在中国共产党第十九次全国代表大会上的报告［M］．北京：人民出版社，2017：10.

显著提高，达到小康水平，不断追求更高质量、更美好的社会生活。然而生态环境状况却没有根本好转，成为经济社会发展的短板和影响人民健康生活的突出问题，使得扭转生态环境恶化状况、提高环境质量成为广大人民群众的新期盼。习近平总书记敏锐地把握到人民群众需求的新变化，清醒地认识到生态环境问题性质的变化，站在生态文明新时代的高度，指出生态环境问题的重要性、紧迫性和艰巨性，强调生态文明建设的基础性、战略性和全局性，下决心增强生态环境生产力和生态产品供给，把生态环境治理好，为人民群众创造幸福的生活环境。生态环境问题是影响新时代社会主要矛盾变化的重要因素，加强生态文明建设、实现绿色发展是解决新时代社会主要矛盾的关键环节，大力发展生态环境生产力、提高生态产品供给能力、实现经济发展与环境保护的统一是解决新时代社会主要矛盾的基本途径。

（三）建设生态文明是实现中国梦的重要内容

“走向生态文明新时代，建设美丽中国，是实现中华民族伟大复兴的中国梦的重要内容。”① 这个论断告诉我们，中国梦的实现离不开生态文明建设，中华民族的伟大复兴离不开美好环境的复兴，体现出中国梦的生态维度。中国梦的本质是国家富强、民族振兴、人民幸福，为实现中国梦习近平总书记作出两步走的战略安排。中国梦的本质中蕴含着生态文明的内涵，两步走的战略安排中设定了生态文明建设的目标。首先，转变经济发展方式实现绿色发展是国家富强的基础。国家富强是针对综合国力来说的，具体体现为经济更加发达、政治更加民主、文化更加繁荣、社会更加和谐、生态环境更加美好。转变经济发展方式，实现绿色发展就是认识到生态环境对于经济社会可持续发展的基础意义，是为了让国家各个领域的发展和建设保持可持续健康发展态势，最终实现国家富强，必须坚持的发展理念。在实践中坚决摒弃旧的粗放型增长模式，改变单纯追求 GDP 的目标，积极采取有利于绿色发展的方针政策，并在生产生活各个方面贯彻落实，通过经济社会全面发展实现国家富强。因此，按照“五位一体”总体布局的要求，坚持把生态文明建设融入经济政治文化社会建设的各个方面和全过程，更加自觉地推动绿色发展、循环发展、低碳发展是实现国家富强的

---

① 中共中央文献研究室．习近平关于社会主义生态文明建设论述摘编［M］．北京：中央文献出版社，2017：20.

必然选择。其次，生态文明事关中华民族未来实现民族振兴的战略要求。民族复兴就是实现中华民族在人类文明发展和世界民族之林中的领先地位，更好地造福于中国人民和世界人民。中华民族的复兴首先是中华文明的复兴，人类处在工业文明向生态文明转换的历史时代，中华文明蕴含的生态智慧、和合思想构成了习近平新时代中国特色社会主义思想的文化基因，人与自然命运共同体、人类命运共同体和社会主义生态文明思想的形成在世界文明范围内获得高度认同和大力支持，成为应对全球生态挑战，引领人类文明发展的全球共识。进入21世纪以来，中华民族的崛起和人类文明的转型成为全球关注的焦点，虽然遭到世界发达国家的排挤和抵制，但是中国的经济实力和综合国力持续增长，中华文明的影响力持续增强，尤其是党的十八大以来，中国在国际舞台上的地位明显增强，成为全球生态文明建设的引领者。由此可见，生态文明时代的到来为中华民族的复兴提供了历史契机，生态文明理论和建设实践不仅继承和发扬了中华文化的优良传统，还是实现中华民族永续发展的千年大计和中华文明复兴的战略要求。再次，生态环境质量是全面建成小康的关键。全面建成小康社会是中国梦的具体目标之一，党的十八大作出建党一百周年是全面建成小康社会的承诺和部署，强调全面小康更重要、更难做到的是“全面”，全面讲的是发展的平衡性、协调性和可持续性，必须是“五位一体”全面的小康。生态文明建设是全面建成小康社会的突出短板，如生态环境恶化形势严峻、生态生产力水平低、生态产品供给能力弱，人民群众对此反映强烈。因此，习近平总书记强调“小康全面不全面，生态环境很关键”。全面建成小康社会就是要不断补齐生态环境短板，切实把生态文明理念、原则融入经济社会发展的方方面面，把生态文明建设目标落实到经济社会各项工作中，为人民群众提供良好的生态环境。党的十八届五中全会对全面建成小康社会进行总体部署，对生态环境质量总体改善提出明确要求。党的十九大进一步明确决胜全面建成小康社会的战略安排，突出抓重点、补短板、强弱项，生态文明建设成为防范化解重大风险、精准扶贫工作、污染防治工作和经济社会持续健康发展的突出内容、关键环节和重要方面的重中之重。总之，无论是从中国梦的内涵来看，还是从实现中国梦的具体目标来看，建设生态文明都是应有之义和重要内容，优美的生态环境、强大的生态生产力和产品供给是实现近代以来中华民族伟大复兴中国梦过程中时代要求、社会发展和人民期待的共同要求。

（四）坚持人与自然和谐是新时代坚持和发展中国特色社会主义的基本方略之一

中国特色社会主义进入新时代，这是我国发展新的历史方位，对怎样建设社会主义实践提出了新的要求。党的十九大报告提出新时代坚持和发展中国特色社会主义的十四条基本方略，从行动纲领的层面回答了新时代怎样坚持和发展中国特色社会主义的问题。坚持人与自然和谐共生是其中之一，党的十九大报告作了如下表述。

> 坚持人与自然和谐共生。建设生态文明是中华民族永续发展的千年大计。必须树立和践行绿水青山就是金山银山的理念，坚持节约资源和保护环境的基本国策，像对待生命一样对待生态环境，统筹山水林田湖草系统治理，实行最严格的生态环境保护制度，形成绿色发展方式和生活方式，坚定走生产发展、生活富裕、生态良好的文明发展道路，建设美丽中国，为人民创造良好生产生活环境，为全球生态安全作出贡献。①

坚持人与自然和谐共生是新时代坚持和发展中国特色社会主义的基本理念。这一理念要求新时代建设中国特色社会主义要从关系中华民族永续发展千年大计的高度出发对待生态文明建设，新时代的中国特色社会主义要铸就永续发展的生态根基，必须要像对待生命一样对待生态环境；新时代建设中国特色社会主义必须坚持新的发展理念，正确处理经济发展和环境保护的关系，把良好的生态环境放在第一位；新时代建设中国特色社会主义必须坚持系统思维和法治思维，从山水林田湖草是生命共同体系统出发，坚持通过严格的制度保护生态环境；新时代建设中国特色社会主义必须走生产发展、生活富裕、生态良好的文明和谐的发展道路；新时代建设中国特色社会主义必须坚持以人为本，满足人民的良好生态需求，保护人类生态安全的目标。

---

① 习近平．决胜全面建成小康社会 夺取新时代中国特色社会主义伟大胜利——在中国共产党第十九次全国代表大会上的报告［M］．北京：人民出版社，2017：16.

二、丰富和发展了中国特色社会主义理论与实践

（一）丰富和发展了中国特色社会主义各方面的内容

> 中国特色社会主义是改革开放以来党的全部理论和实践的主题，是党和人民历尽千辛万苦、付出巨大代价取得的根本成就。中国特色社会主义道路是实现社会主义现代化、创造人民美好生活的必由之路，中国特色社会主义理论体系是指导党和人民实现中华民族伟大复兴的正确理论，中国特色社会主义制度是当代中国发展进步的根本制度保障，中国特色社会主义文化是激励全党全国各族人民奋勇前进的强大精神力量。①

中国特色社会主义是党和国家进行社会主义建设的光辉旗帜，是马克思主义理论与中国国情和时代特征相结合的产物，也是不断发展、不断完善的社会主义。党的十九大报告从中国特色社会主义道路、理论体系、制度和文化四个方面认识和把握中国特色社会主义，习近平生态文明思想在这四个方面都有所丰富和发展。首先，习近平生态文明思想丰富和发展了中国特色社会主义道路的内容。历史证明道路问题关系党的事业兴衰成败，结合国情和时代特征制定正确的路线方针政策是中国共产党最宝贵的经验。党的十八大报告将建设社会主义生态文明纳入“五位一体”总体布局，党的十九大报告又将美丽写入中国特色社会主义道路，是党结合中国实践的新发展和时代的迫切要求对中国特色社会主义道路的丰富和发展。其次，习近平生态文明思想丰富和发展了中国特色社会主义理论体系。习近平生态文明思想是习近平新时代中国特色社会主义理论的重要组成部分，是马克思主义中国化的最新理论成果，丰富和发展了中国特色社会主义理论体系。习近平生态文明思想内涵丰富，针对实践中面临的突出的生态环境问题，从历史观、自然观、发展观、民生观、系统观、法治观、行动观、全球观八个方面对人与自然、社会的关系进行充分阐释，提出了一系列具有时代特点和实践特点的新思想、新理念、新战略，是开展生态文明建设的实践指南。再次，习近平生态文明思想

---

① 习近平．决胜全面建成小康社会 夺取新时代中国特色社会主义伟大胜利——在中国共产党第十九次全国代表大会上的报告［M］．北京：人民出版社，2017：13.

丰富和发展了中国特色社会主义制度体系。为了保障生态文明建设顺利开展，提出并制定了一整套系统的生态文明制度和法律法规，主要包括资源生态环境管理制度，国土空间开发保护制度，水、大气、土壤等污染防治制度，资源有偿使用和生态补偿制度，生态环境保护责任追究制度和生态环境经济社会发展评价体系等，建立了生态文明制度的“四梁八柱”，把生态文明建设纳入制度化、法治化轨道。生态文明制度体系和法律法规的建立不仅是法治理念在生态环境领域的运用，也体现了中国特色社会主义制度生态化的成果，丰富和发展了中国特色社会主义制度体系。最后，习近平生态文明思想丰富和发展了中国特色社会主义文化的内容。习近平生态文明思想中蕴含着丰富的生态文化，既有意识形态内容的社会主义生态文明观，也有生态价值层面的人与自然是生命共同体思想，尊重自然、顺应自然、保护自然的生态文明理念，还有行为层面的养成绿色生产方式和生活方式等内容，这些理念的提出是对社会主义内涵、生态环境价值和人与自然关系的新认知，也是对社会主义文化内容的丰富和发展，对生态文明建设和社会主义文化的繁荣发展具有重要意义。中共中央国务院在《关于加快推进生态文明建设的意见》中强调“积极培育生态文化、生态道德，使生态文明成为社会主流价值观，成为社会主义核心价值观的重要内容”①，进一步突出了生态文化、生态道德在社会主义文化中的地位。总之，习近平生态文明思想是中国特色社会主义道路、理论、制度和文化的重要内容，是中国特色社会主义生态文明及其建设理论与实践发展的最新成果和行动指南，与时俱进地丰富和发展了中国特色社会主义各方面的内容。

（二）推动中国特色社会主义生态文明建设实践迈上新台阶

习近平生态文明思想最为重要和现实的意义在于它所指导下的生态文明建设新实践。自从被纳入党中央治国理政的顶层设计和中国特色社会主义的基本内容与基本方略以来，中国特色社会主义生态文明建设走进社会主义现代化建设核心，在实践中不断迈上新台阶，引领经济发展方式转变，生活方式转变，思想观念转变等各个领域的转变。从整体上看，生态文明建设不再局限于被动的零零碎碎的污染防治和生态修补，而成为整体性、系统性的规划和建设。在生态环境保护和

① 中共中央国务院．关于加快推进生态文明建设的意见［EB/OL］．人民网，2015－05－06.

建设过程中我国先后走了“先污染后治理”的老路和寻求“边发展边治理”环保新路，然而这两条道路都是在生态环境出现危机时的被动行为，都只是注重枝节的应急机制，不可能取得良好的效果，相反，环境问题越来越突出。习近平生态文明思想提示了人与自然之间以及自然环境要素之间的生命共同体意义，强调生态环境的系统性，提出要让生态环境休养生息，深入实施山水林田湖一体化生态保护和修复等一系列积极主动的预防性应对措施。从国土整体自然生态着眼，对国土资源进行统一用途规划，依据自然条件进行主体功能区定位，规定生产空间、生活空间和生态空间不同的开发和保护强度。通过“重点实施青藏高原、黄土高原、云贵高原、秦巴山脉、祁连山脉、大小兴安岭和长白山、南岭山山地区、京津风水源涵养区、内蒙古高原、河西走廊、塔里木河流域、滇桂黔喀斯特地区等关系国家生态安全区域的生态修复工程”① 对国土安全进行统一部署。“开展大规模国土绿化行动，推进天然林保护、防护林体系建设、京津风沙源治理、退耕还林还草、湿地保护等重大生态工程”强化源头治理。这一系列着眼长远、积极主动的全国性、整体性的顶层设计实现了生态环境治理战略的深刻转型，体现了保护与防治有机融合的重大发展，实现了站在增强国家可持续发展能力和人民生产生活安全制高点上生态文明建设实践的整体性、系统性的转型升级。从生态环境治理方法手段上看，强调多种方式并举，向科学决策、精准施策方向迈进。习近平总书记在2018年全国生态环境保护大会上的讲话中说：

环境治理是系统工程，需要综合运用行政、市场、法治、科技等多种手段。要充分运用市场化手段，推进生态环境保护市场化进程，撬动更多社会资本进入生态环境保护领域。要完善资源环境价格机制，将生态环境成本纳入经济运行成本。要采取多种方式支持政府和社会资本合作项目。生态环境保护该花的钱必须花，该投的钱决不能省。要坚持资金投入同污染防治攻坚任务相匹配。要加强大气重污染成因研究和治理、京津冀环境综合治理重大项目等科技攻关，对臭氧、挥发性有机物以及新的污染物治理开展专项研究和前瞻研究，对涉及经济社会发展的重大生态环境问题开

---

① 中共中央文献研究室. 习近平关于社会主义生态文明建设论述摘编［J］. 北京：中央文献出版社，2017：77.

展对策性研究，加快成果转化与应用，为科学决策、环境管理、精准治污、便民服务提供支撑。①

在生态环境治理是系统工程思想的指导下，以往单纯依靠行政命令和经济处罚手段防治污染、保护环境的状况有所改变，综合运用多重手段成为必然的选择。行政、市场、法治、科技等多种手段被运用到生态环境建设领域，起到了综合施策的整体效应，形成了生态环境保护和生态环境建设相协调的格局。此外，不同手段的运用也采取了更加灵活的方式，这里以市场手段为例，采取了生态环境成本计算、市场机制撬动资本、项目合作、重点任务等方式。生态文明建设向着科学决策、环境管理、精准治污的方向前进。总之，生态文明建设方法从单一走向组合、从不均衡走向均衡、从被动防治走向积极管理和预防并重，进一步增强了生态文明建设的科学性、精准性和整体性。

参考文献：

[1] 习近平．推动我国生态文明建设迈上新台阶［J］．奋斗，2019（3）：1－16.

[2] 习近平．生态兴则文明兴——推进生态建设 打造“绿色浙江”［J］．求是，2003（13）：42－44.

[3] 中共中央文献研究室．习近平关于社会主义生态文明建设论述摘编［M］．北京：中央文献出版社，2017.

[4] 马克思，恩格斯．马克思恩格斯文集（第一卷）［M］．北京：人民出版社，2009：12.

[5] 习近平．之江新语［M］．杭州：浙江人民出版社，2007：8.

[6] 习近平．决胜全面建成小康社会 夺取新时代中国特色社会主义伟大胜利——在中国共产党第十九次全国代表大会上的报告［M］．北京：人民出版社，2017.

[7] 中共中央国务院．关于加快推进生态文明建设的意见［EB/OL］．人

① 习近平．推动我国生态文明建设迈上新台阶［J］．奋斗，2019（3）：1－16.

民网，2015－05－06.

［8］于金凤．坚持人与自然和谐共生的基本方略［N］．兰州日报，2017－12－29（006）．

［9］陈俊．习近平新时代生态文明思想的主要内容、逻辑结构与现实意义［J］．思想政治教育研究，2019（4）：14－21.

［10］周宏宇，马强强．习近平生态文明思想的理论创新及时代意义［J］．长春教育学院学报，2019（6）：62－64.

［11］习近平．推动我国生态文明建设迈上新台阶［J］．奋斗，2019（3）：1－16.